# 環境科学概論

山下栄次・阪本 博・若村国夫・野上祐作・坂本尚史・安藤生大

【第2版】

大学教育出版

# はしがき

　夏の異常な暑さ、集中豪雨、異常乾燥、落雷の多発など最近の気象状況は地球温暖化の猛威を感じさせる。また、珊瑚や越前クラゲの北上、南太平洋の島々を襲う海面の上昇などにも海水温度の上昇が現れる。さらに、工場跡地の化学汚染問題やアスベストによるガンの増加、大型魚類の蓄積鉛量の増加、産業廃棄物の不法投棄など深刻な地球汚染も増えている。これらの問題の解決には、誰もが自然の摂理を認識し、環境改善に対処した生活を心がけなければならないだろう。

　環境問題に関係する基本的知識や用語の認識、何がどのように問題なのか、どのようにすれば解決の方向に向かうのかなどを考える必要性が生じている。現代生活は自然とはかけ離れてしまったが、両者の融合が必要なのだ。

　環境問題は範囲が広く、その理解には物理学、化学、生物学、地球科学などの広い学問領域の諸知識が必要だ。本書ではこのような状況に対応できるよう、関係する分野を、科学的視点からやさしく紹介する。

　第1章では水と大気の汚染の問題を扱う。特に身近な水道に焦点を当て、必要な法律にまで踏み込んだ。第2章では地球温暖化やヒート・アイランド現象の理解に必要なエネルギーの概念を微視的、巨視的観点から理解し、宇宙まで含めた自然の摂理をエネルギーの観点から概観する。第3章ではエネルギーを生態循環系から概観する。物質間の循環過程で生ずる種々の形態のエネルギーを見る。第4章では化学、生物学の視点から環境汚染や体内汚染、関係する生物循環などの問題を扱う。第5章では最近話題の多い土壌の流失や砂漠化に関係する問題を地学の視点から見る。産業に直結する土壌汚染についても触れる。第6章では現代社会でのエネルギーや汚染の循環に直結するリサイクルの問題を取り上げ、21世紀の物質社会がどのようにならなければならないのかを考える。

　本書は、講義にも使用できるよう、各章だけで読み切れる形を取った。関係

するテーマが異なる章で取り上げられている場合には、両章を読むことで、それぞれの視点の違いをはっきりと認識でき、環境問題の複雑さや異なる見方の学習に有効であろう。

2005年11月28日

執筆者を代表して　若村国夫

# 環境科学概論 第2版

## 目 次

はしがき ............................................................................................ i

## 第1章　水・空気と社会生活 ............................................................ 3

### 第1節　水と社会生活 ................................................................... 3

- 1 − 1　社会生活と水　*3*
- 1 − 2　水質汚濁の歴史　*5*
- 1 − 3　上水道の歴史　*9*
- 1 − 4　岡山市の上水道の沿革　*11*
- 1 − 5　岡山市の上水道の事業　*14*
- 1 − 6　上水道の課題　*19*
- 1 − 7　水道料金と水道事業経営　*26*
- 1 − 8　下水道　*28*
- 1 − 9　水質汚濁に係る環境基準　*31*
- 1 − 10　河川水・湖沼の水質汚濁の現状　*34*
- 1 − 11　工場排水の規制等　*38*
- 1 − 12　富栄養化、赤潮　*44*

### 第2節　空気と社会生活 ............................................................... 49

- 2 − 1　空気と社会生活　*49*
- 2 − 2　清浄な空気　*50*
- 2 − 3　都市大気汚染の歴史　*53*
- 2 − 4　都市大気汚染の動向　*58*
- 2 − 5　室内空気汚染　*67*
- 2 − 6　花粉症　*77*

## 第2章　環境とエネルギー ............................................................ 81

### 第1節　エネルギー消費と環境悪化
　　　　（エネルギーに支配される現代生活）　*81*

- 1 − 1　エネルギー使用の歴史　*81*
- 1 − 2　エネルギー枯渇　*85*

### 第2節　エネルギーとは何か
　　　　（自然現象に見るいろいろなエネルギー形態と特徴）　*86*

- 2 − 1　エネルギーの種類と性質　*87*

2-2　身のまわりのいろいろなエネルギー　*88*

第3節　熱エネルギーの性質と熱機関　*91*
　　3-1　熱の不可逆変化　*91*
　　3-2　熱機関　*92*
　　3-3　熱機関の原料と地球温暖化　*94*

第4節　エネルギーはどこから来るのか
　　　　（地球温暖化の原因は）　*96*

第5節　発電、発電機、タービン　*100*
　　5-1　発電機の原理（力から電気へのエネルギー変換）　*102*
　　5-2　水力発電　*103*
　　5-3　火力発電　*104*

第6節　環境にやさしい太陽光のエネルギー利用　*106*
　　6-1　風力発電　*107*
　　6-2　太陽電池　*111*
　　6-3　生物（植物）の太陽エネルギー利用　*114*

第7節　原子のエネルギー　*115*
　　7-1　原子核の構造　*115*
　　7-2　原子核からのエネルギー獲得　*116*
　　7-3　原子力発電システム　*118*
　　7-4　放射線の放出期間　*122*
　　7-5　原子力発電の利点、欠点　*123*
　　7-6　再処理と核廃棄物処理　*123*
　　7-7　核融合発電　*126*

第8節　注目されるエネルギー獲得技術と問題点　*126*
　　8-1　燃料電池　*126*
　　8-2　熱電素子　*129*
　　8-3　バイオマス発電　*130*
　　8-4　地熱発電　*133*
　　8-5　潮汐、潮流発電　*134*
　　8-6　海や川を利用した温度差発電　*136*

8－7　天然ガス　*138*

　　8－8　シェールガス　*139*

　　8－9　メタンハイドレート、重油類　*140*

　　8－10　廃棄物のエネルギー　*142*

　第9節　エネルギー利用技術の今と未来　*143*

　　9－1　物質の持つ性質の有用性
　　　　　（高度技術により利用可能となった科学技術）　*143*

　　9－2　技術理念の重要性　*146*

　　9－3　人間中心主義とアジアの技術文化の重要性　*149*

　　9－4　環境悪化を防ぐ将来への指針　*151*

## 第3章　環境生態学　*155*

　第1節　環境の概念　*155*

　第2節　コミュニティー（生物群集）の概念　*158*

　第3節　生態系の構造（生物的部分）　*159*

　第4節　生態系の構造（非生物的部分）　*161*

　第5節　生態系アラカルト　*164*

　第6節　太陽から地球へ供給されるエネルギー　*165*

　第7節　生物生産（光エネルギーの化学エネルギーへの変換）　*166*

　第8節　食物連鎖、生態学的ピラミッド　*168*

　第9節　廃棄されたエネルギー（排熱）の行方　*171*

　第10節　水の循環　*173*

　第11節　生物地球化学的循環　*174*

　第12節　窒素・リンの循環　*176*

　第13節　生物濃縮　*178*

　第14節　種の多様性の危機　*181*

　第15節　生態系の構造・機能に対するストレスの影響　*185*

## 第4章　化学物質と環境問題　*188*

　第1節　ホモ・サピエンスの異常増殖　*188*

　第2節　エネルギーおよび食糧問題　*190*

　第3節　人口増加がもたらす環境へのインパクト　*191*

第 4 節　大気中の二酸化炭素の増加　*192*
　　第 5 節　フルオロカーボンとオゾン層　*195*
　　第 6 節　酸性雨　*199*
　　第 7 節　閉鎖性水域の富栄養化　*201*
　　第 8 節　油汚染の生態学的考察　*204*
　　第 9 節　殺虫剤のインパクト　*206*
　　第10節　重金属の生態毒性　*211*
　　第11節　塩素系有機化合物の生態毒性　*213*
　　第12節　その他の化学物質の生態毒性　*215*
　　第13節　環境ホルモン問題　*217*

## 第5章　土壌（土）と人間環境　*221*

　　第 1 節　はじめに　*221*
　　第 2 節　土壌とは何か　*221*
　　　2 － 1　土壌の形成　*221*
　　　2 － 2　粘土と粘土鉱物　*223*
　　　2 － 3　腐植質と土壌養分　*225*
　　第 3 節　土壌流失　*226*
　　　3 － 1　土壌浸食と流失　*226*
　　　3 － 2　土壌流失の現状　*226*
　　　3 － 3　土壌流失の原因　*227*
　　第 4 節　砂漠化の進行　*228*
　　　4 － 1　砂漠とは何か　*228*
　　　4 － 2　砂漠化の進行　*229*
　　　4 － 3　砂漠化の原因　*230*
　　第 5 節　土壌汚染　*232*
　　　5 － 1　土壌汚染　*232*
　　　5 － 2　土壌汚染の対策　*232*
　　　5 － 3　土壌汚染物質　*235*
　　第 6 節　環境保全と粘土　*235*
　　　6 － 1　粘土の特性、人間との関わり　*235*
　　　6 － 2　環境保全と粘土　*236*

## 第6章　廃棄物とリサイクル ............................................................ 240

### 第1節　廃棄物の発生と分類　240
　　1-1　廃棄物の定義　240
　　1-2　廃棄物の分類　241

### 第2節　リサイクルの現状　243
　　2-1　リサイクルとは　243
　　2-2　紙のリサイクル　247
　　2-3　ペットボトル・プラスチックのリサイクル　248
　　2-4　食品廃棄物のリサイクル　250
　　2-5　再生資源業界の支援・育成　252

### 第3節　循環型社会への展望　253
　　3-1　循環型社会とはどのような社会か　253
　　3-2　循環型社会構築のために　262

### 第4節　廃棄物と環境の危機管理　268
　　4-1　ダイオキシン、PCB　268
　　4-2　特別管理廃棄物　275
　　4-3　環境の危機管理　276

索　引 ................................................................................................ 279

環境科学概論　第2版

# 第1章 水・空気と社会生活

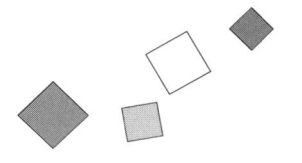

## 第1節 水と社会生活

### 1-1 社会生活と水

　日本の都市家庭生活をしている人々で、100m以内に水道の蛇口のない人々は皆無であろう。蛇口をひねれば、安心で安全な水道水が出てくる。私達は水道水を、家庭生活用水として、飲用、洗面、手洗い、入浴、シャワー、調理、洗濯、掃除などに利用して、衛生的で文化的な生活をしている。

　また、街に出てゆくと、公園では噴水や小川が心をいやしてくれる。飲食店やレストランでおいしい食事をいただくことができる。夏には、水泳プールで楽しむことができる。少し街を観察すると、公衆浴場・学校・病院・デパート・スーパーストアー・会社事務所・ホテル・理容・クリーニング・官公庁・研究機関などの施設で水が利用されているのがわかる。このように、都市での社会生活を快適に過ごすためには、都市の住民が共通に利用するが必要である。このように、都市の活動の源である水を都市活動用水という。

　さらに、私達は、郊外に出て、美しい川の水面や海浜を眺め、感性を豊かにしてくれる場所を必要としている。そこにある水は自然景観の主役である。この様に一見経済的に価値がないように見える水も、自然環境保全用水として、社

会生活に必要である。

一方、私達の家庭生活や社会生活は産業によって成り立っているのであり、産業界も水を必須の資源として利用している。例えば、農業の灌漑用水、水産用水、工業用水、消防用水などで、これら産業界が必要とする水を、産業用水という。

この様に、人間の社会生活は水と密接は関わりを持ち、水を利用してきたのである。このような人間の水の利用目的のことを利水目的ということもある。

表1-1 用水の区分・使用場所・使用区分

| 用水区分 | 使用場所 | 飲用 | 洗面手洗い | 入浴 | 水洗便所 | 調理(炊事) | 洗たく | 洗車 | 掃除 | 特殊 |
|---|---|---|---|---|---|---|---|---|---|---|
| 家庭用水 | 独立家屋 | ○ | ○ | ○ | ○ | ○ | ○ | ○ | ○ | |
| | 団地・マンション | ○ | ○ | ○ | ○ | ○ | ○ | | ○ | 貯水タンク |
| 主要都市活動用水 | 公衆浴場 | ○ | ○ | ○ | ○ | ○食堂 | | | ○ | 浴用 |
| | 学校 | ○ | ○ | | ○ | ○食堂 | ○ | | ○ | 貯水タンク |
| | 病院 | ○ | ○ | ○ | ○ | ○食堂 | ○ | | ○ | 医療用、試験分析用 |
| | 水泳プール | ○ | ○ | ○ | ○ | ○食堂 | | | ○ | |
| | 会社・事務所 | ○ | ○ | | ○ | ○食堂 | | ○ | ○ | |
| | 官庁 | ○ | ○ | | ○ | ○食堂 | | ○ | ○ | |
| | 交通・運輸 | ○ | ○ | | ○ | ○食堂 | | ○ | ○ | |
| | デパート・スーパーストアー | ○ | ○ | | ○ | ○食堂 | | | ○ | |
| | 飲食店・レストラン | ○ | ○ | | ○ | ○ | | | ○ | |
| | ホテル・旅館 | ○ | ○ | ○ | ○ | ○食堂 | | | ○ | |
| | 理容・美容 | ○ | ○ | | ○ | | | | ○ | |
| | クリーニング | ○ | ○ | | ○ | | ○ | | ○ | |
| | 給食センター(集団給食) | ○ | ○ | | ○ | ○ | | | ○ | |
| | と畜場 | ○ | ○ | | ○ | | | | ○ | 洗浄用 |
| | 魚市場 | ○ | ○ | | ○ | | | | ○ | 洗浄用 |
| | 官公私立研究機関 | ○ | ○ | | ○ | ○食堂 | | | ○ | 試験分析・研究用 |
| | 消防 | ○ | | | | | | | | 消防用・防災用 |
| 産業用水 | | 農業、水産、鉱業、工業、防火用、その他 | | | | | | | | |
| 自然環境保全用水 | 河川・海浜・湖沼・運河 | 水浴・魚釣・レジャー 景観保全 | | | | | | | | |

(竹内一豊『水の衛生管理』中央法規出版、1982)

表1-1に用水の区分・使用場所・使用区分を示した[1]。社会生活のあらゆる場面で水が利用されているのがわかる。

現在の日本では、水を利用することによって発生する生活排水や産業排水が河川・湖沼・沿岸海域に影響を及ぼしており、家庭生活用水、都市活動用水、自然環境保全用水、産業用水などすべての用水に不都合が起きている。これらの不都合は、水質汚濁問題となっている。

## 1-2 水質汚濁の歴史

表1-2に日本における水質汚濁の歴史を社会情勢と公的な規制の面からその概略を示した[2]。

産業排水が多数の住民に被害をもたらした最初の事件としては、明治の初め、足尾銅山の坑内排水が渡良瀬川に流れ、水稲に被害を与えた事件があげられる。

その後、産業の近代化に伴う汚水の増大と多様化により、各地で汚濁問題が生ずるようになった。そして、問題の発生も、当初は産業排水による局地的な問題であったが、下水道や産業排水の処理施設の未整備と公的な規制の立ち遅れのため、産業排水による水質汚濁は徐々に顕著になり、発生地域も広がる傾向を強めていった。

大戦後になると、東京江戸川下流で製紙工場の汚水による漁業被害の問題をめぐって紛争が激化するなど、水質汚濁が大都市などを中心に次第に拡大した。そして、昭和30年頃から、戦後の経済発展のあとを追うように、水俣病などの事件が顕在化した。このような背景から、昭和33年に、水質保全法（公共用水域の水質の保全に関する法律）と工場排水規制法（工場排水等の規制に関する法律）のいわゆる水質2法が制定され、水質汚濁に対する法的規制が始められた。しかし、水質2法は、対象地域を限定し、規制内容に徹底を欠くなどの問題があったため、環境保全の要請に追いつけないという状態が生じた。

昭和30年後半から40年代にかけ、経済の高度成長に伴って、公害問題は一層広域化深刻化し、第2水俣病といわれる阿賀野川水銀汚染、イタイイタイ病問題などが相次いで発生した。このため、昭和42年には、公害対策基本法が制定

表1-2 日本の水質汚濁問題の歴史

| 歴年 | 事　　項 |
|---|---|
| 明治13年 | 渡良瀬川の魚を有害と警告（足尾銅山の鉱毒） |
| 明治24年 | 国会で足尾問題を討議（田中正造代議士） |
| 明治30年 | 足尾銅山鉱毒調査会設置 |
| 明治40年 | 足尾鉱毒事件に関連して谷中村強制買収 |
| 明治41年 | 鈴木製薬（味の素）9工場廃水等による農作物被害 |
| 大正7年 | 荒田川（岐阜）工場廃水による農作物・漁業被害 |
| 大正11年 | 神通川（富山）流域に奇病発生 |
| 大正12年 | 東京湾（川崎）のり被害で漁業組合員、味の素工場にデモ |
| 昭和14年 | 鉱業法改正（無過失賠償責任の導入） |
| 昭和16年 | 石狩川の水稲被害（パルプ排水） |
|  | 神通川の農作物被害（カドミウム） |
| 昭和21年 | 足尾鉱毒による農業被害 |
| 昭和24年 | 鉱山保安法制定、東京都公害防止条例条例制定 |
| 昭和29年 | 大阪府事業場公害防止条例条例制定 |
| 昭和30年 | 四日市海域に異臭魚問題発生 |
| 昭和31年 | 水俣保健所・奇病発見 |
|  | 工業用水法制定 |
| 昭和33年 | 本州製紙江戸川工場に被害漁民乱入、水質保全法、工業廃水規制法制定（施行は34年）、下水道法制定 |
| 昭和34年 | 新日本窒素水俣工場に漁民乱入 |
| 昭和36年 | 水島海域に異臭魚問題発生 |
| 昭和37年 | 建築物用地下水の採取の規制に関する法律制定 |
| 昭和40年 | 衆参両院に公害対策特別委員会設置、阿賀野川（新潟）第2水俣病の表面化 |
| 昭和42年 | 厚生省研究班、阿賀野川事件の原因は昭和電工工場排水と断定 |
|  | 公害対策基本法制定 |
| 昭和43年 | 厚生省、イタイイタイ病の原因は三井金属神岡工業所の排水中のカドミウム |
| 昭和44年 | PCBによるカネミ症事件発生 |
|  | 公害に係る健康被害の救済に関する特別措置法制定 |
| 昭和45年 | DDT製造中止 |
|  | 公害紛争処理法制定、公害対策本部設置 |
|  | 水質汚濁に係る環境基準を閣議決定、水質汚濁防止法（施行は昭和46年）及び農用地の土壌の汚染防止等に関する法律の制定、海洋汚染防止法、廃棄物の処理及び清掃に関する法律等の抜本的改正（いわゆる公害国会） |
|  | 田子の浦でヘドロ公害表面化 |
| 昭和46年 | 環境庁発足、中央公害対策審議会発足、瀬戸内海環境保全対策推進会議発足 |
|  | カドミウム汚染米検出 |
| 昭和47年 | PCB汚染対策推進会議発足 |
|  | 瀬戸内海総合水質調査 |

| | |
|---|---|
| 昭和47年 | 瀬戸内海の大規模赤潮発生による漁業被害の発生 |
| | 水質汚濁防止法の改正（無過失賠償責任の導入） |
| 昭和48年 | PCB汚染実態調査結果の発表、PCBの生産と使用禁止 |
| | 第3水俣病問題の発生 |
| | 水銀汚染対策推進会議発足 |
| | 水銀に係る魚介類の暫定的規制値の設定 |
| | 瀬戸内海環境保全臨時措置法制定 |
| 昭和49年 | 水銀等環境調査結果の発表（水俣湾、酒田港など主要9水域） |
| | 全国環境調査結果の発表 |
| | 水銀に係る水質の環境基準、排水基準の改訂 |
| | 岡山県水島地区にて重油流出事故 |
| 昭和50年 | PCBに係る水質の環境基準、排水基準の設定 |
| | 六価クロム汚染問題の発生 |
| | 石油コンビナート等災害防止法制定（施行は昭和51年） |
| 昭和51年 | 海洋汚染防止法の改正 |
| | 廃棄物の処理及び清掃に関する法律の改正（施行は昭和52年） |
| 昭和52年 | 廃棄物の最終処分基準の整備 |
| | 琵琶湖淡水赤潮発生 |
| | 瀬戸内海播磨灘赤潮大発生 |
| 昭和53年 | 瀬戸内海環境保全基本計画閣議決定 |
| | 瀬戸内海環境保全特別措置法制定 |
| | 水質総量規制の法制化（水質汚濁防止法の改正） |
| 昭和54年 | 東京湾、伊勢湾及び瀬戸内海における総量規制の実施 |
| | 滋賀県琵琶湖富栄養化防止条例制定 |
| 昭和55年 | 有燐洗剤使用自粛要請 |
| | 湖沼の燐に係る水質目標公表 |
| 昭和56年 | 中央公害対策審議会「湖沼環境保全のための制度のあり方について」答申 |
| | 瀬戸内海の環境保全に関する府県計画策定 |
| 昭和57年 | 環境庁、地下水汚染調査実施 |
| 昭和58年 | 浄化槽法制定、国際海洋法条例に署名 |
| 昭和58年 | 湖沼水質保全特別措置法制定 |
| 平成1年 | 関西電力美浜原子力発電所2号炉事故 |
| 平成4年 | 特定有害物等の輸出入規制に関する法律（バーゼル法）成立 |
| 平成5年 | 環境基準法成立 |
| 平成6年 | 環境庁、土壌・地下水汚染調査実施・浄化方針決定 |
| 平成7年 | 阪神・淡路大震災、高速増殖炉「もんじゅ」でナトリウム漏水事故 |
| 平成9年 | 環境影響評価法（アセスメント法）制定 |
| 平成10年 | 環境ホルモン問題化、ダイオキシン汚染問題化拡大 |
| 平成11年 | ダイオキシン類対策特別措置法制定、特定化学物質の環境への排出量の把握等及び管理の改善の促進に関する法律（PRTR法）成立 |
| 平成12年 | 環境税制導入提言（政府税制調査会） |
| 平成13年 | 環境省発足 |

(出典：(財)日本環境協会『水質汚濁を考える（改訂版）』環境シリーズNo.4、1982に加筆)

されて公害対策を総合的に推進する方向が打ち出され、昭和45年には、いわゆる「公害国会」において、公害対策に関する法制度の抜本的な整備強化が行われた。水質関係では、水質2法に代わって、新たに水質汚濁防止法が制定されたほか、海洋汚染防止法、農用地土壌汚染防止法なども制定されて、水質保全行政は、格段に充実強化された。

翌昭和46年には、環境庁が設置され、それまで経済企画庁などが分担していた水質保全行政を、環境庁が環境保全の視点から一元的に担当することになった。

その後も、社会的に大事件となるような水質汚濁問題が毎年のように発生した。昭和47年には、瀬戸内海の大規模赤潮の発生による養殖はまちなどの一大量へい死問題、昭和48年には、水銀、PCBによる魚介類汚染の問題が発生した。さらに、昭和49年には、三菱石油水島製油所の重油流出事故、昭和50年には、六価クロム汚染問題が発生した。このような汚染問題に対しては、近年社会的関心が急速に高まっており、各般にわたる法制度の整備と対策の強化が進められてきた。

特に瀬戸内海においては、人口および産業の集中による水質汚濁の進行等環境の悪化に対処するため、昭和48年に瀬戸内海環境保全臨時措置法が制定され、さらに、昭和53年には瀬戸内海環境保全特別置法制定として恒久法化され、赤潮による被害に対する富栄化対策を含む種々の特別の措置が制度化された。また、依然問題の多い有機汚濁に対処するため、従来からの濃度規制に加え、昭和53年に水質総量規制が制度化され、瀬戸内海のほか東京湾、伊勢湾でも実施された。

さらに、近年、赤潮・アオコの発生等による障害に対処するための富栄化対策および環境の悪化が問題となっている湖沼の環境保全対策が大きな課題となっている。また、土壌汚染に伴う地下水汚染の問題、環境ホルモンの問題化、ダイオキシン汚染問題化の拡大など人体対する非意図的生成物により生ずる問題が発生している。

## 1-3　上水道の歴史[3]、[4]

　遠い昔から、飲み水やそのほかの生活用水には、湧水、井戸水、溜池や河川の水などがそのまま用いられていた。また、農耕が盛んになるにつれて灌漑用の水を得るために、堰や堤を築いての貯水あるいは川や沼から水を引くなどの技術が発達した。

　近世に入り、安土桃山時代から徳川時代にかけ、特に城下町が発展するとともに、増大する人口に対する生活用水の確保と防火上の必要性から、人工の水路で導水する施設（すでに「水道」という言葉が存在していたようである）が各所に布設されるようになった。灌漑兼用の水道としては江戸開幕以前の1545年に小田原早川上水（神奈川県）ができていた。飲用を主とした水道が造られたのは、1590年に徳川家康が江戸入府にあたって造った神田上水（東京都）が最初と考えられている。はじめは手近な水源を利用したごく小規模のものであったが、次第に拡張され、井の頭の湧水を江戸まで20km余を導水するものとして完成し、全工事が終了したのは1603年とも1629年ともいわれている。その後、江戸では1654年に玉川上水（東京都）が造られたが、この水道は多摩川の水を羽村で取り入れ、延長約43kmの掘割水路で導水し、江戸城をはじめ城下一帯に配水するもので、給水量からいっても江戸時代の水道の中で最大の規模を有していた。

　図1-1に江戸の水道の様子を示した。

　その頃、江戸以外の諸藩も幕府にならい、次々と水道を布設し、その数も40有余に及び、1616年赤穂水道（兵庫県）、1622年福山水道（広島県）、1644年高松水道（香川県）などがある。

　江戸期の水道では、灌漑兼用水路の構造は素掘りで、中には粗石積みにしたものもあったが、飲料に使うものは汚染されないように取締りが厳重になされた。また、一般の飲用を主とする水道と官公用専用の水道（城主の館や城内の要所に給水するためのもの）では、汚水や悪水が入らないようにするために市街の配水路の部分には、木樋、二管、石管、竹管などを埋設して暗渠とした。江戸などでは各家の水道用井戸へも木樋や竹管で給水が行われたが、多くは共同

用として設けた溜桝から汲み取る方法がとられた。このような技術は、当時のヨーロッパの水道と比較し見劣りはするものの、都市ごとに独創的な工夫が随所になされていた。なお、1787年の江戸の人口は約200万人で、そのうちの120万人が給水人口と推定されている。その頃のロンドンは87万人、パリは67万人であるので、規模においては江戸水道が世界最大であったといえる。

1854年、日米和親条約の締結によって鎖国は終わりを告げ、次第に外国との交易が活発化し、欧米諸国の文化や技術が導入され、外国人の往来も盛んになったが、その反面、コレラ、赤痢、チフスなどの水系感染症が流行するようになった。特にコレラによる惨状は凄まじく、明治初年から20年までの発生患者数は41万人余で、そのうちの半数以上が死亡するというものであった。当時の衛生行政の重大関心事は全国的に蔓延するコレラ対策であり、政府は明治11（1878）年「飲料水注意法」を通達し、井戸水の汚染防止などの衛生確保に努めた。しかし、このような防衛策にもかかわらず伝染病がしばしば大流行したため、水道、下水道の建設による予防的対策を講じることが必要との考えが次第に浸透し、衛生施設としての近代水道布設が強く叫ばれるようになった。明治20（1887）年、国の諮問機関である中央衛生会が「東京ニ衛生工事ヲ興ス建議書」を時の総理大臣、内務大臣に提出し、コレラ予防のための水道布設促進の建議を行った。このような動きの中、コレラ進入のおそれの多い港湾都市を

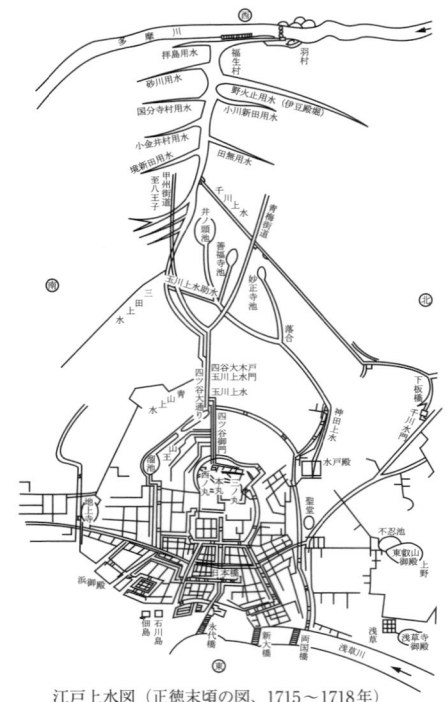

江戸上水図（正徳末頃の図、1715～1718年）

図1-1　江戸の水道
（出典：堀越正雄『井戸と水道の話』論創社、1981）

中心に水道布設の機運が高まってきた。

　明治16 (1883) 年、神奈川県は新開港場横浜にヨーロッパ型の水道を建設すべく、招聘外国人技術者のイギリス人H.S. パーマーに調査、設計を依頼し、相模川を水源とする横浜水道が明治20 (1887) 年10月に近代式改良水道の第1号として完成した。これは沈殿、ろ過した水を鉄管で有圧のもとで供給する水道、いわゆる近代水道のわが国最初のものであった。


## 1-4　岡山市の上水道の沿革[5], [6]

　江戸期には大阪では水道は造られなかった。飲料には川の水を用い、炊事、洗濯、雑用には「かなけ」を含んだ飲用不適の井戸水が使用されていた。淀川は普段は水量が豊富で清浄であったので、多くの住民は昔からこの水を飲み水として使用する風習があった。岡山も大阪と同じように、豊富で清浄な水を供給できる地理的条件に置かれていたため、江戸期には水道は造られなかった。そのため、大阪に次ぐコレラの流行地として知られていた。

　岡山市は旭川河口の沖積層につくられた城下町で、交通の要衝に当たり、農業生産を基盤として発達した都市であった。市内には水田用水路が縦横に貫流していたが、沖積地であるため井戸水の水質は悪く、明治35 (1902) 年の検査では、総数2,207井戸のうち、飲料に適するものはわずかに50井戸という記録がある。そのため、人々は付近を流れている水田用水を飲料水として使用することも多かった。また江戸時代から岡山では、旭川の分水である西川の水を濾して街へ売りに行く、水売りの商売が盛んに行われていた。水桶を天秤棒でかついで得意先に配給して廻るもので、町人社会ではこの水売りの水は日常生活には欠かせないものとなっていた。

　明治に入ると、やがて荷車で運ぶようになったが、元は川水であり、コレラ流行時には販売が禁止されることもあった。岡山には地下水の自然湧出地（雄町－もと上道郡高島村）があったが、藩主の御用水として水奉行が管理しており、一般の人々が利用することはできなかったといわれている。

　表1-3に明治10年から25年の岡山県内のコレラ患者発生数・死者数を示す。

図1-2 水売りの商売
(出典:堀越正雄『井戸と水道の話』論創社、1981)

岡山県内では、この明治10年から25年にかけて毎年のようにコレラ患者が発生し、特に明治12、19、23年には死者5,250、1,918、1,161名を出している。また、表1-4に明治23年から44年の岡山市のコレラ患者発生数・死者数を示す。岡山市でも、明治23、28、35年にコレラによる死者339、414、705名を出して、大きな社会問題となっていた。

この様な社会情勢の下、市制施行の翌年の明治23(1890)年に水道布設の議が起こり、岡山市はイギリス人技師バルトンを招いて実地調査や諸種の設計を行ったが、財政上の問題などから実現することはできなかった。やがて市議会においても、水道布設は当分見合わせるべきだという水道延期派とあくまで早急に布設すべきだという水道断行派の二派に分かれ、選挙運動でもこの二派が激しく争うほどであった。この水道布設問題が暗礁に乗り上げていた頃、明治35(1902)年にコレラの大流行があり、延期派議員もとうとう水道布設に同意することになり、予算の修正、市長の辞職を条件として、この大問題は解決することになった。明治36(1903)年2月に工事に着手したが、折り悪く日露戦争が起こり、工事材料の入手難、労力不足で工事の進捗に支障を来すこともあったが、懸命の努力により明治38(1905)年3月には工事を終え、同年7月23日に半田山配水池で盛大な通水式を行った。明治38年度の岡山市の予算は10万6,452円であったが、支出した水道創設事業費は74万1,656円であった。このようにして創設された岡山市の上水道は、横浜、函館、長崎、大阪、東京、広島、神戸に次いで、わが国8番目の水道として給水を開始した。

創設期の基本計画は給水人口8万人、1人1日最大給水量97ℓ、1日最大給水

表1-3　岡山県のコレラ患者発生数・死者数

| 明治(年) | 10 | 11 | 12 | 13 | 14 | 15 | 16 | 17 |
|---|---|---|---|---|---|---|---|---|
| 患者(人) | 158 | 0 | 9,085 | 70 | 270 | 446 | 38 | 10 |
| 死者(人) | 106 | 0 | 5,250 | 23 | 165 | 290 | 18 | 4 |
| 明治(年) | 18 | 19 | 20 | 21 | 22 | 23 | 24 | 25 |
| 患者(人) | 93 | 2,654 | 35 | 12 | 28 | 1,899 | 64 | 16 |
| 死者(人) | 61 | 1,918 | 19 | 7 | 14 | 1,161 | 36 | 5 |

表1-4　岡山市のコレラ患者発生数・死者数

| 明治(年) | 23 | 24 | 25 | 26 | 27 | 28 | 29 | 30 | 31 | 32 | 33 |
|---|---|---|---|---|---|---|---|---|---|---|---|
| 患者(人) | 411 | 13 | 5 | 0 | 1 | 541 | 1 | 5 | 5 | 4 | 1 |
| 死者(人) | 339 | 9 | 2 | 0 | 0 | 414 | 1 | 3 | 2 | 4 | 1 |
| 明治(年) | 34 | 35 | 36 | 37 | 38 | 39 | 40 | 41 | 42 | 43 | 44 |
| 患者(人) | 5 | 982 | 0 | 0 | 0 | 0 | 0 | 2 | 0 | 0 | 0 |
| 死者(人) | 5 | 705 | 0 | 0 | 0 | 0 | 0 | 1 | 0 | 0 | 0 |

量7,800m$^3$で、明治38年度末では給水戸数7,434戸（全戸数1万3,957戸）、給水人口2万3,370人（全人口8万2,206人）、市域面積は9.6km$^2$であった。給水の申し込みも順調に推移し、明治41(1908)年に岡山市に陸軍第17師団が設置されると一躍給水の需要が増加し、早くも明治45(1912)年には第1回拡張事業を着工した。その後、昭和9(1934)年9月の室戸台風による被害、昭和20(1945)年6月の岡山大空襲による戦争被害などを経験しながら、隣村の編入や周辺市町村との合併による市域の拡張に合わせて事業を行ってきた。最後の拡張事業となった第7回拡張事業は、昭和63年(1988)に着手し、給水区域外に開設された岡山空港への給水に対応するための既存簡易水道の上水道への統合、市域北部の水道未普及地域の解消などを目的として実施してきた。平成13(2001)年度に未普及地域解消事業が完了し、市民皆水道が達成されたことから、拡張事業を打ち切り、平成14(2002)年度からは「基幹施設整備事業」に着手している。

　図1-3に岡山市の水道の普及状況を示した。明治38(1905)年から平成13(2001)年度まで、第二次世界大戦中を除き、7回の拡張事業を継続した岡山市水道の不断の努力が現れている。

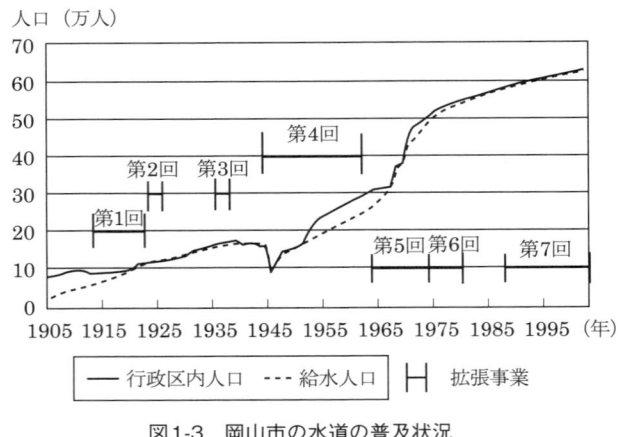

図1-3　岡山市の水道の普及状況

## 1-5　岡山市の上水道の事業

岡山市では、平成12年に長期的な経営目標として、「ステージ21アクアプラン」という総合基本計画を策定し、拡張から維持管理へ方向転換した21世紀の事業運営を目指している。①信頼性の高い水道システムの確立、②災害に強い水道づくり、③安全でおいしい水の供給、④資源循環型の水道システムの構築、⑤給水サービスの向上、⑥信頼と満足に応える水道づくり、これらを基本施策の6本柱とし、浄水施設の更新、耐震管の布設、水質検査体制の充実、水源林の育成、貯水槽の巡回点検、効率的な経営などの課題に取り組んでいる。

拡張の時代から維持管理時代を迎える中、水道に対する要求の多様化や社会環境の変化などを踏まえ、健全な事業運営を維持しつつ、渇水や地震に強い水道づくりを行うことが重要となってきている。

### (1) 基幹設備整備事業

表1-5に平成14年度の岡山市水道の給水戸数、配水管延長、給水区域面積を示した。

同じ表に人口や財政規模の類似した地方団体の給水戸数、配水管延長、給水区域面積も示した。岡山市水道の配水管延長と給水区域面積が類似地方団体に

表1-5 平成14年度給水戸数、配水管延長、給水区域面積

|  | 給水戸数（戸） | 配水管延長（m） | 給水区域面積（ha） |
| --- | --- | --- | --- |
| 岡山市 | 250,702 | 3,575,380 | 51,328 |
| 秋田市 | 134,107 | 1,354,820 | 16,592 |
| 新潟市 | 193,043 | 2,082,050 | 22,680 |
| 岡崎市 | 126,467 | 1,883,350 | 17,260 |
| 宮崎市 | 126,285 | 1,569,700 | 17,584 |
| 鹿児島市 | 224,000 | 2,170,300 | 15,690 |

比べ大きいことが明らかに見て取れる。

　平成14年度から新たに実施する第1次基幹設備整備事業では、計画目標年次を平成22年度とし、計画給水人口65万4,500人、1人1日最大給水量532ℓ、1日最大給水量34万8,000m³とし、配水池の2池化（2槽化）、老朽施設の更新などを柱とする事業を行っている。

　配水池の2池化は補修など維持管理が容易になるばかりでなく、地震などの災害時には、2池のうち緊急遮断弁を設置している池の遮断弁が閉じて飲料水を確保するとともに、設置していない池の水は配水され、消火用水などの使用を可能とするものである。老朽施設の更新の1つは、既存の急速ろ過池を改造するとともに、新たなろ過池を増設し、濁度管理のレベルを上げようとするものである。このほか、配水池の築造や配水幹線の整備などを予定しており、平成15年度の予算は21億円である。

　給水量の需要が伸び悩んでいる現状で、投資が直接収益につながらないため事業費確保の困難が心配されるが、インフラ産業である水道事業は一朝一夕に整備できるものではないとの考えのもと、事業更新にあたっては限りある財源のなか、利用者の合意を得ながら、同時に経費の削減を図りながら整備を進めていく計画である。

(2) 配水管整備・管路近代化事業

　岡山市は市域（給水区域面積）が広いため、布設されている配水管の延長は約3,500km（ちなみに、鹿児島から稚内までの鉄道線路の距離は3,098km）もあ

り、これは政令市の京都市や福岡市に匹敵する距離である。創設当時の配水管もまだ使用されており、老朽管の更新も大きな課題となっている。配水管整備事業としては、新しい道路の建設や大型開発団地の造成に合わせた新設工事、赤水対策および出水不良解消のための改良工事、給水の申請に伴う依頼工事、下水道工事に伴う移設工事を行っており、このような工事を継続して行うことにより、配水管網の整備と安定給水を図っている。

　管路近代化事業としては、石綿セメント管の解消事業に取り組んでいる。石綿セメント管は、岡山市でも昭和30年代から40年代にかけて安価な水道管材として大量に使用されてきたが、耐用年数が短く、老朽化による強度上の問題から、折損事故や地震時の被害事例も目立っている。そこで、35kmの石綿セメント管を計画的に解消するため、平成22年度を目標年次として平成12年度から事業着手を行っている。この事業により、漏水防止、震災対策および給水の安定性向上が図られるものと考えている。

　これらの事業に漏水防止対策事業費を加えた事業費は、平成15年度の予算で約33億円である。

(3) 鉛製給水管解消事業

　鉛は金属として柔らかい材質であるため、加工しやすく、水道本管から宅地内へ分岐する水道管（給水管）などの材料として全国的に使用され、岡山市でも昭和53(1978)年3月まで使用していた経過がある。鉛は蓄積性の有害金属であり鉛の体内負荷の増加は避けるべきであるとの観点から、厚生労働省は平成15(2003)年4月から水道水の鉛濃度基準をWHO（世界保健機構）のガイドライン値である0.01mg/ℓ以下に強化した。

　岡山市で平成13年度に鉛管の実態調査を行ったところ、約4万4,000戸に鉛管が残っていることがわかった。図1-4に、鉛管の長さが1～2mの場合の、朝一番の水道水中の鉛濃度調査結果を示す。調査地点により濃度の違いはあるが、夜中など水を使用しない場合には、鉛管に溜まった水の鉛濃度が高くなることが明らかとなった。

　この対策として道路部分に鉛管を使用している約2万1,500戸を対象に、平成

鉛管延長　1.0m＜L≦2.0m

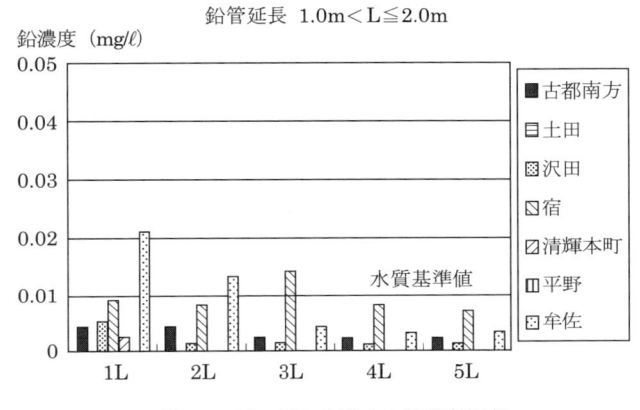

図1-4　朝一番の水道水の鉛濃度調査

14年度から鉛製給水管解消事業を実施しており、平成23年度末までの10年間でおおむね50％の解消を目標としている。給水管は私有財産に位置づけられているが、水道水をより安全なものとするために利用者の理解を得ながら順次解消を行っていく計画であり、平成15年度予算は1億5,000万円である。また、鉛製給水管解消事業を展開していく中で、局広報誌（アクア通信）を全戸に配布するとともに、水道局ホームページで朝一番や旅行などで留守にしたときの使い始めの水道水を飲み水以外に利用するように呼びかけを行い、この解消事業への理解と協力を求めている。

## （4）貯水道水道の点検

ビルやマンションなどの建物では、水道管から供給された水を一旦受水槽に溜め、これをポンプで屋上などにある高架水槽に汲み上げてから給水している。これを貯水槽水道と呼ぶが、10m³以下の小規模なものは、これまでビル管理法や水道法などの規制を受けなかったために、管理の不徹底による水質の劣化が問題となっていた。

水道法の一部改正により、貯水槽水道の利用者が安心できる飲料水を確保するため、水道事業者（水道局）が供給者の立場から、助言や指導など管理の充実・向上に関わることになった。このため、水道局では市内約7,000件の貯水槽

の実態調査を平成15年度から3か年で行い、管理台帳を作成する計画である。また、実態調査を行った地区から順次、10m$^3$以下の小規模貯水槽水道について、平成16年度から巡回点検サービスを行い、助言や勧告を行う予定にしている。なお、貯水道水道の管理責任は設置者にあり、貯水道水道に対する行政権限は保健所にあるのは、従来どおりである。

　また、従来は2階建てまでは直圧給水とし、3階以上は貯水槽方式であったが、平成2年度から3階直圧給水を開始し、平成13年度からは水圧や配水管の口径など一定の条件を満たしている建物については、増圧ポンプによる10階程度までの直結増圧給水も可能としている。

(5) 水源林事業

　岡山市では、自然との共生のなかで将来にわたって健全で持続可能な水利用の構築を目指すとともに、安定した水源および安心できる水質の確保のため水源林事業を行っている。岡山市の水源林事業は、昭和40(1965)年に水道通水60周年の記念事業の一環として旭川の東支流域である岡山県苫田郡富村(現苫田郡鏡野町)において開始し、平成13年度まで4次にわたって針葉樹の植栽と天然林整備を中心に行ってきた。また、平成13年度からは旭川西支流域に当たる岡山県真庭郡新庄村において、平成17年度までの5年間の予定で広葉樹の植栽と自然林整備・育成を中心とした水源林事業を行っている。

　また、水源林事業に対する認識を深めるとともに、水源林地域との交流を促進するための活動も行っている。富村では平成11年度から職員を対象とした植林研修を行っており、新庄村では平成13年度から市民ボランティアによる植林体験ツアー『岡山・新庄水源の森づくり植樹のつどい』を実施している。これらの活動は今後も引き続き実施する予定である。

　表1-6に岡山市の水源林事業の概要を示した。

　なお、水道局では地球環境への配慮は地球の恵みを受ける水道事業者に課せられた責務であると考え、事業運営に係る環境負荷の低減を図るため、環境マネジメントシステムの国際規格であるISO14001を平成15(2003)年3月に認証取得している。

表1-6　岡山市の水源林事業の概要

| 区分 | 富村 ||||| 新庄村 |||
|---|---|---|---|---|---|---|---|---|
|  | 第1次水源林造林 ||| 第1次水源林造林 || 第1次水源林造林 || 第1次水源林造林 | 平成13年～平成17年 |||
| 面積(ha) | 55.0 ||| 34.17 || 33.0 || 30.0 | 30.0 |||
| 植栽年次 | 昭和40年～昭和45年 ||| 昭和49年～昭和52年 || 昭和54年～昭和58年 || 平成9年～平成13年 | 平成13年～平成17年 |||
| 植栽 植種 | 杉 | 檜 | 赤松 | 杉 | 檜 | 杉 | 檜 | 檜 | ※ | ケヤキ | クヌギ | ※ |
| 面積(ha) | 20.1 | 32.5 | 2.3 | 6.0 | 28.17 | 5.0 | 28.0 | 30.0 | 16.66 | 7.2 | 7.3 | 15.5 |
| 本数(本) | 70,140 | 112,770 | 11,500 | 21,005 | 105,345 | 16,800 | 94,400 | 99,000 | — | 14,100 | 21,000 | — |

※育成天然林整備

## 1-6　上水道の課題

　わが国の近代水道は、明治20（1887）年に横浜市で初めて誕生して以来、100年余の歴史を経て着実に発展を遂げてきた。平成13年度末現在の水道利用者は、総人口1億2,718万人に対し1億2,298万人で、普及率は96.7％に達しており、国民の生活上欠くことのできない基盤施設となっている。一方、老朽施設の更新、水道水質の向上、災害対策、経営の効率化など新たな問題に対処することが緊急の課題になりつつある。今や普及率や給水量といった量の指標から、安全性、安定性、効率性といった質の指標に評価軸を移した水道事業の展開が必要とされている。

### （1）水道水質と今後の課題

　岡山市の水源の大部分を占める旭川、吉井川の水質は上流域に汚染源が少ないこともあって、これまでのところ大きな変化も見られず、比較的良好な水質が保たれている。また、岡山市の水道水質が安定しているもう1つの理由として、配水量の約半分が自然浄化の伏流水（河床や旧河道に潜流となって流れる水）や浅井戸水であることがあげられる。

　このように水源水質に恵まれている岡山市であるが、かび臭問題などいくつか

の水道水質に対する課題も抱えている。

## (2) 水質基準の改正

「水質基準に関する省令」が平成15（2003）年の5月に公布され、平成16（2004）年4月から施行されることになった。

表1-7に、水道水の水質基準を示した。

前回の改正後11年が経過し、トリハロメタンに代わり臭素酸やハロゲン化酢酸などの新たな消毒副生成物の問題が提起されていること、クリプトスポリジウムなど耐塩素性微生物による感染症の問題が提起されていること、内分泌かく乱化学物質やダイオキシン類などの新しい化学物質による問題が提起されていることなど、さらに水道水質管理の充実・強化が求められていることが改正の理由である。

この改正により、これまでの「水質基準項目（46項目）—快適水質項目（13項目）—監視項目（35項目）」から、「水質基準項目（50項目）—水質管理目標設定項目（27項目）—要検討項目（40項目）」へと変更されることになった。また、水道水の水質検査のレベルを確保するために、優良試験所基準（Good Laboratory Practice, GLP）の考え方を取り入れた信頼性保証システムが導入されることになっている。

表1-7 「水質基準に関する省令」による水道水の水質基準
（平成15年5月公布、平成16年4月施行）

| | |
|---|---|
| 一般細菌 | 1m$\ell$の検水で形成される集落数が100以下であること。 |
| 大腸菌 | 検出されないこと。 |
| カドミウム及びその化合物 | カドミウムの量に関して、0.01mg/$\ell$ 以下であること。 |
| 水銀及びその化合物 | 水銀の量に関して、0.0005mg/$\ell$ 以下であること。 |
| セレン及びその化合物 | セレンの量に関して、0.01mg/$\ell$ 以下であること。 |
| 鉛及びその化合物 | 鉛の量に関して、0.01mg/$\ell$ 以下であること。 |
| ヒ素及びその化合物 | ヒ素の量に関して、0.01mg/$\ell$ 以下であること。 |
| 六価クロム化合物 | 六価クロムの量に関して、0.05mg/$\ell$ 以下であること。 |
| シアン化物イオン及び塩化シアン | シアンの量に関して、0.01mg/$\ell$ 以下であること。 |
| 硝酸態窒素及び亜硝酸態窒素 | 10mg/$\ell$ 以下であること。 |
| フッ素及びその化合物 | フッ素の量に関して、0.8mg/$\ell$ 以下であること。 |
| ホウ素及びその化合物 | ホウ素の量に関して、1.0mg/$\ell$ 以下であること。 |
| 四塩化炭素 | 0.002mg/$\ell$ 以下であること。 |
| 1,4-ジオキサン | 0.05mg/$\ell$ 以下であること。 |
| 1,1-ジクロロエチレン | 0.02mg/$\ell$ 以下であること。 |

| | |
|---|---|
| シス-1,2-ジクロロエチレン | 0.04mg/ℓ以下であること。 |
| ジクロロメタン | 0.02mg/ℓ以下であること。 |
| テトラクロロエチレン | 0.01mg/ℓ以下であること。 |
| トリクロロエチレン | 0.03mg/ℓ以下であること。 |
| ベンゼン | 0.01mg/ℓ以下であること。 |
| クロロ酢酸 | 0.02mg/ℓ以下であること。 |
| クロロホルム | 0.06mg/ℓ以下であること。 |
| ジクロロ酢酸 | 0.04mg/ℓ以下であること。 |
| ジブロモクロロメタン | 0.1mg/ℓ以下であること。 |
| 臭素酸 | 0.01mg/ℓ以下であること。 |
| 総トリハロメタン(クロロホルム、ジブロモクロロメタン、ブロモジクロロメタン及びブロモホルムのそれぞれの濃度の総和) | 0.1mg/ℓ以下であること。 |
| トリクロロ酢酸 | 0.2mg/ℓ以下であること。 |
| ブロモジクロロメタン | 0.03mg/ℓ以下であること。 |
| ブロモホルム | 0.09mg/ℓ以下であること。 |
| ホルムアルデヒド | 0.08mg/ℓ以下であること。 |
| 亜鉛及びその化合物 | 亜鉛の量に関して、1.0mg/ℓ以下であること。 |
| アルミニウム及びその化合物 | アルミニウムの量に関して、0.2mg/ℓ以下であること。 |
| 鉄及びその化合物 | 鉄の量に関して、0.3mg/ℓ以下であること。 |
| 銅及びその化合物 | 銅の量に関して、1.0mg/ℓ以下であること。 |
| ナトリウム及びその化合物 | ナトリウムの量に関して、200mg/ℓ以下であること。 |
| マンガン及びその化合物 | マンガンの量に関して、0.05mg/ℓ以下であること。 |
| 塩化物イオン | 200mg/ℓ以下であること。 |
| カルシウム、マグネシウム等(硬度) | 300mg/ℓ以下であること。 |
| 蒸発残留物 | 500mg/ℓ以下であること。 |
| 陰イオン界面活性剤 | 0.2mg/ℓ以下であること。 |
| (4S,4aS,8aR)-オクタヒドロ-4,8a-ジメチルナフタレン-4a(2H)-オール(別名ジェオスミン) | 0.00001mg/ℓ以下であること。※ |
| 1,2,7,7-テトラメチルビシクロ[2,2,1]ヘプタン-2-オール(別名2-メチルイソボルネオール) | 0.00001mg/ℓ以下であること。※ |
| 非イオン界面活性剤 | 0.02mg/ℓ以下であること。 |
| フェノール類 | フェノールの量に換算して、0.005mg/ℓ以下であること。 |
| 有機物(全有機炭素(TOC)の量) | 5mg/ℓ以下であること。 |
| pH値 | 5.8以上8.6以下であること。 |
| 味 | 異常でないこと。 |
| 臭気 | 異常でないこと。 |
| 色度 | 5度以下であること。 |
| 濁度 | 2度以下であること。 |

※平成19年3月31日までの間は、0.00002mg/ℓ以下であること。

## (3) かび臭問題

　生物（プランクトン）が原因となり発生する臭気としては、かび臭（土臭）、生ぐさ臭（魚臭）、藻臭などがあるが、中でもかび臭は古くから大きな被害をもたらしてきた。わが国で最初のかび臭発生事例が報告されたのは、昭和26（1951）年の神戸市の千苅貯水池である。その後、長崎市や宇部市でもかび臭障害が報告されたが、全国規模でかび臭が問題となったのは昭和40（1965）年代（琵琶湖、相模湖）に入ってからである。

　図1-5に、かび臭の原因生物である藍藻類のアナベナ・アフィニス、アナベナ・スピロイデス、オシラトリア、フォルミジウムを示した。

　かび臭の原因物質として2-メチルイソボルネオールとジェオスミンが知られており、この原因物質を産生する藍藻類の大量発生が水道水への着臭の原因となる。岡山市でも平成14（2002）年8月に猛暑と少雨により吉井川の水位が低下し、鴨越堰上流でジェオスミンを産生する藍藻（アナベナ）が大量に発生し、鴨越浄水場の給水地区である西大寺地区で97件の苦情が寄せられた。かび臭物質は安全性には問題のないことが確認されているが、不快な臭気を着けるために飲料水としては問題がある。

　琵琶湖、淀川を水源とする近畿地方の水道では、以前は毎年のようにかび臭による異臭味被害に悩まされてきたが、オゾンと活性炭による高度浄水処理施

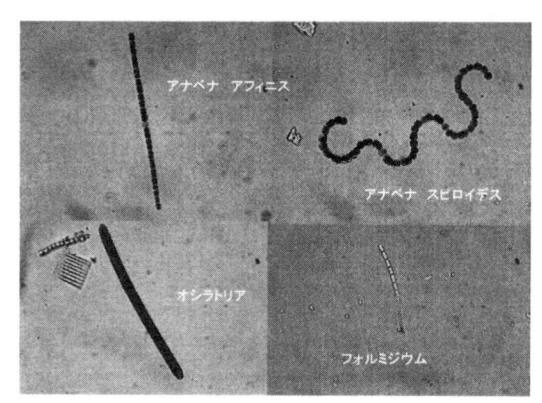

図1-5　かび臭原因生物
（アナベナ・アフィニス、アナベナ・スピロイデス、オシラトリア、フォルミジウム）

設が整備されてきたため、かび臭による異臭味問題は近畿地方では概ね解決したといえる。今後のかび臭問題は、今まで水源水質に比較的恵まれており、かび臭被害も少なかった岡山市のような地方水道の課題となってくると考えられる。

(4) クリプトスポリジウム対策[7]

　クリプトスポリジウムは、人を含めた哺乳動物の消化管に寄生する原生動物（原虫）である。哺乳動物の消化管で増殖し、体外に排出されるときは厚い殻を持つオーシスト（接合体；5 $\mu$m）となる。60℃以上の高温や乾燥には弱いが、その他の環境の変化や塩素にも強い耐性を持ち、水道にとって大きな問題となる。感染による症状は、腹痛を伴う水様性下痢、嘔吐、発熱などであるが、免疫機能が正常であれば1～2週間で自然治癒をする。

　図1-6に、クリプトスポリジウムを示した。

　1976年アメリカで初めて人のクリプトスポリジウム症が報告され、1982年に米国疾病管理センター（CDC）は、後天性免疫不全症候群（AIDS）患者の激しい下痢がこの原虫により引き起こされることを報告した。その後、欧米を中心にクリプトスポリジウム症の集団発生が報告されるようになった。1993年にアメリカ、ウィスコンシン州ミルウォーキーで起きた水道を介した集団感染は、

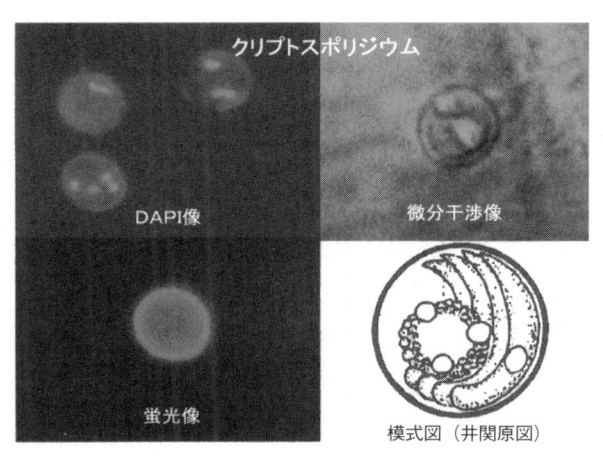

図1-6　クリプトスポジウム

暴露人口160万人, 感染者数は約40万人に達した。

　国内では, 平成8 (1996) 年6月に埼玉県越生町で水道を介した集団感染があり, 全町民約1万3,800人の約7割が感染したと報告されている。その後国内では水道を介した感染例は認められていないが, 原虫が検出されたために給水停止となった水道は10例を超えている。平成8年10月に厚生省（現厚生労働省）から「クリプトスポリジウム暫定対策指針」が出され, 浄水処理工程における濁度管理の徹底が指示されている。

(5)　トリハロメタン問題[8]

　オランダ, ロッテルダム水道のルークは, 1972年ライン河川水からトリハロメタンの一種であるクロロホルムを検出し, しかも河川水を塩素処理することによりクロロホルムが生成されることを初めて報告し注目を浴びた。また, アメリカ国立がん研究所（NCI）の動物実験結果から, クロロホルムが発がん性を有することが報告されたことから, 水道水の安全性について世界中で議論となった。トリハロメタンとは, 最も簡単な炭化水素であるメタン（$CH_4$）の3個の水素が塩素, ヨウ素, 臭素などのハロゲン原子で置換されたもので, 水道水や飲料水に高い頻度で検出されるクロロホルム（$CHCl_3$）, ブロモジクロロメタン（$CHBrCl_2$）, ジブロモクロロメタン（$CHBr_2Cl$）およびブロモホルム（$CHBr_3$）の4種の化合物を総称したものとしてアメリカ環境保護庁（US. EPA）が定義したものである。

　1978年, EPAは暫定第一種飲料水規制を改正し, 水道水中の総トリハロメタンの最大濃度を0.10mg/$\ell$に定め, これを超える場合は低減化の義務づけを提案した。わが国では, 昭和56 (1981) 年に厚生省（現厚生労働省）通知により水道水中の制御目標値として総トリハロメタンの年間平均値で0.1mg/$\ell$以下とされたが, 平成4 (1992) 年の水質基準の改正により基準値として0.1mg/$\ell$に設定され, 4種の化合物のそれぞれについても基準値が設定された。トリハロメタンの水質基準は, 発がん性を考慮して決められた初めての水質項目である。平成15 (2003) 年の水質基準の改正では, トリハロメタン以外の消毒副生成物（ジクロロ酢酸, ホルムアルデヒドなど）についてもそれぞれ基準値が設定されている。

トリハロメタンは、河川水中の自然有機物質であるフミン質や下水処理排水中の有機物質などを塩素処理することによって、その副生成物として生成される。したがって、地下水など有機物質が少ない水では生成量は少なく、河川水を直接塩素処理した場合には多くなる可能性がある。岡山市では平成2（1990）年からトリハロメタンの低減化を目的として、河川水のみを水源としている鴨越浄水場において、塩素の注入点を従来の前塩素処理方式から、凝集沈殿後に塩素注入を行う中間塩素処理方式に変更して運転している。

図1-7に、水道水を加熱した時のトリハロメタン濃度変化の例を示す。加熱前に0.0032mg/ℓであったものが、沸騰直後は0.0223mg/ℓまで増加している。そして、その水を5分間煮沸すると0.0003mg/ℓまで減少している。このことは、沸騰後煮沸を継続することで、水道水のトリハロメタンをほとんどなくすることができることを示唆している。

平成13年度末現在、水道法で規定する水道事業は全国で1万4,580か所あり、その種別内訳は、水道用水供給事業111、上水道事業1,956、簡易水道事業8,790、専用水道3,723である。また、上水道事業を規模別に見ても、1,956か所のうち給水人口5万人以下のものが1,563か所である。このように普及率が96.7％に達したとはいえ、わが国の水道はそのほとんどが小規模零細な水道であるのが実状である。このような水道では専門技術職員確保の困難性から生じる管理レベルの問題や経済的な脆弱性などが指摘されており、技術や経営基盤を強化するため

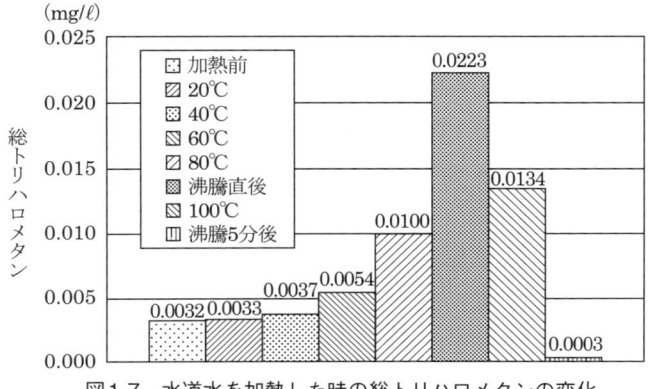

図1-7 水道水を加熱した時の総トリハロメタンの変化

の水道事業の統合・広域化が懸案となっている。

　一方、ボトル水や浄水器の普及に見られるように、需要者はより安全でよりおいしい水への要求が大きくなっており、水道水質への関心も高くなっている。大規模事業体では、かび臭の除去やトリハロメタンの低減化対策として、従来の「凝集沈殿―砂ろ過」といった浄水処理方法から、オゾンや活性炭を付加した、いわゆる高度浄水処理施設を導入するところも多くなっている。また、クリプトスポリジウム対策として、精密ろ過膜や限外ろ過膜による膜ろ過浄水施設を導入するところも徐々に増えている。このように浄水処理方法においても高水準化の方向にあり、老朽施設の更新とともに今後どのような施設を構築していくかが課題となっている。

## 1-7　水道料金と水道事業経営

### (1) 水道料金

　「国民の日常生活にとって水道は必要不可欠なもの」である。しかし、水道事業は地方公共団体の中で独立採算性を原則とし、税金ではなく、水道料金によりその水道事業の経営が行われている。

　水道事業とは、水道により水を供給する事業で給水人口100人以下を除くもので、上水道事業とは給水人口5,001人以上の水道事業、簡易水道事とは、給水人口5,000人以下の水道事業、専用水道とは、自家用の水道で101人以上の特定の人々に供給するものである。

　個々の水道事業ごとに水道料金が設定され、結果として水道料金の格差があるのが現状である。1世帯の標準使用量として月20m$^3$がよく用いられるが、これで見ると、上水道事業の全国平均（平成13年度）は3,083円で、最高は6,190円、最低は700円となっている。単純にいえば最高と最低の格差は8.8倍となるが、これは極めて安い水道料金に影響された結果であり、高料金の事業者でも全国平均の2倍程度である[9]。

　一方、飲用のため、水道ではなく、ミネラルウォーター類を使用する水需要者も多くなっている。平成15年の岡山市の水道料金は、1,000ℓで約139円（ア

クア通信、2004）であり、これに対して、ミネラルウォーター類は、2ℓボトルで100〜200円程度である。ミネラルウォーター類の価格は、水道料金の368〜735倍である[10]。

(2) 水道事業経営

　近年、水道事業について民営化議論が盛んになっているが、水道事業は、設備投資関連が事業経費の3分の2を超える事業である。このため、水道料金は、水源と需要地の距離、水源開発費、原水水質、需要地の地形などに大きく影響される。良好な水質の水源を給水エリアの近くに持ち、給水エリアがなだらかな傾斜地に存在する、こうした条件が最も水道料金が安い条件となる。このように人件費削減を念頭においた民営化による料金低下はなかなか望めない性質のものであることは理解しておく必要があろう。

　水道に対する要求は、水質管理を初めとして上がることはあっても下がることは考えにくい。また、水道の安全性を懸念させる事象や状況には枚挙にいとまがない。水道事業に限定して話を進めれば、極めて小さな事業者が数多く存在する状況で、今後の事業管理、水質管理は非常に困難になるものと考えられる。水道事業を公衆衛生の延長で、市町村行政の一分野として実施していくことが難しくなってきているといえるかもしれない。もともと水道事業は市町村が中心に担ってきた事業ではあるものの、一般会計と独立し、大半を料金収入をもって事業経費に充てる事業であるところからも、非常に特殊な公営事業といえよう。今後は、水道事業としてのあるべき姿を、地方公共団体の個々の枠にとらわれない形で模索する必要があろう[9]。

　かび臭問題、クリプトスポリジウム問題、トリハロメタン問題のような問題は、きれいな水源があれば塩素処理だけで衛生確保には問題がないといった時代は過ぎつつある。技術面、経営面の両面から水道事業の事業環境を分析し、これに合わせた事業形態を選択する必要がある考えられる。

## 1-8 下水道[9]

### (1) 下水道事業のあゆみ

　世界で最も古い下水道は、今から約4000年ほど前に古代インドの都市（モヘンジョ・ダロ）で作られたものだとされている。その下水道はレンガでできており、各戸で使い終わった水を集めて、川に流す役目をしていた。

　中世に入ると、ヨーロッパでは、し尿を農作物の肥料として用いるようになり、農耕の発展をもたらした。その一方で、都市人口の増加に伴い、汚物が街路に投棄されるようになり、都市の衛生状態は悪化し、ペストなどの伝染病が流行したが、下水道施設の本格的整備には至らなかった。産業革命以後、人々がさらに都市に集中するようになると、し尿の処理に困り、し尿が道路や庭に投げ捨てられるようになったため、都市は深刻な不衛生状態に陥り、19世紀には各地でコレラなどの伝染病が流行した。イギリスの首都ロンドンでは、1855年から下水道工事に着手し、また、ヨーロッパ各国やアメリカなどでも、下水道工事に着手するようになった。

　その後、微生物を利用した下水処理法が開発され、汚れた水を清浄にしてから河川などに流すことができるようになった。一方、わが国では、昔からし尿を農作物の肥料として用いており、ヨーロッパのように、し尿を直接川に流したり、道路に捨てるということは少なかった。しかし、明治時代になって、人々が東京などの都市に集まるようになると、大雨によって家が水に浸かったり、低地に流れないで溜まったままの汚水が原因で、伝染病が流行したりするようになり、明治17年、日本で初めての下水道が東京で作られた。その後、いくつかの都市で下水道が作られたものの、全国に普及するまでには至らなかった。明治期のコレラの発生に対して、日本においては、下水道よりの上水道の普及が寄与していたことがわかる。

　表1-8に日本の下水道事業の歩みを示した。本格的に下水道が整備されるようになったのは、第二次世界大戦後、産業が急速に発展して、都市への人口の集中が進んでからのことである。また、産業の発展に伴い、昭和30年頃から、工場などの排水によって河川や湖沼などの公共用水域の水質汚濁が顕著となってき

表1-8　日本の下水道事業の歩み

| 暦年 | 主な出来事 |
| --- | --- |
| 明治33年（1900） | 下水道法が制定される |
| 大正11年（1922） | 東京の三河湾処理場運転開始（わが国最初の処理場であり、散水ろ床法により処理 |
| 昭和5年（1930） | わが国最初の活性汚泥法による処理が名古屋で始まる |
| 昭和33年（1958） | 新下水道法が制定される |
| 昭和36年（1961） | 第1回全国下水道促進デー実施（以後現在まで毎年開催） |
| 昭和38年（1963） | 第一次下水道整備五箇年計画開始（現在は八次計画実施中） |
| 昭和40年（1965） | 複数の市町村にまたがって整備される流域下水道工事着手（大阪府寝屋川流域下水道） |
| 昭和45年（1970） | 下水道法の一部改正（公害問題の顕著化に伴い、「公共用水域の水質保全」を目的に加える） |
| 昭和50年（1975） | 農村で行われるものや自然公園などの環境を守ることを目的とした「特定環境保全公共下水道事業」が創設される |
| 平成5年（1993） | 下水道事業実施市町村の割合が5割を突破 |
| 平成6年（1994） | 下水道処理人口普及率が5割を突破 |

（出典：厚生統計協会『厚生の指標』臨時増刊51巻、9号、2004）

た。そのため、昭和45年の下水道法の改正により、下水道は町の中を清潔にするだけでなく、公共用水域の水質保全という重要な役割を担うようになった。

(2) 今後の下水道事業

1) 汚水処理の普及

　全国の下水道処理人口普及率は平成14年度末で65.2%に達しているものの、人口5万人未満の中小市町村における下水道処理人口普及率は31.8%と立ち後れている状況であり、この著しい地域格差を解消するため下水道事業の推進が必要である

　表1-9に、都市規模別下水道処理人口普及率を示した。下水道が使えるかどうかは、国民にとっては「有」か「無」かという性格であるため、下水道の整備予定地域でありながら、いまだに下水道を使用できない地域（人口にして約2,900万人）の解消に努める必要がある。

2) 浸水対策の推進

　水害による被害額の約半分（46%）は、内水（市街地に降った雨）被害によ

表1-9　都市規模別下水道処理人口普及率　　　　　　　　（平成14年度末）

| | 総数 | 100万人以上 | 50〜100万人 | 30〜50万人 | 10〜30万人 | 5〜10万人 | 5万人未満 |
|---|---|---|---|---|---|---|---|
| 総人口(万人) | 12,669 | 2,560 | 827 | 1,631 | 2,642 | 1,567 | 3,442 |
| 処理人口(万人) | 8,257 | 2,513 | 678 | 1,236 | 1,868 | 867 | 1,096 |
| 普及率(％) | 65.2 | 98.2 | 82.0 | 75.8 | 70.7 | 55.3 | 31.8 |

（出典：厚生統計協会『厚生の指標』臨時増刊51巻、9号、2004）

るものであり、内水から住民の生命・財産を守ることは、下水道の重要な役割の1つである。5年に1回程度の規模の降雨でも被害が生じない水準にまで下水道が整備されている割合（下水道による都市浸水対策整備率）は、平成14年度末で51.3％であり、全国の市街化区域面積に相当する約140万haのうち約70万haしか対策ができていない状況であるため、引き続き下水道による浸水対策の推進が必要である。

　特に都市機能が集積した大都市の拠点地区については、当該地区の浸水が日本経済全体に大きな影響を及ぼすため、浸水対策を重点的に推進することとしている。また、都市型水害に対して河川などとの連携した取り組みを一層推進するため、平成15年6月、特定都市河川浸水被害対策法が成立した。

　3）下水道の高度処理

　湖沼、内湾などの閉鎖性水域や水道水源水域における水質改善を図るため、標準的な下水処理では十分に除去できない窒素、リンなどを除去する高度処理については、環境基準達成のための高度処理人口普及率が平成14年度末で17.3％と低い状況にあるため、引き続き高度処理の推進が必要である。また、環境ホルモンの除去など、下水処理水の再利用のためにも高度処理の推進は重要である。

　4）合流式下水道の改善

　汚水と雨水を同一の暗渠で排除する合流式下水道は、早くから下水道を整備している大都市を中心に採用されているが、雨天時における未処理下水の流出により、公衆衛生上、水質保全上の問題が発生しているため、その改善を緊急的に実施する必要がある。

　5）下水道資源・施設の有効利用

　下水処理水（年間約130億$m^3$）は、都市における貴重な水資源であり、トイ

レ用水やせせらぎ用水としての再利用を推進することも重要である。一方、下水汚泥（年間約7,500万トンで、全産業廃棄物の約19%）については、建設資材や肥料としての再利用（平成14年度末における下水汚泥リサイクル率60%）を推進するとともに、汚泥から発生する消化ガスによる発電やヒートポンプによる下水の熱利用など、エネルギー資源としての有効利用を目指している。

　また、都市部に張り巡らされた下水管の管きょ空間を光ファイバー収容空間として活用するとともに、終末処理場などの上部空間を防災拠点や公園として有効利用を図っている。

6）老朽施設の改築・更新

　管きょの老朽化が進むとともに、東京都などの大都市を中心に全国で約2,200件（年間）の道路陥没事故が発生しており、計画的な改築・更新が大きな課題となっている。

## 1-9　水質汚濁に係る環境基準

　水質に関する基準は、すべての水に一律に定められているのではなく、水の利用目的に応じて、水質の基準が設定されいる。たとえば、水道水に基準は、「水質基準に関する省令」が根拠の法規であり、平成15（2003）年の5月に公布され、平成16（2004）年4月から施行されることになったことは、前節で述べた。また、下水道については、下水処理場の処理能力に応じて、下水道に受け入れるための「下水道受け入れ基準」が下水処理場毎に設定されている。飲料水としての水を、食品と考えた場合は、食品衛生法により基準が設定されている。水道水に不安を感じる人々に人気の高い、清涼飲料水、ミネラルウオーター類は、食品衛生法の基準が当てはめられる。

　水質汚濁に係る環境基準（以下単に「水質環境基準」と記す）は、環境基本法に基づき定めた水質に関する基準の1つである。この基準は、水域を河川、湖沼、海域などの公共用水域に適用される。

　公共用水域とは、水質汚濁防止法（昭和45年制定）で、「河川、湖沼、港湾、沿岸海域その他公共の用に供される水域及びこれに接続する溝渠（こうきょ）、

かんがい用水路にをいう」と規定され、下水路や私有地内の水路は除かれるのである。

基準とは、認可、免許、許可などを受ける要件である。例えば、一般の人が自動車を運転する場合には、運転免許が必要であり、運転免許を取得するためには、実技検査、学科試験、身体検査の3つの試験（基準）に合格しなければならない。そして、自動車を運転する人は、交通事故を起こさないように、または起こした場合には、それを担保するために次の4つの罰を受けることを前提としている。第1は、刑事上の罰であり、国家社会の秩序と善良の風俗に反した行為や人を傷つけた又は死に至らしめた時には、死刑、懲役、罰金、科料などの罪である。第2は、民事の上罰であり、被害者の生活費（給金、医療費、交通費など）を、事故を起こしたことによる被害者に対して強制的に経済的に補償しなければならないことである。第3は行政上の個別法による処分で、免許取り消し、免許の停止、などである。第4は社会的な罰である。それは、うわさ、評判、慰謝料などとして受け入れなけらばならない。

ところが、環境基準は、上記の基準とは少し考え方が異なる。環境基準に類似する概念として、①行政的行為のために法的規制を持つ基準（standard）、②地域環境の行政対策のための指針（guideまたはguideline）、③地域環境の行政的または技術的対策のための当面望ましい目標（goal）、④環境の質（環境汚染の状態）を判定するための判定条件（criteria）がある[11]。

わが国の環境基本法では、環境基準は、「人の健康を保護し、および生活環境を保全する上で維持されることが望ましい基準」と述べている。望ましい基準とあるように、許容限度あるいは受認限度という性格のものでなく、行政上の目標値と考えられ、この基準値は限界値とは異なるものである。すなわち、基準値を超えた場合に、すぐ被害が発生するというものでもないが、少なくとも基準値以下となるよう努力すべき値なのである。

また、環境基本法によると、大気の汚染、水質の汚濁、土壌の汚染、騒音、振動、地盤の沈下および悪臭のいわゆる典型7公害のうち、前4者について環境基準を定めることとされている。また、基準値については常に適切な科学的判断を加え必要な改訂をすることが政府に義務づけている。すなわち、日本にお

ける環境基準は、環境の質（環境汚染の状態）を判定するための判定条件（criteria）なのである。また、環境基準に達しなくても政府、地方公共団体やその構成員が、刑事上の罰、民事の上罰、行政上の個別法による処分などを被ることはない。しかし、日本の環境を保全し改善してゆく上で、最も重要な基準であることには疑いない。

水質環境基準には人の健康の保護に関する基準と、生活環境の保全に関する基準の2つの基準が設定されている。「人の健康の保護に関する基準」は、全国の公共用水域と地下水に原則として一律に適用され、カドミウム、ポリ塩化ビフェニル（PCB）など26項目について設定されている。

表1-10に、人の健康の保護に関する基準値表を示した。表1-10の基準値表には記載してないが、基準値とともに、その測定方法も定められている。

「生活環境の保全に関する基準」は、公共用水域について、利水目的に応じ水域ごとに類型が指定されるものである。類型とは、利用目的の適応性に基づいた区分である。水素イオン濃度、CODまたはBODなどの項目について、河川については6類型、湖沼については4類型、海域については3類型が設けられて

表1-10　人の健康の保護に関する環境基準　　　　　　（平成16年現在）

| 項　目 | 基準値 | 項　目 | 基準値 |
| --- | --- | --- | --- |
| カドミウム | 0.01mg/ℓ以下 | 1,1,1-トリクロロエタン | 1mg/ℓ以下 |
| 全シアン | 検出されないこと | 1,1,2-トリクロロエタン | 0.006mg/ℓ以下 |
| 鉛 | 0.01mg/ℓ以下 | トリクロロエチレン | 0.03mg/ℓ以下 |
| 六価クロム | 0.05mg/ℓ以下 | テトラクロロエチレン | 0.01mg/ℓ以下 |
| ヒ素 | 0.01mg/ℓ以下 | 1,3-ジクロロプロペン | 0.002mg/ℓ以下 |
| 総水銀 | 0.0005mg/ℓ以下 | チウラム | 0.006mg/ℓ以下 |
| アルキル水銀 | 検出されないこと | シマジン | 0.003mg/ℓ以下 |
| PCB | 検出されないこと | チオベンカルブ | 0.02mg/ℓ以下 |
| ジクロロメタン | 0.02mg/ℓ以下 | ベンゼン | 0.01mg/ℓ以下 |
| 四塩化炭素 | 0.002mg/ℓ以下 | セレン | 0.01mg/ℓ以下 |
| 1,2-ジクロロエタン | 0.004mg/ℓ以下 | 硝酸性窒素及び亜硝酸性窒素 | 10mg/ℓ以下 |
| 1,1-ジクロロエチレン | 0.02mg/ℓ以下 | フッ素 | 0.8mg/ℓ以下 |
| シス-1,2-ジクロロエチレン | 0.04mg/ℓ以下 | ホウ素 | 1mg/ℓ以下 |

備考：1．基準値は年間平均値とする。ただし、全シアンに係る基準値については、最高値とする。
　　　2．「検出されないこと」とは、定められた方法により測定した場合において、その結果が当該方法の定量限界を下回ることをいう。
　　　3．海域については、フッ素及びホウ素の基準値は適用しない。

いる。また、富栄養化が問題となる閉鎖性水域である湖沼、海域については、全窒素と全燐についても環境基準が設けられており、湖沼については5類型、海域については4類型が設けられている。

人の健康の保護に関する基準の項目を前述した「水質基準に関する省令」とを比較すると、大部分の項目で値が一致していることがわかる、水質環境基準設定の最大の目的が、国民の日常生活にとって必要不可欠な水道水として利用できる水源を日本で、恒久的に確保することであるであることが明らかである。

生活環境の保全に関する基準は、河川や湖沼の利水目的を、家庭生活用水、都市活動用水、自然環境保全用水、産業用に分類し、類型化したものである。類型の設定には、河川の利用実態などに詳しい都道府県知事の意見を聴取の上で決定されることとなっている。

表1-11に、生活環境の保全に関する基準値表を示した。

今日まで、水質環境基準が、日本の水質保全のために果たした役割は大きい。しかし、ダイオキシン、環境ホルモン、かび臭、クリプトスポリジウム、トリハロメタンなどの問題には対処できていない。

なお、ダイオキシンについては、平成11(1999)年にダイオキシン類対策特別措置法を制定し、ダイオキシン類だけの環境基準を定めた。表1-12にダイオキシン類による大気の汚染、水質の汚濁および土壌の汚染に係る環境基準を示した。

## 1－10　河川水・湖沼の水質汚濁の現状[9]

最近における水質汚濁の状況を見ると、カドミウムなどの人の健康にとって有害な物質はほぼ環境基準が達成されている。

表1-13に、平成14年度公共用水域水質測定結果を示す。環境基準を超えた項目は、鉛、ヒ素、ジクロロメタン、1,2-ジクロロエタン、硝酸性窒素及び亜硝酸性窒素、フッ素、ホウ素である。環境基準値を超える地点数は全国5,697地点のうち42地点であり、達成率は99.3%であった。

BOD、CODなどの生活環境の保全に関する項目については、望ましい状況に

表1-11　生活環境の保全に関する環境基準（公共水域）

(1) 河川（湖沼を除く）

| 類型 | 利用目的の適応性 | 水素イオン濃度(pH) | 生物化学的酸素要求量(BOD) | 浮遊物質量(SS) | 溶存酸素量(DO) | 大腸菌群数 | 該当水域 |
|---|---|---|---|---|---|---|---|
| AA | 水道1級、自然環境保全及びA以下の欄に掲げるもの | 6.5以上8.5以下 | 1mg/l以下 | 25mg/l以下 | 7.5mg/l以上 | 50MPN/100ml以下 | 別に環境大臣または都道府県知事水域類型ごとに指定する水域 |
| A | 水道2級、水産1級、水浴及びB以下の欄に掲げるもの | 6.5以上8.5以下 | 2mg/l以下 | 25mg/l以下 | 7.5mg/l以上 | 1,000MPN/100ml以下 | |
| B | 水道3級、水産2級及びC以下の欄に掲げるもの | 6.5以上8.5以下 | 3mg/l以下 | 25mg/l以下 | 5mg/l以上 | 5,000MPN/100ml以下 | |
| C | 水産3級、工業用水1級及びD以下の欄に掲げるもの | 6.5以上8.5以下 | 5mg/l以下 | 50mg/l以下 | 5mg/l以上 | — | |
| D | 工業用水2級、農業用水及びEの欄に掲げるもの | 6.0以上8.5以下 | 8mg/l以下 | 100mg/l以下 | 2mg/l以上 | — | |
| E | 工業用水3級、環境保全 | 6.0以上8.5以下 | 10mg/l以下 | ごみ等の浮遊が認められないこと | 2mg/l以上 | — | |

備考：1．基準値は、日間平均値とする（湖沼、海域もこれに準ずる）。
　　　2．農業用利水点については、水素イオン濃度6.0以上7.5以下、溶存酸素量5mg/l以上とする（湖沼もこれに準ずる）。

(2) 湖沼（天然湖沼及び貯水量1,000万m³以上の人口湖）

ア　　　　　　　　　　　　　　　　　　　　　　　　　　　　　　　　（平成16年3月現在）

| 類型 | 利用目的の適応性 | 水素イオン濃度(pH) | 化学的酸素要求量(COD) | 浮遊物質量(SS) | 溶存酸素量(DO) | 大腸菌群数 | 該当水域 |
|---|---|---|---|---|---|---|---|
| AA | 水道1級、水産1級自然環境保全及びA以下の欄に掲げるもの | 6.5以上8.5以下 | 1mg/l以下 | 1mg/l以下 | 7.5mg/l以上 | 50MPN/100ml以下 | 別に環境大臣または都道府県知事が水域類型ごとに指定する水域 |
| A | 水道2、3級、水産2級、水浴及びB以下の欄に掲げるもの | 6.5以上8.5以下 | 3mg/l以下 | 5mg/l以下 | 7.5mg/l以上 | 1,000MPN/100ml以下 | |
| B | 水道3級、工業用水1級、農業用水及びCの欄に掲げるもの | 6.5以上8.5以下 | 5mg/l以下 | 15mg/l以下 | 5mg/l以上 | — | |
| C | 工業用水2級、環境保全 | 6.5以上8.5以下 | 8mg/l以下 | ごみ等の浮遊が認められないこと | 2mg/l以上 | — | |

備考：水産1級、水産2級及び水産3級については、当分の間、浮遊物質量の項目の基準値は適用しない。

イ　　　　　　　　　　　　　　　　　　　　　　　　　　　　　　　（平成16年3月現在）

| 類型 | 利用目的の適応性 | 全窒素 | 全燐 | 該当水域 |
|---|---|---|---|---|
| I | 自然環境保全及びII以下の欄に掲げるもの | 0.1mg/l以下 | 0.005mg/l以下 | 別に環境大臣または都道府県知事が水域類型ごとに指定する水域 |
| II | 水道1、2級（特殊なものを除く）水産1級、水浴及びIII以下の欄に掲げるもの | 0.2mg/l以下 | 0.01mg/l以下 | |
| III | 水道3級（特殊なもの）及びIV以下の欄に掲げるもの | 0.4mg/l以下 | 0.03mg/l以下 | |
| IV | 水産2級及びVの欄に掲げるもの | 0.6mg/l以下 | 0.05mg/l以下 | |
| V | 水産3級、工業用水、農業用水、環境保全 | 1mg/l以下 | 1mg/l以下 | |

備考：1．基準値は、年間平均値とする。
　　　2．水域類型の指定は湖沼植物プランクトンの著しい増殖を生ずるおそれがある湖沼について行うものとし、全窒素の項目の基準値は、全窒素が湖沼植物プランクトンの増殖の要因となる湖沼について適用する。
　　　3．農業用水については、全燐の項目の基準値は適用しない。

(3) 海　域
ア
（平成16年3月現在）

| 類型 | 利用目的の適応性 | 基準値 ||||| 該当水域 |
| --- | --- | --- | --- | --- | --- | --- | --- |
|  |  | 水素イオン濃度(pH) | 化学的酸素要求量(COD) | 溶存酸素量(DO) | 大腸菌群数 | n-ヘキサン抽出物量(油分等) |  |
| A | 水産1級、水浴、自然環境保全及びB以下の欄に掲げるもの | 7.8以上8.3以下 | 2mg/ℓ以下 | 7.5mg/ℓ以上 | 1,000MPN/100mℓ以下 | 検出されないこと | 別に環境大臣または都道府県知事が水域類型ごとに指定する水域 |
| B | 水産2級、工業用水及びCの欄に掲げるもの | 7.8以上8.3以下 | 3mg/ℓ以下 | 5mg/ℓ以上 | — | 検出されないこと |  |
| C | 環境保全 | 7.0以上8.3以下 | 8mg/ℓ以下 | 2mg/ℓ以上 | — | — |  |

備考：水産1級のうち、生食用カキの養殖の利水点については、大腸菌群数70MPN/100mℓとする。

イ
（平成16年3月現在）

| 類型 | 利用目的の適応性 | 基準値 || 該当水域 |
| --- | --- | --- | --- | --- |
|  |  | 全窒素 | 全燐 |  |
| I | 自然環境保全及びII以下の欄に掲げるもの（水産2級及び3級を除く） | 0.2mg/ℓ以下 | 0.002mg/ℓ以下 | 別に環境大臣または都道府県知事が水域類型ごとに指定する水域 |
| II | 水産1級、水浴及びIII以下の欄に掲げるもの（水産2級及び3級を除く） | 0.3mg/ℓ以下 | 0.03mg/ℓ以下 |  |
| III | 水産2級及びIV以下の欄に掲げるもの（水産3級を除く） | 0.6mg/ℓ以下 | 0.05mg/ℓ以下 |  |
| IV | 水産3級、工業用水、生物生息環境保全 | 1mg/ℓ以下 | 0.09mg/ℓ以下 |  |

備考：1．基準値は、年間平均値とする。
　　　2．水域類型の指定は海洋植物プランクトンの著しい増殖を生ずるおそれがある海域について行うものとする。

表1-12　ダイオキシン類による大気の汚染、水質の汚濁および土壌の汚染に係る環境基準
（平成16年現在）

|  | 大　気 | 水　質 | 土　壌 |
| --- | --- | --- | --- |
| 基準値 | 0.6pg-TEQ/m³以下 | 1pg-TEQ/ℓ以下 | 1,000pg-TEQ/g以下 |

備考：1．基準値は、2,3,7,8-四塩化ジベンゾ-パラ-ジオキシンの毒性に換算した値とする。
　　　2．大気及び水質の基準値は、年間平均値とする。
　　　3．土壌にあっては、環境基準が達成されている場合であって、土壌中のダイオキシン類の量が250pg-TEQ/g以上の場合には、必要な調査を実施することとする。

達していない水域も数多く残されている。

　図1-8に平成14年度公共用水域水質測定結果（生活項目）を示した。

　この背景としては、工場、事業場排水については、排水規制などの措置が効果を表している一方、生活排水などについては、下水道整備がいまだ十分でないなど生活雑排水対策の遅れが一般的に考えられる。生活環境の保全に関する

表1-13　平成14年度公共用水水質測定結果（健康項目）

| 測定項目 | 調査対象地点数 | 環境基準値を超える地点数 |
|---|---|---|
| カドミウム | 4,613 | －（－） |
| 全シアン | 4,152 | 6（1） |
| 鉛 | 4,717 | －（3） |
| 六価クロム | 4,328 | 18（17） |
| ヒ素 | 4,669 | －（－） |
| 総水銀 | 4,440 | －（－） |
| アルキル水銀 | 1,544 | －（－） |
| PCB | 2,385 | 1（－） |
| ジクロロメタン | 3,655 | －（－） |
| 四塩化炭素 | 3,680 | 1（－） |
| 1,2-ジクロロエタン | 3,648 | －（－） |
| 1,1-ジクロロエチレン | 3,635 | －（－） |
| シス-1,2-ジクロロエチレン | 3,636 | －（－） |
| 1,1,1-トリクロロエタン | 3,690 | －（－） |
| 1,1,2-トリクロロエタン | 3,635 | －（－） |
| トリクロロエチレン | 3,827 | －（－） |
| テトラクロロエチレン | 3,827 | －（－） |
| 1,3-ジクロロプロペン | 3,683 | －（1） |
| チウラム | 3,605 | －（－） |
| シマジン | 3,604 | －（－） |
| チオベンカルブ | 3,601 | －（－） |
| ベンゼン | 3,586 | －（－） |
| セレン | 3,594 | －（－） |
| 硝酸性窒素及び亜硝酸性窒素 | 4,219 | 4（2） |
| フッ素 | 2,990 | 12（8） |
| ホウ素 | 2,732 | 2（3） |
| 合計 | 5,697（5,686） | 42（3） |
| 環境基準達成率 | 99.3％（99.4％） ||

資料：環境省「公共用水域水質測定結果」
注：1）（ ）は平成13年度の数値。
　　2）フッ素とホウ素の測定地点数には、海域の測定地点のほか、河川または湖沼の測定地点のうち海水の影響により環境基準を超えた地点は含まれていない。
　　3）合計欄の超過地点数は実数であり、同一地点において複数項目の環境基準を超えた場合には超過地点数を1として集計した。なお、平成14年度は2地点において2項目が環境基準を超えている。

項目については、環境基準の類型当てはめが行われた水域（河川2,550、湖沼153、海域597）について、有機汚濁の指標であるBODまたはCODの環境基準の達成状況を見ると、河川では85.1％、湖沼では43.8％、海域では76.9％である。
　地下水については、昭和57年度と58年度に環境庁（当時）が実施した地下水

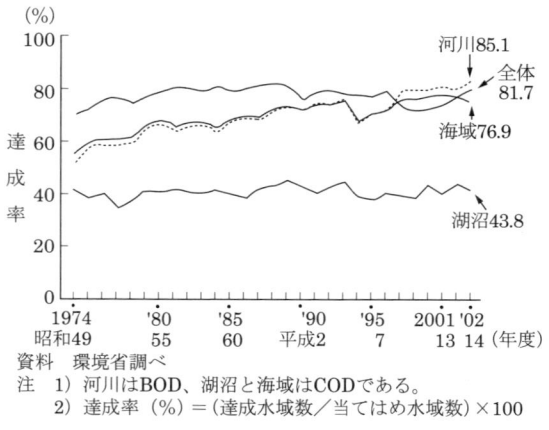

図1-8 平成14年度公共用水域水質測定結果（生活項目）

資料　環境省調べ
注　1）河川はBOD、湖沼と海域はCODである。
　　2）達成率（％）＝（達成水域数／当てはめ水域数）×100

汚染実態調査の結果を表1-14に示した。環境基準を超えた項目は、鉛、ヒ素、四塩化炭素、1,2-ジクロロエタン、1,1-ジクロロエチレン、トリクロロエチレン、テトラクロロエチレン、ベンゼン、硝酸性窒素および亜硝酸性窒素、フッ素、ホウ素である。環境基準値を超える井戸数は全国5,269井戸のうち351井戸であり、超過率は6.7％であった。超過した井戸は、河川や湖沼の平成14年度公共用水域水質測定結果と違い汚染されていた。トリクロロエチレンなど有機溶媒による広範な汚染が認められた。その後、地方公共団体が毎年度実施している実態調査においても、これらの物質による汚染事例が依然として見られる。

## 1−11　工場排水の規制等[9]

### (1) 排水基準

公共用水域などの水質保全を図るための排出水規制は、水質汚濁防止法に基づいて行われている。規制は、カドミウム、PCBなど人の健康に係る被害を生じさせるおそれのある項目と、水素イオン濃度、CODなどのように生活環境に係る被害を生じさせるおそれのある項目について、工場・事業場などから排出される排水の水質の基準を定め、これを事業者に遵守させることによって水質の汚濁防止を図るものである。

表1-14 平成14年度地下水質測定結果

| 測定項目 | 調査数(本) | 超過数(本) | 超過率(％) |
|---|---|---|---|
| カドミウム | 3,242 | − | − |
| 全シアン | 2,639 | − | − |
| 鉛 | 3,484 | 8 | 0.2 |
| 六価クロム | 3,308 | − | − |
| ヒ素 | 3,520 | 53 | 1.5 |
| 総水銀 | 3,253 | − | − |
| アルキル水銀 | 1,020 | − | − |
| PCB | 1,738 | − | − |
| ジクロロメタン | 3,635 | 1 | 0.0 |
| 四塩化炭素 | 3,814 | 3 | 0.1 |
| 1,2-ジクロロエタン | 3,360 | 2 | 0.1 |
| 1,1-ジクロロエチレン | 3,771 | 1 | 0.0 |
| シス-1,2-ジクロロエチレン | 3,842 | 8 | 0.2 |
| 1,1,1-トリクロロエタン | 4,270 | − | − |
| 1,1,2-トリクロロエタン | 3,359 | − | − |
| トリクロロエチレン | 4,414 | 10 | 0.2 |
| テトラクロロエチレン | 4,414 | 7 | 0.2 |
| 1,3-ジクロロプロペン | 3,085 | − | − |
| チウラム | 2,494 | − | − |
| シマジン | 2,547 | − | − |
| チオベンカルブ | 2,487 | − | − |
| ベンゼン | 3,563 | 1 | 0.0 |
| セレン | 2,650 | − | − |
| 硝酸性窒素及び亜硝酸性窒素 | 4,207 | 247 | 5.9 |
| フッ素 | 4,117 | 16 | 0.4 |
| ホウ素 | 3,989 | 5 | 0.1 |
| 全体(井戸実数) | 5,269 | 351 | 6.7 |

資料：環境省「公共用水域水質測定結果」
注：超過数とは、地下水の水質汚濁に係る環境基準を超過した井戸数である。
　　なお、上記以外の項目については超過井戸はなかった。

　表1-15に、健康に係る有害物質についての排出基準値表を示す。表1-15の基準値表には記載してないが、基準値とともに、その測定方法も規定されている。
　健康に係る有害物質についての排出基準と前述した人の健康の保護に関する環境基準の項目を比較してみると、大部分の項目は値が10倍で設定されている。このことは、工場・事業場などから排出される排水は、排出されると10倍の水で薄められることを考慮した値であることが明らかである。しかし、河川・湖沼

表1-15 健康に係る有害物質についての排出基準 （平成16年5月現在）

| 項　　目 | 許容限度 |
|---|---|
| カドミウム及びその化合物 | カドミウムとして0.1mg/ℓ |
| シアン化合物 | シアンとして1mg/ℓ |
| 有機燐化合物（パラチオン、メチルパラチオン、メチルジメトン及びEPNに限る） | 1mg/ℓ |
| 鉛及びその化合物 | 鉛として0.1mg/ℓ |
| 六価クロム化合物 | 六価クロムとして0.5mg/ℓ |
| ヒ素及びその化合物 | ヒ素として0.1mg/ℓ |
| 水銀及びアルキル水銀その他の水銀化合物 | 水銀として0.005mg/ℓ |
| アルキル水銀化合物 | 検出されないこと |
| ポリ塩化ビフェニル | 0.003mg/ℓ |
| トリクロロエチレン | 0.3mg/ℓ |
| テトラクロロエチレン | 0.1mg/ℓ |
| ジクロロメタン | 0.2mg/ℓ |
| 四塩化炭素 | 0.02mg/ℓ |
| 1,2-ジクロロエタン | 0.04mg/ℓ |
| 1,1-ジクロロエチレン | 0.2mg/ℓ |
| シス-1,2-ジクロロエチレン | 0.4mg/ℓ |
| 1,1,1-トリクロロエタン | 3mg/ℓ |
| 1,1,2-トリクロロエタン | 0.06mg/ℓ |
| 1,3-ジクロロプロペン | 0.02mg/ℓ |
| チウラム | 0.06mg/ℓ |
| シマジン | 0.03mg/ℓ |
| チオベンカルブ | 0.2mg/ℓ |
| ベンゼン | 0.1mg/ℓ |
| セレン及びその化合物 | 0.1mg/ℓ |
| ホウ素及びその化合物 | 海域以外の公共用水域に排出されるもの10mg/ℓ<br>海域に排出されるもの230mg/ℓ |
| フッ素及びその化合物 | 海域以外の公共用水域に排出されるもの8mg/ℓ<br>海域に排出されるもの15mg/ℓ |
| アンモニア、アンモニウム化合物、亜硝酸化合物及び硝酸化合物 | 1ℓにつきアンモニア性窒素に0.4を乗じたもの、亜硝酸性窒素及び硝酸性窒素の合計量100mg |

の実態は、河川水量や湖沼の地形などにより10倍の水の期待できないこともあるので、下記する、上乗せ排水基準の設定の方策がとられている。

## (2) 上乗せ排水基準の設定

　公共用水域の水質保全のため、特定施設を設置する工場と事業場から公共用水域に排出される水については、水質汚濁防止法により、全国一律の排水基準が設定されている。全国統一的な排水基準では環境基準を達成維持することが困難な水域においては、都道府県がより厳しい基準（上乗せ排水基準）を条例で設定することができるとされている。上乗せ排水基準は、昭和50年度以降すべての都道府県で設定されている。

## (3) 規制対象業種の拡大

　規制対象の拡大水質汚濁防止法は、昭和46年の施行当初は、日本標準産業分類の細分類による全産業種約1,100のうち約500業種を規制対象としたが、その後政令の改正により追加拡充され、平成15年度末現在約600業種を規制対象としている。

　表1-16は生活環境に係る排出基準を示した。この基準は、都道府県による上乗せ排水基準や規制対象業種の拡大により水質の保全に対応している。

## (4) 生活排水対策

　公共用水域水質の汚濁の原因の1つとして生活排水があり、その中でも生活雑排水が大きな負荷割合を占めている。平成2年6月、水質汚濁防止法などが改正され、生活排水対策に係る行政と国民の責務の明確化と生活排水対策の計画的推進が規定された。同法に基づく生活排水対策重点地域は、平成15年度末現在、476市町村に及んでいる。

## (5) 水質総量規制

　昭和53年に水質汚濁防止法が改正され、汚濁の著しい広域的な閉鎖性海域を対象に、水質環境基準の確保を図ることを目的とし、当該水域に流入する内陸部からの負荷、生活排水などを含めて汚濁負荷量の全体を統一的かつ効果的に削減することを目的とした水質総量規制が制度化された。これまで東京湾、伊勢湾、瀬戸内海について化学的酸素要求量（COD）を指定項目として、4次に

表1-16　生活環境に係る排出基準

|  | 許容限度 |
|---|---|
| 水素イオン濃度（pH） | 海域以外の公共用水域に排出されるもの<br>5.8以上8.6以下<br>海域に排出されるもの<br>5.0以上9.0以下 |
| 生物化学的酸素要求量（BOD） | 160（日間平均120）mg/ℓ |
| 化学的酸素要求量（COD） | 160（日間平均120）mg/ℓ |
| 浮遊物質量（SS） | 200（日間平均150）mg/ℓ |
| ノルマルヘキサン抽出物質含有量<br>（鉱油類含有量） | 5 mg/ℓ |
| ノルマルヘキサン抽出物質含有量<br>（動植物油脂類含有量） | 30mg/ℓ |
| フェノール類含有量 | 5 mg/ℓ |
| 銅含有量 | 3 mg/ℓ |
| 亜鉛含有量 | 5 mg/ℓ |
| 溶解性鉄含有量 | 10mg/ℓ |
| 溶解性マンガン含有量 | 10mg/ℓ |
| クロム含有量 | 2 mg/ℓ |
| フッ素含有量 | 15mg/ℓ |
| 大腸菌群数 | 日平均3,000個/cm$^3$ |
| 窒素含有量 | 120mg/ℓ（日間平均60） |
| 燐含有量 | 16mg/ℓ（日間平均8） |

わたり水質総量規制を実施し、汚濁負荷量の計画的削減が図られてきた。しかし、これら3海域の水質の状況から、引き続き汚濁負荷量の計画的削減が必要であったため、第5次水質総量規制においては、平成12年2月の中央環境審議会答申を踏まえ、CODの一層の削減を図るとともに、富栄養化の原因物質である窒素と燐とを合わせた総合的な削減対策を推進するため、平成13年12月に新たな総量削減基本方針が策定された。平成14年7月には、これに基づき、関係各都府県におる総量削減計画が策定された。

(6) 瀬戸内海の汚濁防止対策

　瀬戸内海の水質汚濁防止対策については、昭和48年に制定された瀬戸内海環境保全臨時措置法が53年に大幅に改正され、名称を瀬戸内海環境保全特別措置法に改め恒久法化されるとともに、従来の施策に加え、新たな措置として府県

計画の策定と推進、水質総量規制が実施されている。なお、平成12年12月には、瀬戸内海環境保全基本計画を変更し、保全型施策の充実のほか、良好な環境を回復させる施策の展開、国、地方公共団体、住民、事業者の幅広い連携と参加の推進などを定め、平成14年7月には、新たな基本計画に基づき、関係府県により各府県計画が変更された。

(7) 湖沼水質保全特別措置法

　湖沼は閉鎖性水域のため水質の改善が容易でないことから、水質保全の緊要な湖沼を都道府県知事の申し出により環境大臣が指定して水質保全事業や規制などの措置を総合的に行うもので、昭和60年3月に施行された。平成15年度末現在、霞ヶ浦、印旛沼、手賀沼、琵琶湖、児島湖、諏訪湖、釜房ダム貯水池、中海、宍道湖、野尻湖の10湖沼について、指定湖沼の指定と湖沼水質保全計画の策定が行われている。

　また、平成3年度以降に策定された湖沼水質保全計画は、各湖沼とも富栄養化対策を強化したものとなっている。

(8) 地下水汚染対策

　地下水汚染の状況を踏まえ、昭和59年8月から、トリクロロエチレンなどを取り扱う工場・事業場に対し、これら物質の地下浸透の防止と公共用水域への排出の抑制について指導を実施してきた。さらに、有害物質を含む水の地下浸透の禁止、都道府県知事による地下水の水質の監視測定体制の整備などを内容とする水質汚濁防止法の改正が行われ、平成元年10月に施行された。

　さらに、平成8年に地下水の水質浄化のために必要な措置を同法に盛り込むとともに、9年に地下水の水質保全行政の目標となる地下水質環境基準を設定した。平成11年には、硝酸性窒素、亜硝酸性窒素などが地下水質環境基準に追加された。

## 1-12 富栄養化、赤潮

### (1) 富栄養化[12]

　自然の湖沼では周辺の土地からの栄養塩類が流入して、自然浄化や流出による栄養塩類の減少速度を上回る。湖水中に栄養塩類が蓄積し、生物相が豊富になり、水性植物や植物プランクトンの増殖によって光合成は増大する。このような過程を富栄養化という。富栄養化は周辺からの土砂などの堆積物の流入を伴って湖沼は浅くなり、湿性植物が侵入して湖沼は湿地となる。この湿地になるまでの過程を湿性遷移という。自然における湿性遷移の過程は数千年や数万年の長い年月を必要とするが、近年では湖沼集水域における人間活動の結果排出される栄養塩類（主として窒素とリン）の流入によって、富栄養化が数年から十数年で急速に進むことが多くなっている。

　栄養塩類の人為的な起源は、生活排水、施肥、畜産排水、工業排水、養殖漁業の飼料、fall out（降水・降下物）などである。

　富栄養化は、異常増殖したプランクトンによって、家庭生活用水、都市活動用水、自然環境保全用水、産業用水に不都合を起こしている。たとえば、上水源として利用した場合の水道水の異臭、水産用水ではプランクトン遺体の分解によって溶存酸素が消費され魚の呼吸を阻害し、有害プランクトンの発生による魚の斃死などがある。さらに、自然環境保全用水としてのレクリエーション機能の低下、景観悪化などである。

　わが国では、特に栄養化が進行して環境上利水上問題となっている湖沼を湖沼水質保全特別措置法（昭和58年制定）で指定して、集水域からの栄養塩類の流入削減を主体とする水質保全対策を行うことになっている（指定湖沼）。2004年現在の指定湖沼は霞ケ浦、印旛沼、手賀沼、琵琶湖、児島湖、諏訪湖、釜房ダム貯水池、中海、宍道湖、野尻湖の10湖沼である。

### (2) アオコ[12]

　富栄養化の進んだ湖沼に、初夏～晩秋にかけて浮遊性のらん藻が大発生する。その様相がちょうど水面に青い粉が浮いているように見えることから「アオコ」

と呼ばれている。

　アオコと呼ばれる様相で大発生するらん藻類には、球形の細胞からなる群体を形成するミクロキスティス（Microcystis）と糸状体のアナベナ（*Anabaena*、図1-1-5参照）、アファニゾメノン（*Aphanizomenon*）、ノデュラリア（*Nodularia*）、ユレモ（*Oscillatoria*）などがあるが、ミクロキスティスが最も代表的なアオコとして知られている。ミクロキスティスのアオコは世界各地の富栄養湖沼で大発生しているが、わが国では、霞ヶ浦、手賀沼、相模湖、津久井湖、諏訪湖などで大発生している。

　ミクロキスティスのうち、M. エルギノーサとM. ビリディスには毒性があることが確認されている。毒物質は7個のアミノ酸からなる環状のポリペプチドで、ミクロシスチンと呼ばれ、ミクロシスチンRR、LR、YRなど10種類以上のミクロシスチンが確認されている。ミクロシスチンの毒の強さは、マウスに腹腔内投与した場合に、半数致死量（LD50）が50〜200μg/Kgと極めて強いことから、飲料水の安全性が懸念されている。さらにミクロシスチンは、通常の浄水処理過程、すなわち凝集沈澱、砂ろ過、塩素処理ではほとんど分解されないが、活性炭ろ過、オゾン処理、あるいは生物膜処理で、ほとんど除去されるという報告がある。このことから飲料水の安全性については問題ないとされている。しかし、一方ではミクロシステンには慢性影響があること、発がんプロモーターであることが判明しており、これらの観点からの安全性の研究はこれからの課題として残っている。

## (3) 赤潮

　赤潮とは、単細胞の微小なプランクトンが急速に増殖して、極めて濃密になることによって起こる水の着色現象である。色は原因生物によって異なり、赤色、桃色、褐色や、緑色、黄色になることもある。赤潮になると、通常は数十種見られるプランクトンのうち、1〜2種類だけが極端に数を増やし、優占するようになる。原因プランクトンには多種多様な生物が知られており、大部分が光合成を行う植物的な種類である。特に魚貝類の大量斃死や毒化現象を引き起こす有害有毒種には、べん毛による運動能力を持ち、同時に色素も保有してい

る渦べん毛藻やラフィド藻が多い[12]。

　わが国における赤潮の発生件数は1970年代から急増しており、瀬戸内海などで養殖ハマチの大量斃死が起こり、社会問題化したのもその時期からである。

　図1-9に瀬戸内海の富栄養化、図1-10に瀬戸内海の赤潮発生状況を示す[13]。富栄養化海域と赤潮発生海域はほぼ一致する。赤潮の規模は、発生海域の窒素やリンなど栄養塩濃度に関係しており、一般に栄養塩の多い富栄養化海域では赤潮の発生頻度、最大細胞密度、継続期間が大きい。

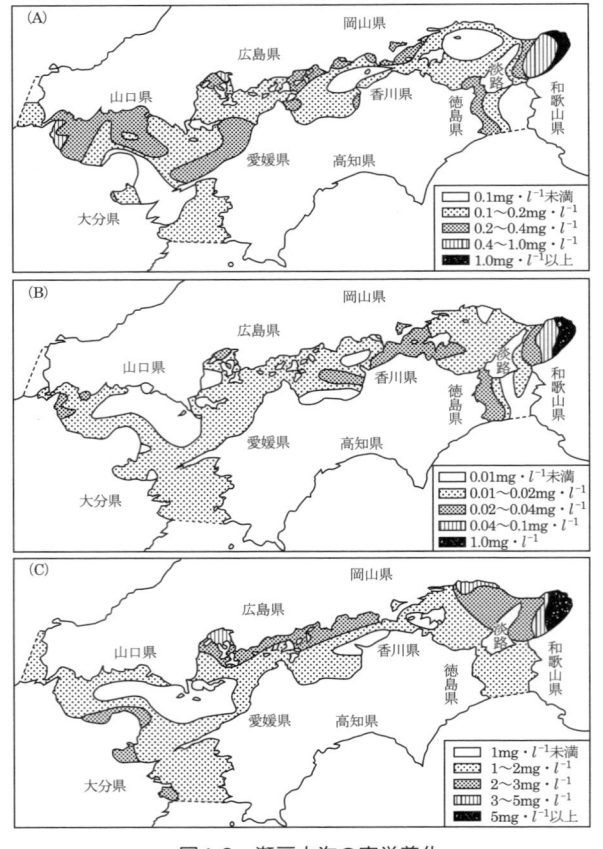

**図1-9　瀬戸内海の富栄養化**
(A) 全窒素、(B) 全リン、(C) CODを示す。
(1983年夏：環境庁・瀬戸内海環境保全協会、1985)
(出典：環境省水環境部『瀬戸内海の環境保全』(社)瀬戸内海環境保全協会、1985)

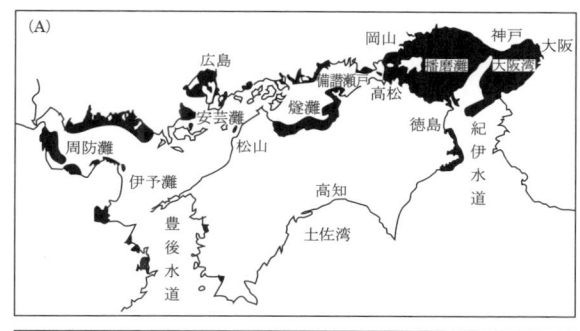

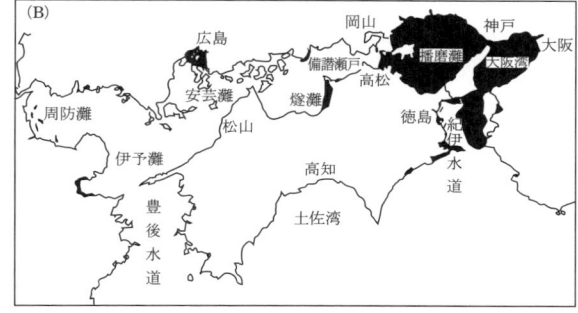

図1-10　瀬戸内海の赤潮発生状況
(A) 1972年、(B) 1983年
(出典：環境省水環境部『瀬戸内海の環境保全』(社)瀬戸内海環境保全協会、1985)

　その後、各海域で環境の浄化が行われるとともに、発生件数は減少している。また、発生の予測をする、赤潮を駆除する、養殖魚の生簀を移動するなどの漁業被害を防ぐ技術の開発が進められ、被害件数、被害金額ともに減少している。しかし、世界的に見ると赤潮とそれによる漁業被害は増加傾向にあり、特に東南アジアでは有毒赤潮で毒化した貝類による中毒事件が多数起こっている。このような赤潮の広域化が、海流などの天然現象だけでなく、漁業開発や貿易などの経済活動に関連している可能性も強く疑われている。

　船舶の航行に不可欠なバラスト水によって運ばれる有害プランクトンの国際間の移動と拡散は海洋環境保護問題となっている。船舶バラストタンク中には、プランクトンが大量に潜んでいるため、バラスト水排出時に、数百ℓから十数万tを超える量を寄港地に排出された後、寄港地でプランクトンが増殖し赤潮や貝類の毒化などの問題を起こすといわれている[14]。

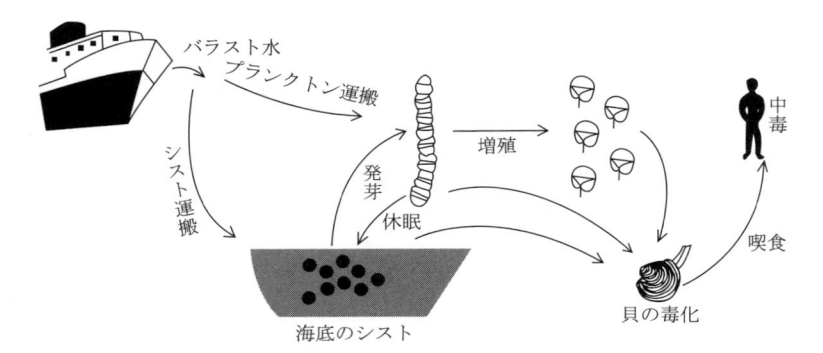

図1-11　推定されるバラスト水による有害プランクトンの運搬と中毒事件発生の関係
(出典：福代康夫『日本海難防止協会情報誌』2001)

図1-11に推定されるバラスト水による有害プランクトンの運搬と中毒事件発生の関係の概念図を示した。

## (4) 赤潮の発生機構[15)]

　赤潮形成は、まず、海底で休眠しているシストから発芽した栄養細胞、あるいは海中に浮遊している栄養細胞が赤潮の発生源となる。その赤潮プランクトンは、他の植物プランクトンとの間で栄養塩類や微量栄養素を奪い合い、時には他の種の増殖を抑制する物質を分泌して徐々に数を増していく。環境の水温や塩分濃度が増殖に適していれば、さらに増殖速度を速めて数を増やし、種によっては1日に3回近く細胞分裂を行う。

　最大細胞密度は$10^7$～$10^8$Cells/$\ell$、あるいはそれ以上になって、水面に変色、すなわち赤潮が認められるようになる。さらに、細胞が集積するような潮目、潮汐、風などの物理的環境があると、赤潮は一層大規模になる。

　図1-12に赤潮発生の模式図（Ⅰ・Ⅱ・Ⅲ型についての相互関係）を示した。

　赤潮生物は、水温、塩分濃度、pHなどの環境条件が好適となり、窒素、燐などの栄養塩が適度で、しかもビタミン$B_{12}$（種類によってはさらにチアミン、ビオチン）が存在するか補給されると、増殖を始める。種類は少ないがこのまま増殖を続けて赤潮となるものがあり、これをⅠ型としている。しかし、一般にはこれだけの条件が満たされても、肉眼で着色が認められる程度に増殖する例はむ

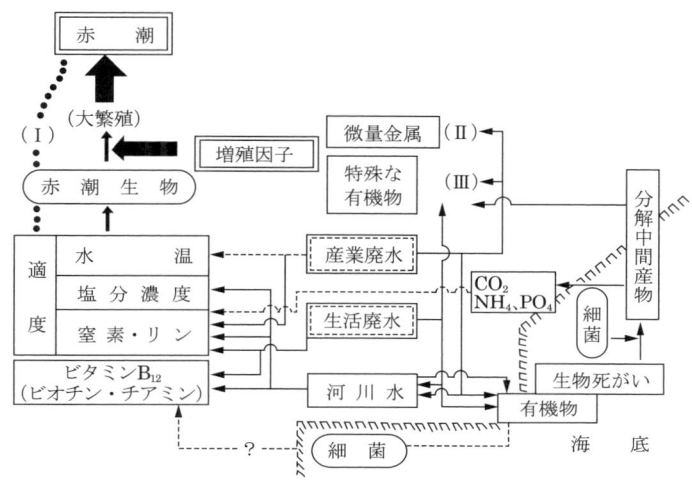

図1-12 赤潮発生の模式図（Ⅰ・Ⅱ・Ⅲ型についての相互関係）
(出典：岩崎英雄『用水と排水』15巻1号、1973)

しろ少なく、鞭毛藻の増殖速度を加速するような物質（生長促進物質）が必要である。生長促進物質としては、今までに鉄、マンガンなどの微量金属（Ⅱ型）と、各種の有機物（Ⅲ型）とが知られている。図は、これらの物質の補給源や循環の過程をも示している。

　赤潮の被害をなくす対策は、赤潮条件をなくす、発生の予測をする、赤潮の駆除を行う、養殖魚の移動などが行われている。

　赤潮の発生は水域の環境保全のみならず、沿岸養殖業などの水産業の発展を阻害するものであり、わが国では大学などによる基礎研究以外にも、水産庁が発生機構解明、発生予察や対策などについて調査研究を行っている。

## 第2節　空気と社会生活

### 2-1　空気と社会生活

わが国は、戦後の産業の発達とともに各地に工場群が生まれ、そこから排出

される工場排ガスにより都市の住民の多くがぜんそくや気管支炎などの被害を受けた経験を持っている。この様な工場の排ガスによる都市大気汚染のために起こった症状が四日市ぜんそくや川崎ぜんそくなどの公害病である。しかし、空気汚染による健康被害は、都市大気汚染だけではない。

例えば、工場や事務所内の労働環境としての室内空気汚染、事務室等のビル内空気環境、シックハウス症候群、などの健康被害があげられる。さらに、花粉症なども空気を介した健康被害である。

上記のことは、身近な有害物で汚染された空気が、人体に直接的に健康被害をもたらしている例である。

今後、人は清浄な空気を吸う権利があり、他者の出した煙の影響で健康を害されることのない社会を、国内で形成してゆかねばならない。

一方、空気による健康被害とは別に地球環境問題としての、地球温暖化、酸性雨やオゾン層破壊の原因が、人為的に排出された二酸化炭素やフロンによって引き起こされていることが明らかになってきた。

地球温暖化やオゾン層破壊の原因物質は、現在の大気中濃度で直接的に健康被害を起こさない。しかし、大気の組成の変化が地球環境システムに影響を引き起こしているのである。

今後、かけがえのない地球を守るための、国際的な合意と地球環境保全のためのプログラムの実行が望まれる。

本書では、空気と地球環境問題は別の節に述べ、本節では身近な社会生活と空気環境の関係について、わが国の歴史的な経過、動向、対策に注目して記すことにする。


## 2-2 清浄な空気

空気の質の変化が、人体被害や地球環境システムに影響を引き起こしているいる。では、清浄な空気とはどのようなものであろうか。

空気の質は、地球が誕生した45億年前から変わらないのではない。

表1-17に、地球型惑星の大気組成を濃度の高い順に示した。金星や火星の大

表1-17　地球型惑星の大気組成

|  | 金　星 | 地　球 | 火　星 |
|---|---|---|---|
| $CO_2$（%） | 96.5 | 0.034 | 95.3 |
| $N_2$（%） | 3.5 | 78.08 | 2.7 |
| $O_2$（%） | − | 20.95 | 0.13 |
| Ar（%） | 0.007 | 0.93 | 1.6 |
| $H_2O$（%） | 0.004 | 0.48 | 0.03 |
| $SO_2$（%） | 0.015 | − | − |
| $CO_2/N_2$ | 28 | 32＊ | 35 |
| $^{15}N/^{14}N$ | − | $3.65 \times 10^{-3}$ | $6.4 \times 10^{-3}$ |
| $^{40}Ar/^{36}Ar$ | 1 | 295.5 | 3200 |
| 雲の組成 | $H_2SO_4$ | $H_2O$ | チリ、$H_2O$、$CO_2$ |
| 表面気圧 | 95 | 1 | 〜0.01 |
| 表面温度（K） | 737 | 288 | 220 |

＊地表に固定された$CO_2$を含む。

気組成は、二酸化炭素約96％、窒素約3％、酸素が極微量で、現在の地球の大気組成とは大きく違っている。しかし、$CO_2/N_2$（$CO_2$：地表に固定された二酸化炭素を含む）を見ると28から35でありほぼ似た比率をしている、これは、地球創生の初期の大気が、金星や火星の大気組成と似ていたことを示している。そして、45億年の年月を経て、現在の地球大気組成へ変化してきたのである[16]。

表1-18に、現在の地球地表付近の平均大気組成を濃度の高い順に示した。この組成比は、南極や北極では地上7から8km、赤道付近では28kmの対流圏ではほとんど変化がない。これが清浄空気と考えられるものである[16]。

では、なぜに空気の質の変化が起きるのであろうか。それは、自然界では、火山活動や大気と海洋との間の相互作用によって硫黄酸化物、塩素、二酸化炭素、水銀などの微量金属などが大気中に拡散されるからである。さらに、自然由来の成分に加え、人為的活動によって硫黄酸化物、窒素酸化物、二酸化炭素、水銀などの微量金属、ベンゼン、トリクロロエチレン、テトラクロロエチレン、ジクロロメタン、フロン、農薬などが大気中に放出されるからである。

ここで、空気汚染を理解するために再度、表1-18に注目してみると、現在の地球の大気は、窒素78.9％、酸素20.9％でその合計は、99.0％となり、地球温暖化の主要原因ガスである二酸化炭素は、0.3％程度であることがわかる。空気の質の変化が起きているといっても、自然由来の成分と人為的由来の成分を合計

表1-18 地表付近の平均大気組成

| 成　分 | 濃度*/体積(ppb) | 平均滞留時間(年) |
|---|---|---|
| $N_2$ | $780.84 \times 10^6$ | $2 \times 10^7$ |
| $O_2$ | $209.46 \times 10^6$ | $2.2 \times 10^3$ |
| Ar | $9.34 \times 10^6$ | − |
| $H_2O$ | $4.83 \times 10^6$ | 0.03 |
| $CO_2$ | $0.34 \times 10^6$ | 〜2 |
| Ne | $18.18 \times 10^3$ | |
| He | $5.24 \times 10^3$ | $3 \times 10^7$ |
| $CH_4$ | $1.68 \times 10^3$ | 5〜10 |
| Kr | $1.14 \times 10^3$ | |
| $H_2$ | 560 | 〜2 |
| $N_2O$ | 310 | 100〜120 |
| CO | 90 | 0.3 |
| Xe | 87 | − |
| $O_3$ | 25 | 0.1〜0.3 |
| $NH_3$ | 1 | 0.01 |
| $NO、NO_2$ | 0.05 | $10^{-3}$ |
| $SO_2$ | 0.1 | $10^{-3}$ |
| $H_2S$ | 0.05 | $10^{-3}$ |

＊$H_2O$以外は乾燥大気中の地表付近の濃度、$H_2O$は湿潤大気中の対流圏内平均濃度。

しても、空気中の1％以内の変化であり、極微量の変化を問題としていることを認識する必要がある。

　そして、本書中で空気中の濃度は、％、ppm、ppb、pptなどで示されるが、単位の取り扱いに注意して理解をすることが大切である。

　例えば、わが国大気中の二酸化硫黄の環境基準が、「1時間値の1日平均値が0.04ppm以下であり、かつ1時間値が0.1ppm以下であることと」となっている場合には、表1-18から、清浄な空気中の二酸化硫黄の濃度は0.1ppbであると読み取って、1時間値が0.1ppmということは、清浄空気の1,000倍濃度の二酸化硫黄であることを理解することである。

　表1-19に、本書で使用する重さと濃度の単位を示した。

表1-19　本書で用いる主な重さと濃度の単位

| | | | |
|---|---|---|---|
| 重さ | Gt（ギガトン） | 1000Mt | $10^{12}$g |
| | Mt（メガトン） | 1000t | $10^{9}$g |
| | t（トン） | 1000Kg | $10^{6}$g |
| | Kg（キログラム） | 1000g | $10^{3}$g |
| | g（グラム） | | |
| | mg（ミリグラム） | 1000分の1g | $10^{-3}$g |
| | μg（マイクログラム） | 100万分の1g | $10^{-6}$g |
| | ng（ナノグラム） | 10億分の1g | $10^{-9}$g |
| | pg（ピコグラム） | 1兆分の1g | $10^{-12}$g |
| | fg（フェムトグラム） | 1000兆分の1g | $10^{-15}$g |
| 濃度 | ％（percent） | 100分率 | $10^{-2}$分の1 |
| | ppm（parts per million） | 100万分の1 | $10^{-6}$分の1 |
| | ppb（parts per billion） | 10億分の1 | $10^{-9}$分の1 |
| | ppt（parts per trillion） | 1兆分の1 | $10^{-12}$分の1 |
| | ppq（parts per quardrillion） | 1000兆分の1 | $10^{-15}$分の1 |

## 2-3　都市大気汚染の歴史

### (1) 鉱害事件・煙害事件

　明治10年代の栃木県の足尾銅山による渡良瀬川への鉱毒事件、明治20年代の愛媛県新居浜における四阪島精錬所からの煙害事件、明治40年代の茨城県における日立銅山の煙害事件などである。これらの大気汚染は、銅鉱山精錬による農業被害に起因する鉱害事件と煙害事件で、いずれも加害者は、殖産興業政策を推進する鉱山とその精錬工場であった。

### (2) 工場煤煙

　工業化の早かった大阪市で、明治16～17年頃、石炭燃焼による工場煤煙による被害市民との紛争の記録が見られる。このため、大阪府は、明治21年に「旧市内に煙突をたつる工場の建設を禁ず」とわが国最初の煤煙防止令を出している。しかし、日清・日露戦争の影響で大規模工場が発展し煤煙排出量が増大し

た。その後も第一次世界大戦の開戦とともに大阪の煤煙はより激しくなったが、工業都市として煤煙は呪うべきではないとの考えが主流となり煤煙防止の熱は次第に醒めていった。しかし、大阪府は、昭和7 (1932) 年に「煤煙防止規則」が大阪府令として公布し、鉱業課に監督官を置き煤煙防止に努力した。この工場煤煙問題は、加害者が複数の工場であり、被害者も移動の多い都市住民であり、加害者と被害者が特定できない環境問題であった。被害者住民は、定まった加害者に怒りを向けることがないのであった。

(3) 横浜喘息

第二次世界大戦中、煤煙対策など要求は国策に逆らうとの考えがあり、戦争激化は環境問題のすべてを人々の脳裏から消してしまった。

第二次世界大戦中にわが国の産業は潰滅的な打撃を受けたが、復興の努力は素早く、荒廃した京浜工業地帯や阪神工業地帯では、昭和20～24 (1945～1949) 年には、製鉄業を中心に操業を開始している。

昭和25 (1950) 年頃には、復興途上の鉄鋼業からは、酸化鉄ヒュームの濃厚な赤い煙が排出され、太陽さえ真っ赤に染め人々は青空を望めぬ工業都市で生活した。降下煤塵が建物の隙間から侵入し、黒煙は洗濯物を汚染し、健康影響も気遣われ植物枯死も指摘された。

当時横浜に駐留した米兵将兵と家族に呼吸疾患が発生し、大気汚染が原因の「横浜喘息」と呼ばれ人の健康への懸念は現実となった。

その後、昭和30年代の四日市における硫黄酸化物による大気汚染と周辺住民の喘息などが生じた。

これらの環境問題に共通していることは、戦後の工業復興期に起きていることと原因物質が微量有害物質であることであった。このことは、経済復興を優先させ特定の物質により人の健康に障害を生じることに対する認識が加害者に欠如していたことによる。

問題の発生の初期には、微量有害物による人体影響は発生しているが、人体影響までのメカニズムを明らかにすることができず、加害者が特定できるまで長い年月がかかった環境問題であるという特徴がある。

### (4) 公害対策基本法

　昭和42(1967)年に公害対策基本法が施行された。この法律で、「公害とは、事業活動その他の人の活動に伴って生ずる相当範囲にわたる大気の汚染、水質の汚濁、土壌の汚染、騒音、振動、地盤の沈下および悪臭によって人の健康または生活環境にかかる被害を生ずること」と定め、上記の7つの公害を典型7公害と呼んでいる。

　これら典型7公害は次のような特徴がある。第1は、人為的活動の結果、広い範囲にわたって心身や生活環境に悪い影響を及ぼすこと。第2は、因果関係の立証が困難であること。第3は、加害が継続的で、大気や水などの媒体を通して影響することである。

　この法律により公害に対する国、地方公共団体、事業者、国民の責務を明らかにした。

### (5) 環境対策基本法

　平成3(1993)年に環境対策基本法が施行された。この法律は、昭和42(1967)年に公害対策基本法が施行された以後、

① 経済・社会の発展に伴う地域規模の環境汚染として、廃棄物の増加、化学物質による大気、水質、土壌等の汚染等が大きな社会的問題となった。

② オゾン層破壊、地球温暖化、酸性雨など、従来の地域規模から地球規模への環境汚染が発生し、国際的な問題となってきた。

③ 人の健康、生活環境、そして周囲の自然環境がともに汚染されつつある。

④ 従来の対症療法から社会・人間・自然のすべてに配慮した対応が必要になった。

の社会的な変化に伴うことが制定の背景にある。

　この法律により地域環境と地球環境に対する国、地方公共団体、事業者、国民の責務を明らかにした。

　表1-20に明治10(1877)年から昭和56(1981)年までの大気汚染問題と地域紛争の概略、問題に対応した施策を示した[17]。

表1-20 工場操業による大気汚染と地域

| 年代 | 大気汚染問題と地域紛争 | 問題に対応した施策 |
|---|---|---|
| 1877年（明治10） | 大阪で銅折、鍛冶、湯屋の三業でばい煙による公害問題多発。 | 住民から苦情多発。大阪で製造業取締規則を発布。 |
| 1884年（明治17） | 工業化が早かった大阪で、最初石炭燃焼による工場ばい煙が問題となる。 | 大阪府が島の内、船場にガスコークス石炭などを焚く工場の建設を禁ず府達を出す。 |
| 1888年（明治21） | 大阪電灯会社のばい塵問題が提起される。 | 旧市内に煙突を立てる工場の建設を禁ず府達を出す。 |
| 1895年（明治28） | 足尾銅山の製錬所拡張により水源地の山林を乱伐、ばい煙により栃木県松木村で森林農作物大被害（明治30年農民2,000人上京請願する）。 | 足尾銅山と被害農民との永久示談契約が締結さる。明治40年谷中村に土地収用を適用、遊水池化。 |
| 1895年（明治28） | 別子銅山で明治26年村民数十人が亜硫酸ガスによる農作物被害に伴う事業停止を訴える。会社は無関係と発表、農民数百人がムシロ旗で分店を襲い逮捕者出る。 | 住友本社は新居浜製錬所の四阪島移転を計画、明治29年建設に着手。 |
| 1909年（明治42） | 明治41年日立鉱山が大製錬所を完成、翌年亜硫酸ガスの被害激化。 | 交渉に基づき補償金払う。 |
| 1916年（大正5） | 明治44年鈴木製薬所逗子工場（味の素製造所）の塩素被害出る。 | 神奈川県工場取締規則公布。 |
| 1916年（大正5） | 大阪アルカリ会社の亜硫酸ガスが子どもの呼吸器障害を引き起こす。農民は訴訟を起こす。 | 大阪市から防除施設設置命令出る。大正8年原告農民勝訴。 |
| 1919年（大正8） | 国鉄中央線日野春駅近くにある信玄公旗かけの松が機関車のばい煙で枯死。 | 松所有者が惨害賠償を請求。大審院判決で勝訴。 |
| 1924年（大正13） | 燃料協会は「都市燃料に関する特別委員会」を組織し、美観、保健上及び燃料乱費防止のため防煙を主張するとともに、東京で無煙燃料（無煙炭）使用に限る規則を提案、注目される。 | 同年12月内務省は六都市（東京市、大阪市、京都市、名古屋市、神戸市、横浜市）のばい煙取り締まりを発令。 |
| 1932年（昭和7） | 昭和2年大阪煤煙調査委員会が発足し、ばい煙調査、無煙燃料使用、完全燃焼、煤煙取り締まりを決定。 | 昭和7年全13条の大阪府煙防止規則が公布されリンゲルマン濃度3以上の黒煙を6分/毎時以上排出することを禁止した。昭和8年京都府、10年兵庫県が同様の措置。 |
| 1935年（昭和10） | 首都圏で戦時色が濃くなり、工場の拡張、新設が続いて大気汚染問題が次第に注目され始めた。 | 昭和10年東京府は煤煙防止要綱を作成し、12年神奈川県は煤煙防止委員会規定を決定した。 |
| 1949年 | 第二次世界大戦後の産業の復興に伴い、住民から | 全国で初めて「東京都工 |

| | | |
|---|---|---|
| (昭和24) | の苦情が増加してきた事、工場の新設・増設などが無秩序に行われつつある事等からこれらに対処するため公害の防止施策が必要となった。 | 場公害防止条例」を制定した。基準値なく、著しく昭和25年「大阪府事業場公害防止条例」、26年「神奈川県事業場公害防止条例」を制定した。 |
| 1955年(昭和30) | 冬場都心部でビル暖房による、すす、煤塵に起因するスモッグが多発。 | 東京都「ばい煙防止条例」制定（リンゲルマンで規制）。 |
| 1962年(昭和37) | 高度成長でばい煙による大気汚染が全国的に広がる（エネルギー源：石炭～石油へ）。 | ばい煙規制法制定（7章7条）工業規格JISZ8808とリンゲルマン濃度表による規制導入。 |
| 1966年(昭和41) | 使用される低品位炭により、昭和26年降下煤塵量が最悪（55.9t/月）となる。 | 昭和25年条例に基づく委員会で、市民、企業、行政、学識経験者による科学的情報を集め防止対策を設置した、いわゆる「宇部方式」である。 |
| 1967年(昭和42) | 昭和36年から四日市市議前田達夫氏が弁護団と相談、四日市公害を裁判に持ち込む計画を立てる。公害認定患者9人が第一コンビナート6社を相手取り四日市地裁に提訴。30年代に大気汚染等を規制する法律が制定されたが、これら個別の対処では不十分で、計画的総合的な公害行政を推進することが強く要求された。 | 昭和47年勝訴、原告12人に計321万円支払う。判決は被害者救済の立場から「因果関係に厳密な立証は不要」とし、被害に至る共同不法行為を認めた。昭和42年公害対策基準や公害防止関係の策定条項が導入された。 |
| 1968年(昭和43) | 汚染地域の拡大、汚染物質の多様化。さらに、自動車交通問題の提起等。 | 昭和43年ばい煙規制法に替え大気汚染防止法を制定した。 |
| 1970年(昭和45) | 東京都新宿区の鉛公害、杉並区の光化学スモッグ被害、富山県のイタイイタイ病に端を発したカドミ米問題など住民の間に不安が極度に広がる。 | 昭和45年11月に「公害国会」を開催、大気汚染防止法に5種（Cd、Pb、Cl、HCl、HF、NOx等）の有害物質の規制を追加する。 |
| 1971年(昭和46) | 公害問題の全国的広がり、深刻さに対処するため、バラバラに行われていた国の公害・環境行政の一元化が必要となる。 | （昭和45年公害国会で環境庁発足を決定）46年7月に環境庁発足する。 |
| 1972年(昭和47) | 公害問題における損害賠償請求の方法・制度の確立。 | 昭和47年6月、大気汚染防止法に無過失責任」条項を追加。 |
| 1974年(昭和49) | 大気汚染の広域的広がりに対処し、個別規制の効果向上が求められた。 | 昭和49年11月SOxを対象に総量規制が導入された。 |
| 1981年(昭和56) | 都市部のNOx、SOx汚染の改善が進まない状況に対処が必要となる。 | 昭和56年6月NOx対策に総量規制が導入された。 |

(出典：大気環境学会史料委員会編『日本の大気汚染の歴史Ⅰ』公健協会、2000)

2-4　都市大気汚染の動向[18]

(1) 大気汚染に係る環境基準値について

　都市大気汚染については、政府は、環境基本法16条に基づき、大気汚染、水質汚濁、土壌汚染、騒音に係る環境基準について、人の健康を保護し、生活環境を保全する上で維持されることが望ましい環境基準を設定している。

　現在、環境基本法に基づく大気汚染に係る環境基準は、二酸化硫黄（$SO_2$）、一酸化炭素（CO）、浮遊粒子状物質（SPM）、二酸化窒素（$NO_2$）、光化学オキシダント（Ox）、ベンゼン、トリクロロエチレン、テトラクロロエチレン、ジクロロメタンの9物質について定められている。また、ダイオキシン類については、ダイオキシン類対策特別措置法により平成12（2000）年1月、ダイオキシン類に係る環境基準が設定され、大気中の環境基準値は、年間平均値が、0.6pg-TEQ/$m^3$以下と定められている。

　また、その他の環境基準が設定されていない有害大気汚染物質についても、環境目標値の1つとして、環境中の有害大気汚染物質による健康リスクの低減を図るための指針となる数値（指針値）を設定することとし、アクリロニトリル、塩化ビニルモノマー、水銀、ニッケル化合物に係る指針値が平成15（2003）年9月に設定された

　表1-21に大気汚染に係る環境基準とベンゼン等による大気の汚染に係る環境基準を示した。

　表1-22にはアクリロニトル、塩化ビニルモノマー、水銀、ニッケル化合物に係る指針値を示した。

　以下に、表1-22に定められた各物質の汚濁源、影響や基準値の動向について記す。

　1）二酸化硫黄

　二酸化硫黄（$SO_2$）は、硫黄分を含む石油、石炭などが燃焼することにより生じる。呼吸器に悪影響を及ぼし、四日市ぜんそくなどのいわゆる公害病の原因物質であるほか、森林や湖沼などに影響を与える酸性雨の原因物質ともなる。二酸化硫黄の環境基準は、大気汚染に係る環境基準の最初のものとして昭和44

表1-21 大気汚染に係る環境基準とベンゼン等による大気の汚染に係る環境基準
大気汚染に係る環境基準
平成16年3月現在

| 物　質 | 環境上の条件 |
| --- | --- |
| 二酸化硫黄 | 1時間値の1日平均値が0.04ppm以下であり、かつ、1時間値が0.1ppm以下であること。 |
| 一酸化炭素 | 1時間値の1日平均値が10ppm以下であり、かつ、1時間値が8時間平均値の20ppm以下であること。 |
| 浮遊粒子状物質 | 1時間値の1日平均値が0.10mg/m$^3$以下であり、かつ、1時間値が0.20mg/m$^3$以下であること。 |
| 二酸化窒素 | 1時間値の1日平均値が0.04ppmから0.06ppmまでのゾーン内またはそれ以下であること。 |
| 光化学オキシダント | 1時間値が0.06ppm以下であること。 |

備考：1．環境基準は、工業専用地域、車道その他一般公衆が通常生活していない地域または場所については適用しない。
　　　2．浮遊粒子状物質とは、大気中に浮遊する粒子状物質であって、その粒径が10ミクロン以下のものをいう。
　　　3．二酸化窒素については1時間値の1日平均値が0.04ppmから0.06ppmまでのゾーン内にある地域にあっては、原則として、このゾーン内において、現状程度の水準を維持し、またはこれを大きく上回ることとならないよう努めるものとする。
　　　4．光化学オキシダントとは、オゾン、パーオキシアセチルナイトレートその他の光化学反応により生成される酸化性物質（中性ヨウ化カリウム溶液からヨウ素を遊離するものに限り、二酸化窒素を除く）をいう。

ベンゼン等による大気の汚染に係る環境基準
平成16年3月現在

| 物　質 | 環境上の条件 |
| --- | --- |
| ベンゼン | 1年平均値が0.003mg/m$^3$以下であること。 |
| トリクロロエチレン | 1年平均値が0.2mg/m$^3$以下であること。 |
| テトラクロロエチレン | 1年平均値が0.2mg/m$^3$以下であること。 |
| ジクロロメタン | 1年平均値が0.15mg/m$^3$以下であること。 |

備考：1．環境基準は、工業専用地域、車道その他一般公衆が通常生活していない地域または場所については適用しない。
　　　2．大気環境濃度がベンゼン等に係る環境基準を満足している地域にあっては、当該環境基準が維持されるよう努めるものとする。大気環境濃度がベンゼン等に係る環境基準を超えている地域にあっては、当該物質の大気環境濃度の着実な逓減を図りつつ、できるだけ早期に当該環境基準が達成されるよう努めるものとする。

表1-22　アクリルニトル、塩化ビニルモノマー、水銀、ニッケル化合物に係る指針値
平成15年9月現在

| 物質 | 環境上の条件 |
| --- | --- |
| アクリルニトル | 年平均値 2 $\mu$g/m$^3$ 以下 |
| 塩化ビニルモノマー | 年平均値 10 $\mu$g/m$^3$ 以下 |
| 水銀 | 年平均値 0.04 $\mu$gHg/m$^3$ 以下 |
| ニッケル化合物 | 年平均値 0.025 $\mu$gNi/m$^3$ 以下 |

(1969)年2月に閣議決定され、設定されたものである。その後の研究、調査の進展に伴い、新しい知見の検討が加えられたことにより昭和48(1973)年5月に改訂され、現在に至っている。

2）一酸化炭素

大気中の一酸化炭素（CO）は、不完全燃焼により発生するもので、主として自動車がその発生源と考えられる。特に、昭和30年代以降の急速なモータリゼーションの進展に伴い、一酸化炭素による大気汚染が注目されるようになり、その健康への影響（血液中のヘモグロビンと結合して、酸素を運搬する機能を阻害）が憂慮されたため、昭和45(1970)年2月に環境基準が設定された。

3）浮遊粒子状物質

浮遊粒子状物質（SPM）は、大気中に浮遊する粒子状物質（大気エアロゾル）のうち粒径が10μm以下のものをいう。浮遊粒子状物質は微小なため大気中に長時間滞留し、肺や気管などに沈着して呼吸器に悪影響を与える。その発生源は多種多様であり、工場、事業場のばい煙中のばいじん、ディーゼル自動車排出ガス中の黒煙、窒素酸化物や硫黄酸化物などのガス状物質が大気中で粒子状物質に変化する二次生成粒子などのほかに、土壌など自然界に起因するものがある。その構成成分の1つであるディーゼル排気微粒子（DEP）は、ヒトに対する発がん性や気管支喘息・花粉症などのアレルギー性疾患との関連性が懸念されることから特に注目されている。浮遊粒子状物質に係る環境基準は昭和47(1972)年1月に設定された。なお、近年では、SPMのうちでも特に粒径の小さい人為的発生源の寄与の大きいと考えられる微小粒子（粒径が2.5μm程度より小さいもの）と健康影響との関連が懸念されており、内外で調査・研究が進められている。

4）二酸化窒素

一酸化窒素（NO）、二酸化窒素（$NO_2$）などの窒素酸化物（NOx）は主として化石燃料の燃焼によって生じ、その発生源としては工場のボイラーなどの固定発生源と自動車などの移動発生源がある。二酸化窒素は高濃度で呼吸器に悪影響を及ぼすほか、酸性雨や光化学大気汚染の原因物質となる。この光化学大気汚染等を契機とする社会的関心の高まりを背景に昭和48(1973)年5月、環境基準

の設定が行われた。その後、昭和53(1978)年7月に改訂された。

5) 光化学オキシダント

光化学オキシダント(Ox)は、窒素酸化物(NOx)と揮発性有機化合物(VOC)とが太陽光の作用により反応(光化学反応)して二次的に生成されるオゾン($O_3$)などで、強い酸化力を持った物質である。いわゆる光化学スモッグの原因となり、粘膜への刺激、呼吸器への悪影響など人間の健康に悪影響を及ぼすほか、農作物など植物への影響も観察されている。昭和48(1973)年5月に環境基準が設定された。

6) ベンゼン

ベンゼンは、化学工業製品の合成原料など、広範な用途に使われているほか、ガソリン中にも含まれている化学物質であり、ヒトに対する発がん性(白血病等)を有することが認められている。平成9(1997)年2月に環境基準が告示された。

7) トリクロロエチレン

トリクロロエチレンは、化学工業製品の合成原料、溶剤、洗浄剤など広範な用途に使われている。動物実験では発がん性を有することが確認されており、発がん性以外の毒性としては、中枢神経障害、肝臓・腎臓障害などが報告されている。平成9(1997)年2月に環境基準が告示された。

8) テトラクロロエチレン

テトラクロロエチレンは、前記トリクロロエチレンと同様の用途に使われており、毒性についても同様である。平成9(1997)年2月に環境基準が告示された。

9) ジクロロメタン

ジクロロメタンは、化学工業製品の洗浄と脱脂溶剤、塗料剥離剤など広範な用途に使われている。動物実験では発がん性が明らかであるが、種差が大きい。ヒトについてはその可能性を完全に除去できないが、可能性は小さいとされる。発がん以外の毒性としては、中枢神経に対する麻酔作用、高濃度吸収の場合にヒトで精巣毒性を発揮する可能性が報告されている。平成13年4月(2001)に環境基準が告示された。

10) ダイオキシン類

　ダイオキシン類は、炭素・酸素・水素・塩素が熱せられるような過程で非意図的に生成する物質で、主に廃棄物の焼却施設、ほかに製鋼用電気炉、たばこの煙、自動車排気ガスなど、様々な発生源がある。ヒトに対して発がん作用を促進する作用があるとされている。近年の社会的関心の高まりから、平成12(2000)年1月ダイオキシン類対策特別措置法に基づく環境基が告示された。

　大気の環境基準値は、年平均値として、0.6pg-TEQ/m$^3$である。

## (2) 大気汚染の現状

　大気中の環境基準値が達成されているかを判定するため環境省は、一般環境大気測定局（一般局）と自動車排出ガス測定局（自排局）を全国に設置して、二酸化硫黄($SO_2$)、一酸化炭素(CO)、浮遊粒子状物質(SPM)、二酸化窒素($NO_2$)、光化学オキシダント(Ox)、の5物質について、1時間ごとの測定を実施している。以下に、平成14(2002)年度の平均値と経年変化を示す。

1) 二酸化硫黄

　平成14(2002)年度の二酸化硫黄($SO_2$)の年平均値は、1,468局の一般局で0.004ppm、97局の自排局では0.005ppmであった。平成14(2002)年度の環境基準達成率は、一般局で99.8％、自排局では99.0％であった。

　図1-13に二酸化硫黄の経年変化を示した。一般局で昭和45(1970)年には0.034ppmあったものが昭和55(1980)年には0.01ppmとなり、平成2(1990)年以降は、0.04ppmと横ばい傾向である。

2) 一酸化炭素

　平成14(2002)年度の一酸化炭素(CO)の年平均値は、126局の一般局で0.4ppm、309局の自排局では0.7ppmであった。平成14(2002)年度の環境基準達成率は、前年に引き続き、一般局も自排局も100％であった。

　図1-14に一酸化炭素の経年変化を示した。一般局で昭和45(1970)年には2.9ppmあったものが昭和54(1979)年には0.1ppmとなり、昭和55(1980)年から徐々に低下し、平成10(1998)年以降は、0.5ppmとなり、平成14(2002)年には0.4ppmとなった。

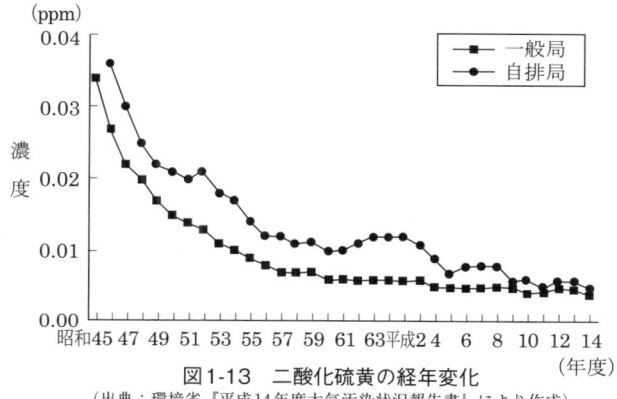

図1-13　二酸化硫黄の経年変化
（出典：環境省『平成14年度大気汚染状況報告書』により作成）

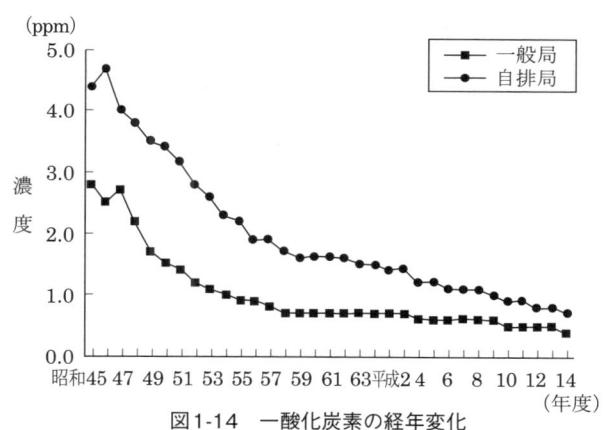

図1-14　一酸化炭素の経年変化
（出典：環境省『平成14年度大気汚染状況報告書』により作成）

３）浮遊粒子状物質

　平成14（2002）年度の浮遊粒子状物質（SPM）の年平均値は、1,538局の一般局で0.027mg/m³、225局の自排局では0.035mg/m³であった。平成14（2002）年度の環境基準達成率は、一般局で52.5％、自排局では34.3％であった。

　図1-15に浮遊粒子状物質（SPM）の経年変化を示した。一般局で昭和45（1970）年には0.045mg/m³あったものが徐々に低下し、平成14（2002）年には0.027mg/m³となっているが、なお半数の一般局で環境基準を達していない。

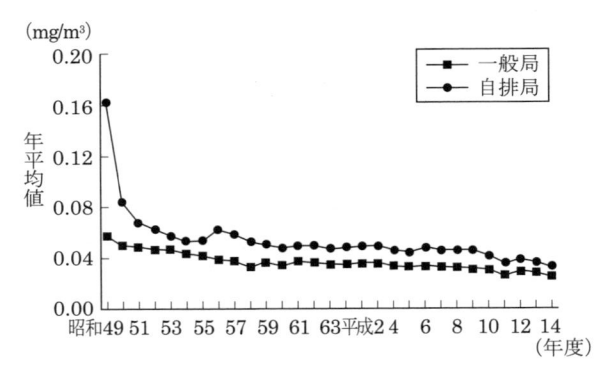

図1-15　浮遊粒子状物質の経年変化
（出典：環境省『平成14年度大気汚染状況報告書』により作成）

## 4）二酸化窒素

　平成14（2002）年度の二酸化窒素（NO$_2$）の年平均値は、1,460局の一般局で0.016ppm、413局の自排局では0.029ppmであった。平成14（2002）年度の環境基準達成率は、一般局で99.1％、自排局では83.5％であった。

　図1-16に二酸化窒素の経年変化を示した。一般局で昭和46（1971）年には0.043ppmあったものが昭和50年（1975）には0.02ppmとなり、昭和54（1980）年には0.016ppmとなり以降は横ばい傾向である。

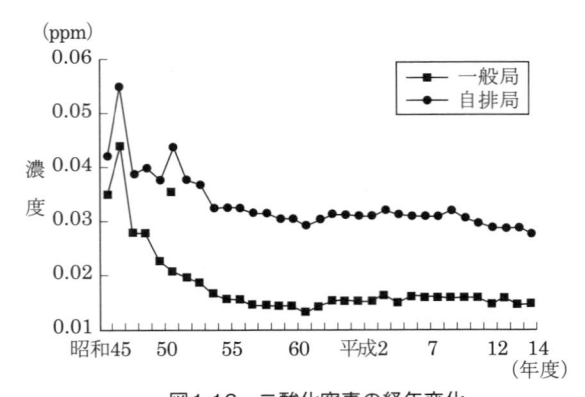

図1-16　二酸化窒素の経年変化
（出典：環境省『平成14年度大気汚染状況報告書』により作成）

5）光化学オキシダント

　光化学オキシダント（Ox）は、1,160局の一般局と、29局の自排局で測定されているが、平成14（2002）年度の環境基準の環境基準達成率は極めて低く、一般局と自排局を合わせて、昼間（午前5時～午後8時）に、1時間値が0.06ppmの環境基準達成率は、0.5％であった。

　光化学オキシダントの環境基準は1時間値で0.06ppm以下に設定されているが、濃度の1時間値が0.12ppm以上で、気象条件から見て、その状態が継続すると認められる時は、大気汚染防止法によって、都道府県知事等が光化学オキシダント注意報を発令し、報道等、教育機関を通じて住民、工場・事業所に情報を提供し対策を求めるとともに自動車の運行の自主的制限について協力を求めている。

　図1-17に光化学オキシダントの環境基準達成率と濃度レベル毎測定局数の推移を示した。平成10（1998）年から、平成14（2002）年の間の環境基準達成率の達成率（1時間値の年間最高値が0.06ppm以下の測定局数）は、0.3％から0.6％を推移している。平成14（2002）年の環境基準を超えているが注意報を発令するレベルではない（1時間値の年間最高値が0.06から0.12ppmの間にある）の測定局数は、703局で、全体の59.1％であった。注意報を発令するレベル（1時間値の年間最高値が0.12ppm以上）の測定局数は、486局で、全体の40.8％であった。

　平成14年（2002）の注意報発令述日数は、184日で、被害届人数は1,347名であった。地域別に注意報の発令述日数は、関東（茨城県、栃木県、群馬県、埼玉

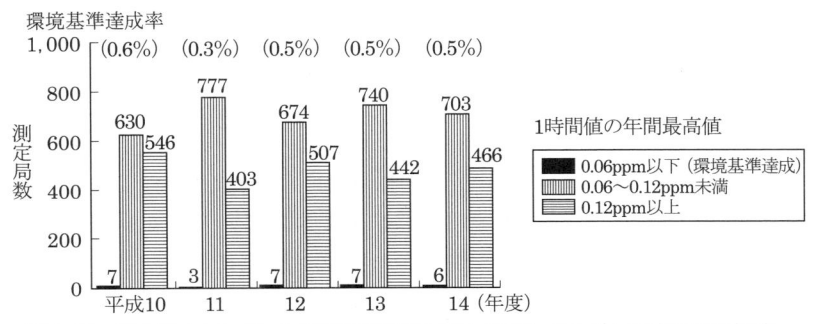

図1-17　光化学オキシダントの環境基準達成率と濃度レベルごと測定局数の推移
（出典：環境省『平成14年度大気汚染状況報告書』により作成）

県、千葉県、東京都、神奈川県)で68日となり、全体の約63％を占めていた。

6) ベンゼン、トリクロロエチレン、テトラクロロエチレン、ジクロロメタン

表1-23に有害大気汚染物質として環境基準が設定されているベンゼン、トリクロロエチレン、テトラクロロエチレン、ジクロロメタンの平成14（2002）年度の結果を示した。

表1-23 ベンゼン、トリクロロエチレン、テトラクロロエチレン、ジクロロメタンの平成14年度（2002）の大気中のモニタリング結果

| 物質名 | 地点数 | 環境基準値超過割合(%) | 平均値($\mu g/m^3$) | 濃度範囲($\mu g/m^3$) | 環境基準値($\mu g/m^3$) |
|---|---|---|---|---|---|
| ベンゼン | 409 | 8.3 | 2.0 | 0.49〜5.7 | 3 |
| トリクロロエチレン | 341 | 0 | 1.0 | 0.0012〜70 | 200 |
| テトラクロロエチレン | 355 | 0 | 0.43 | 0.029〜7.6 | 200 |
| ジクロロメタン | 351 | 0.3 | 2.9 | 0.16〜190 | 150 |

注：月1回以上測定を実施した地点に限る。
（出典：環境省『平成14年度大気汚染状況報告書』より作成）

ベンゼンは、環境基準超過割合が8.3％で、最高値が環境基準の1.9倍となっていた。トリクロロエチレンは、環境基準を超える地点なく、最高値も環境基準の約3分の1であった。テトラクロロエチレンはトリクロロエチレンと同じく環境基準を超える地点なく、最高値も環境基準の約30分の1であった。ジクロロメタンは環境基準超過割合が8.3％で、最高値が環境基準の1.2倍となっていた。

環境基準超過割合がベンゼン以外は少ないこと、測定濃度範囲が広いことなどを考慮すると、これらによる汚染範囲は、限定された地域に偏っている様に考えられる。しかし、動物実験では発がん性が明らかである物質であるので、できる限り環境濃度を下げるように対策をとるべきである。

7) ダイオキシン類

平成14（2002）年度に行われたダイオキシン類の大気中のモニタリングの結果、地点数は966地点、環境基準超過地点数は3地点で全体の0.3％に当たる。平均値は0.093pg-TEQ/$m^3$であり、濃度範囲は、0.0066から0.84pg-TEQ/$m^3$であった。しかし、動物実験では発がん性が明らかである物質であるので、できる限り環境濃度を下げるように対策をとるべきである。

8）アクリルニトル、塩化ビニルモノマー、水銀、ニッケル化合物

　平成14(2002)年度の大気中のモニタリング結果では、アクリルニトル、塩化ビニルモノマー、水銀は、すべての地点で、指針値（それぞれ、$2\mu g/m^3$、$10\mu g/m^3$、$40ngHg/m^3$）を下回っていた。ニッケル化合物は指針値（$40ngHg/m^3$）を超えた地点の割合は2.9％であった。


## 2-5　室内空気汚染

　人は、空気を呼吸して生存している。今日の都市の住民生活は、直接大気に触れているのではなく、室内で過ごすことが多い。

　サラリーマンの一日の生活を考えて見ると、プライベートな時間の大部分と労働者として仕事の時間の大部分を屋内で過ごしている。多くの社会生活を過ごす人は、屋外で過ごす時間は大変少なくなっている。

　だから、都市の住民は、室内空気を呼吸して生活している時間が多いことになる。屋外の空気と質の違う空気を呼吸して生活していることになる。室内空気について、労働衛生とビル内での空気について、わが国ではどの様になっているかを考えてみよう。

### (1) 労働衛生
　1) 労働衛生の施策の推移[9]

　表1-24に、わが国の主な労働衛生の施策の推移を示した。

　昭和16～20(1941～1945)年までは、戦時特例により労働衛生に関する規定は有名無実化の状態であった。昭和21(1946)年に、工場法、鉱業法が復活した。昭和22(1947)年には労働基準法と労働安全規則も施行された。また、同年に、国として労働者の職場における様々な問題を取り扱う労働省が設置された。労働安全衛生法は、労働者の職場の環境安全と健康を推進するために、昭和47(1972)年に制定され、その後、改正を繰り返し、最新改正は平成11(1999)年である。

　戦後の産業復興期と成長期に、わが国では職業病（職業性疾患）が発生した。

表1-24 わが国の主な労働衛生の施策の推移

| | |
|---|---|
| 明治15年(1882) | 工場法素案諮問 |
| 38年(1905) | 鉱業法施行 |
| 大正5年(1916) | 工場法施行 |
| | 鉱夫労務扶助規則 |
| 8年(1919) | 国際労働機関(ILO)常任理事国 |
| 昭和13年(1938) | 厚生省設置(労働行政は厚生省労働局に移管) |
| | － |
| 21年(1946) | 工場法、鉱業法の復活 |
| 22年(1947) | 労働基準法施行(戦前の各種労働者保護法令の集大成) |
| | 労働省設置 |
| | 労働基準法施行規則、事業場附属寄宿舎規定、女子年少者労働基準規則、労働安全衛生規則 |
| 23年(1948) | けい肺対策協議会(25年から審議会に昇格) |
| | － |
| 24年(1949) | けい肺措置要綱の制定 |
| | 第1回の全国労働衛生週間 |
| 25年(1950) | 労働衛生保護具検定規則 |
| | 四エチル鉛危害防止規則 |
| 26年(1951) | 外傷性せき髄障害に関する特別保護法施行 |
| 30年(1955) | － |
| | じん肺と16種の職業性疾病について特殊健康診断導入 |
| 31年(1956) | 電離放射線障害防止規則(38年に全面改正) |
| 34年(1959) | じん肺法施行 |
| 35年(1960) | 有機溶剤中毒予防規則、四エチル鉛等危害防止規則 |
| | 高気圧障害防止規則 |
| 36年(1961) | 労働災害防止団体等に関する法律施行 |
| 39年(1964) | 鉛中毒予防規則 |
| 42年(1967) | 炭鉱災害による一酸化炭素中毒防止特別措置法施行 |
| | 四アルキル鉛中毒防止規則 |
| 43年(1968) | チェーンソーによる振動障害(通達)、重量物運搬による腰痛症(通達) |
| 45年(1970) | 酸素欠乏症防止規則、事務所衛生基準規則、特定化学物質等障害予 |
| 46年(1971) | 防規則 |
| 47年(1972) | 労働安全衛生法施行 |
| 50年(1975) | 作業環境測定法施行 |
| 52年(1977) | 労働安全衛生法改正(化学物質の有害性調査の制度化) |
| | じん肺法改正(治癒可能な結核とじん肺とを区別し、それぞれの健康管理の一層の充実) |
| 54年(1979) | 粉じん障害予防規則 |
| 63年(1988) | 労働安全衛生法改正(健康の保持増進のための措置) |
| 平成4年(1992) | 同法改正(快適な職場環境の形成のための措置) |
| 8年(1996) | 同法改正(健康確保の推進) |
| 11年(1999) | 同法改正(深夜業従事者の健康管理) |
| 13年(2001) | 厚生労働省発足 |
| 15年(2003) | 第10次労働災害防止計画策定 |

(出典:厚生統計協会『国民衛生の動向』5巻、9号、2004)

職業性疾患とは、ある特定の職業に従事することによって発生するもので、その職業に従事するすべての者に発生する可能性がある疾患である。呼吸器系の職業性疾患の主なものには、けい肺、有毒ガス中毒、有機溶剤中毒、重金属中毒などがある。

① じん肺対策

じん肺に対策の体系的な健康管理対策は昭和35年のじん肺法制定により確立された。その後の昭和52年にじん肺法が改正された。また、衛生工学面での研究の進歩を踏まえ、粉じん発生源などの作業環境管理対策の徹底を図るため、粉じん障害防止規則が昭和54年に施行された。さらに、同規則による粉じん対策の普及と定着、じん肺法との一体的運用を図るため、昭和56年度から粉じん障害防止総合対策が実施されている。平成15年度からは、5か年計画で第6次粉じん障害防止総合対策を進めている。じん肺法では、事業者は常時粉じん作業に従事する（または、従事したことのある）労働者に対して、じん肺健康診断（就業時、定期、定期外、離職時の4種）を行うこととされており、この緒果、じん肺の所見を有する者について、地方じん肺診査医が診査を行い、都道府県労働局で管理区分が決定される。また、これらの労働者（または、労働者であった者）はいつでも、じん肺管理区分の決定を都道府県労働局長に申請することができる（随時申請）。

② 有機溶剤中毒対策

有機溶剤中毒予防規則は、54種類の有機溶剤を有害性の程度などにより第1種、第2種、第3種に分類し、規制を行っている。最近の有機溶剤中毒の発生事例を見ると、ほとんどがタンク、船倉、屋内作業場など、通気が不十分な場所で有機溶剤を取り扱うことに伴って発生している。

一般に有機溶剤は、発散面が広く、発生源が固定していないため、有効な対策を取りにくい場合が多い。中毒防止対策としては、常に十分な換気を行い、防毒マスクやエアラインマスクなどの呼吸用保護具の適正使用が必要である。

③ 労働衛生上の特定化学物質対策

特定化学物質は、労働者に健康障害を発生させるおそれの大きい化学物質のうち、職業がん、皮応炎、神経障害その他の健康障害を予防するため、特定化

学物質等障害予防規則で規制されているものであり、53種類の化学物質とその化合物が対象となっている。同規則では、規制対象物質を、製造設備の密閉化、作業規程の作成などの措置を条件とした製造の許可を必要とする第1類物質、製造・取り扱い設備の密閉化または局所排気装置の設置などの措置を必要とする第2類物質、大量漏えい事故の防止措置を必要とする第3類物質に大別し、健康障害の防止措置を規定している。

④　職業がん対策

労働安全衛生法では、ベンジンなどのがん原性物質の製造などの禁止が規定されている。また、昭和49年に国際労働機関（ILO）において、がん原性物質及びがん原性因子による職業性障害の防止及び管理に関する条約が採択され（昭和52年に批准）、その後、昭和50年にはクロムや塩化ビニルモノマーなどによる職業がんの対策強化が図られてきた。

これらに加えて、職業がん対策を抜本的に充実強化するため、昭和52年に労働安全衛生法が改正され、新規化学物質の有害性の調査、既存化学片質の発がん性の試験、疫学的調査の制度が設けられ、この制度の円滑な運用を図るための実験施設として神奈川県秦野市に日本バイオアッセイ研究センターが建設された。同センターで実施された四塩化炭素、1,4,ジオキサン、クロロホルム、テトラクロルエチレンなどについて動物を用いたがん原性試験の結果、がん原性が認められたため、それぞれの物質による健康障害を防止するための指針を公表し、管理の徹底を図っている。

また、労働安全衛生法の規定に基づき、がん性の示唆される有害業務に一定期間以上従事した者には、離職の際または離職の後であっても申請により健康管理手帳が交付され、手帳所持者に対しては国が定期的な健康診断の受診機会を提供している。

2）作業環境評価基準

現在、日本の労働者数は約5,828万人（総務省「平成13年事業所・企業統計調査」）である。それらすべての労働者が職業病の原因となる化学物質を扱っているわけではない。しかし、化学物質は、その製造、保管、輸送、使用の過程で環境中に漏れ、労働者や使用者に対し健康被害を起こす可能性がある。そこ

で、労働安全衛生法では、一定規模以上の作業場所の労働環境（作業環境）の空気を測定し評価することを定めている。そして、作業環境を一定の濃度以下に管理するための基準として管理濃度を示している。

本書では、測定を行うべき場所や、測定の回数、記録の保存年や評価の方法の細部は省略して、化学物質の種類と管理濃度のみを示す。

表1-25に作業環境評価基準を示す。

物質の種類は、81種類で、物質ごとに管理濃度が示されている。この表の右欄の値は、温度25℃、1気圧の空気中における濃度を示している。

ここで、都市大気汚染における環境基準値と作業環境評価基準値の違いに注目して欲しい。例えば、水銀の場合は、環境基準値は、年平均値$0.04\mu gHg/m^3$以下であるが、作業環境評価基準値は$0.05mgHg/m^3$である。単純な濃度比較を行うと作業環境評価基準値は環境基準値の1,250倍となっている。

これは、都市大気汚染における環境基準値が、乳幼児、老人、病人などを含めた住民全部に対して生活障害（健康被害）が出ない値を定めているのに比べ、作業環境評価基準が、成人で労働に耐えることのできる人に対する基準であることによる。

表1-25 作業環境評価基準

昭和63年9月1日（労働省告示第79号）、改正：平成7年3月27日（労働省告示第26号）、
改正：平成12年12月25日（労働省告示第120号）

| | 物 の 種 類 | 管 理 濃 度 |
|---|---|---|
| 1 | 土石、岩石、鉱物、金属又は炭素の粉じん | 次の式により算定される値<br>$E = 2.9/(0.22Q + 1)$ この式において、E及びQは、それぞれ次の値を表すものとする。<br>E 管理濃度（単位$mg/m^3$）<br>Q 当該粉じんの遊離ケイ酸含有率（単位%） |
| 2 | アクリルアミド | $0.3mg/m^3$ |
| 3 | アクリルニトル | 2ppm |
| 4 | アルキル水銀化合物<br>（アルキル基がメチル基又はエチル基である物に限る） | 水銀として$0.01mg/m^3$ |
| 5 | 石綿（アモサイト及びクロシドライトを除く） | $5\mu m$以上の繊維として2本/$cm^3$ |
| 6 | エチレンイミン | 0.5ppm |
| 6の2 | エチレンオキシド | 1ppm |
| 7 | 塩化ビニル | 2ppm |

| | | |
|---|---|---|
| 8 | 塩素 | 0.5ppm |
| 9 | 塩素化ビフェニル(別名PCB) | 0.1mg/m³ |
| 10 | カドミウム及びその化合物 | カドミウムとして0.05mg/m³ |
| 11 | クロム酸及びその塩 | クロムとして0.05mg/m³ |
| 12 | 五酸化バナジウム | バナジウムとして0.03mg/m³ |
| 13 | コールタール | ベンゼン可溶性成分として0.2mg/m³ |
| 14 | シアン化カリウム | シアンとして5mg/m³ |
| 15 | シアン化水素 | 5ppm |
| 16 | シアン化ナトリウム | シアンとして5mg/m³ |
| 17 | 3,3-ジクロロ-4,4-ジアミノジフェニルメタン | 0.005mg/m³ |
| 18 | 臭化メチル | 5ppm |
| 19 | 重クロム酸及びその塩 | クロムとして0.05mg/m³ |
| 20 | 水銀及びその無機化合物(硫化水銀を除く) | 水銀として0.05mg/m³ |
| 21 | トリレンジイソシアネート | 0.005ppm |
| 22 | ニッケルカルボニル | 0.001ppm |
| 23 | ニトリグリコール | 0.05ppm |
| 24 | パラ-ニトロクロルベンゼン | 1mg/m³ |
| 25 | 弗(ふつ)化水素 | 3ppm |
| 26 | ベータ-プロピオラクトン | 0.5ppm |
| 27 | ベリリウム及びその化合物 | ベリリウムとして0.002mg/m³ |
| 28 | ベンゼン | 10ppm |
| 29 | ペンタクロルフェノール(別名PCP)及びそのナトリウム塩 | ペンタクロルフェノールとして0.5mg/m³ |
| 30 | マンガン及びその化合物(塩基性酸化マンガンを除く) | マンガンとして1mg/m³ |
| 31 | 沃(よう)化メチル | 2ppm |
| 32 | 硫化水素 | 10ppm |
| 33 | 硫酸ジメチル | 0.1ppm |
| 34 | 鉛及びその化合物 | 鉛として0.1mg/m³ |
| 35 | アセトン | 750ppm |
| 36 | イソブチルアルコール | 50ppm |
| 37 | イソプロピルアルコール | 400ppm |
| 38 | イソペンチルアルコール(別名イソアミルアルコール) | 100ppm |
| 39 | エチルエーテル | 400ppm |
| 40 | エチレングリコールモノエチルエーテル(別名セロソルブ) | 5ppm |
| 41 | エチレングリコールモノエチルエーテルアセテート(別名セロソルブアセテート) | 5ppm |
| 42 | エチレングリコールモノ-ノルマル-ブチルエーテル(別名ブチルセロソルブ) | 25ppm |
| 43 | エチレングリコールモノメチルエーテル(別名メチルセロソルブ) | 5ppm |
| 44 | オルト-ジクロルベンゼン | 25ppm |
| 45 | キシレン | 100ppm |

| 46 | クレゾール | 5ppm |
| 47 | クロルベンゼン | 10ppm |
| 48 | クロロホルム | 10ppm |
| 49 | 酢酸イソブチル | 150ppm |
| 50 | 酢酸イソプロピル | 250ppm |
| 51 | 酢酸イソペンチル(別名酢酸イソアミル) | 100ppm |
| 52 | 酢酸エチル | 400ppm |
| 53 | 酢酸ノルマル-ブチル | 150ppm |
| 54 | 酢酸ノルマル-プロピル | 200ppm |
| 55 | 酢酸ノルマル-ペンチル(別名酢酸ノルマル-アミル) | 100ppm |
| 56 | 酢酸メチル | 200ppm |
| 57 | 四塩化炭素 | 5ppm |
| 58 | シクロヘキサノール | 25ppm |
| 59 | シクロヘキサノン | 25ppm |
| 60 | 1,4-ジオキサン | 10ppm |
| 61 | 1,2-ジクロルエタン(別名二塩化エチレン) | 10ppm |
| 62 | 1,2-ジクロルエチレン(別名二塩化アセチレン) | 150ppm |
| 63 | ジクロルメタン(別名二塩化メチレン) | 100ppm |
| 64 | N,N-ジメチルホルムアミド | 10ppm |
| 65 | スチレン | 50ppm |
| 66 | 1,1,2,2-テトラクロルエタン(別名四塩化アセチレン) | 1ppm |
| 67 | テトラクロルエチレン(別名パークロルエチレン) | 50ppm |
| 68 | テトラヒドロフラン | 200ppm |
| 69 | 1,1,1-トリクロルエタン | 200ppm |
| 70 | トリクロルエチレン | 50ppm |
| 71 | トルエン | 50ppm |
| 72 | 二硫化炭素 | 10ppm |
| 73 | ノルマルヘキサン | 50ppm |
| 74 | 1-ブタノール | 25ppm |
| 75 | 2-ブタノール | 100ppm |
| 76 | メタノール | 200ppm |
| 77 | メチルイソブチルケトン | 50ppm |
| 78 | メチルエチルケトン | 200ppm |
| 79 | メチルシクロヘキサノール | 50ppm |
| 80 | メチルシクロヘキサノン | 50ppm |
| 81 | メチル-ノルマル-ブチルケトン | 5ppm |

備考:この表の右欄の値は、温度25℃、1気圧の空気中における濃度を示す。

## (2) 事務室等のビル内空気環境

　労働安全衛生法による作業環境評価基準は、特定の有害物による労働者の健康被害に注目している。しかし、特定の有害物物ではない室内空気の衛生的な確保のため、わが国では、「建築物の衛生的環境の確保に関する法律」を、昭和45(1970)年に定め、建物の所有者や占有者などの管理責任者に対して、衛生管理基準に従って、ビル内空気環境を維持、管理するように定めている。

　この法律の目的は、多数の者が使用し、または利用する建築物の維持管理に関して環境衛生上必要な事項を定めることにより、その建築物における衛生的な環境の確保を図り、もって公衆衛生および健康の増進に資することとしている。

　この法律では、床面積が3,000m²以上で、用途が、①興行場、百貨店、集会所、図書館、博物館、美術館、遊技場、②店舗、事務所、③学校教育法第1条に規定する学校以外の学校（学校教育法第1条に規定する学校は8,000m²以上）、④旅館であるものを、特定建築物とし、室内空気の衛生管理基準を定めている。

　この法律では、建築物における、清掃、空気環境、飲料水の水質検査、飲料水の貯水槽清掃、ねずみ、昆虫などの防除などを規定している。

　表1-26に「建築物の衛生的環境の確保に関する法律」に基づく、空気環境に係る維持管理基準を示している。

　この様に、市民生活での室内空気環境に関して、衛生的な環境の確保を図ら

表1-26　空気環境に係る維持管理基準

| 1 | 浮遊粉じんの量 | 空気1m³につき0.15mg以下 |
|---|---|---|
| 2 | 一酸化炭素の含有率 | 100万分の10以下（10ppm以下） |
| 3 | 二酸化炭素の含有率 | 100万分の1000以下（1000ppm以下） |
| 4 | 温度 | i．17度以上28度以下<br>ii．居室における温度を外気より低くする場合は、その差を著しくしないこと |
| 5 | 相対湿度 | 40％以上70％以下 |
| 6 | 気流 | 1秒間につき0.5m以下 |
| 7 | ホルムアルデヒドの量 | 空気1m³につき0.1mg以下 |

　イ．機械換気設備については、4・5の基準は適用されない。
　ロ．1～6については、2か月以内ごとに1回、定期に測定すること。
　ハ．7の測定については、(2)を参照のこと。

れている。

(3) シックハウス症候群
　シックハウス症候群とは、新築やリフォームした住宅に入居した人が、目がチカチカする、喉が痛い、めまいや吐き気、頭痛がするなどの症状が出ることをいう。その原因物質は、建材、壁材、家具、日用品から発生するホルムアルデヒドやVOC（揮発性有機化学物質）のトルエン、キシレンなどと考えられている。
　「シックハウス症候群」の発生理由は次のように考えられている。
　快適な、清潔な、カラフルな住環境を希望している人のために、住居や家具に、多種多様な化学物質を建材や壁材として使用してきた。住環境の室内空気中化学物質濃度を上げている理由は、住宅の機密性が向上し、エアコンの家庭への普及により換気の回数の少ないことなどが重なっていることによると考えられている。
　そして、家庭では、乳幼児、老人、病人を含む感受性の高い人々が化学物質を吸引することとなった。
　「シックハウス症候群」については、医学的にまだ解明されてない部分もある。
　表1-27に厚生省が1997年度と1998年度に実施した一般家庭の住環境中揮発性化学物質の濃度を示した。
　これら、すべての化学物質が、すべての住環境中に存在するわけでないが、シックハウス症候群や化学物質過敏症は、表に示された物質により引き起こされている場合が多い。外壁の工事などを除くと、外気から住環境への進入ではなく、室内の建材や壁材からの拡散である場合が多い。
　以上の観点から、わが国では、建築基準法を次のように、平成15（2003）年改正して対応している。
　まず、化学物質の室内濃度の指針値を定め、ホルムアルデヒドなど刺激性のある気体で木質建材などに使われているものについて3つの対策を示した。
　対策1は、内装仕上げの制限として、ホルムアルデヒドを発散する建材の面積を制限したこと。対策2は、換気設備設置の制限として、すべての建築物に機械換気設備の設置を原則として義務づけたこと。対策3は天井裏などの制限

表1-27 一般家庭の室内環境中揮発性化学物質

| 物質名 | 最大値<br>($\mu$g/m$^3$) | 最小値<br>($\mu$g/m$^3$) | 平均値<br>($\mu$g/m$^3$) | 中央値<br>($\mu$g/m$^3$) |
| --- | --- | --- | --- | --- |
| ヘキサン | 97.5 | 0.100 | 7.0 | 2.9 |
| ヘプタン | 163.2 | 0.100 | 7.8 | 2.5 |
| オクタン | 257.7 | 0.085 | 12.7 | 1.8 |
| ノナン | 346.9 | 0.120 | 20.8 | 4.8 |
| デカン | 342.7 | 0.124 | 21.0 | 7.4 |
| ウンデカン | 228.6 | 0.138 | 13.0 | 4.6 |
| ドデカン | 141.6 | 0.099 | 10.2 | 4.8 |
| トリドデカン | 453.1 | 0.007 | 13.1 | 5.7 |
| テトラデカン | 1114.8 | 0.036 | 18.7 | 4.4 |
| ペンタデカン | 316.3 | 0.027 | 5.3 | 1.4 |
| ヘキサデカン | 77.5 | 0.012 | 2.3 | 0.8 |
| 2,4-ジメチルペンタン | 13.0 | 0.032 | 0.5 | 0.2 |
| 2,2,4-トリメチルペンタン | 1095.6 | 0.022 | 7.1 | 0.2 |
| ベンゼン | 433.6 | 0.092 | 7.2 | 2.6 |
| トルエン | 3389.8 | 0.200 | 98.3 | 25.4 |
| m,p-キシレン | 424.8 | 0.200 | 24.3 | 10.2 |
| o-キシレン | 144.4 | 0.072 | 10.0 | 3.8 |
| スチレン | 132.6 | 0.002 | 4.9 | 0.2 |
| 1,2,3-トリメチルベンゼン | 53.2 | 0.023 | 3.1 | 1.3 |
| 1,2,4-トリメチルベンゼン | 577.2 | 0.069 | 12.8 | 4.8 |
| 1,3,5-トリメチルベンゼン | 231.3 | 0.032 | 4.2 | 1.2 |
| 1,2,4,5-テトラメチルベンゼン | 16.8 | 0.004 | 0.7 | 0.2 |
| エチルベンゼン | 501.9 | 0.100 | 22.5 | 6.8 |
| クロロホルム | 12.8 | 0.033 | 1.0 | 0.3 |
| 1,1,1-トリクロロエタン | 65.1 | 0.056 | 3.0 | 0.4 |
| 四塩化炭素 | 18.5 | 0.033 | 1.5 | 0.6 |
| トリクロロエチレン | 104.7 | 0.060 | 2.4 | 0.3 |
| テトラクロロエチレン | 43.4 | 0.034 | 1.9 | 0.3 |
| 1,2-ジクロロエタン | 11.5 | 0.041 | 0.5 | 0.2 |
| 1,2-ジクロロプロパン | 19.9 | 0.006 | 0.5 | 0.2 |
| ジブロモクロロメタン | 313.0 | 0.032 | 2.0 | 0.2 |
| p-ジクロロベンゼン | 2246.9 | 0.059 | 123.3 | 16.1 |
| 酢酸エチル | 288.0 | 0.186 | 11.9 | 3.7 |
| 酢酸ブチル | 340.9 | 0.018 | 11.7 | 1.9 |
| ノナナール | 421.2 | 0.176 | 15.8 | 6.8 |
| デカナール | 169.0 | 0.180 | 9.7 | 2.5 |
| メチルエチルケトン | 101.0 | 0.041 | 5.8 | 1.6 |
| メチルイソブチルケトン | 179.1 | 0.018 | 4.8 | 0.8 |
| ブタノール | 174.5 | 0.127 | 6.8 | 1.4 |
| α-ピネン | 2231.8 | 0.042 | 77.6 | 4.7 |
| リモネン | 554.8 | 0.200 | 42.1 | 12.8 |

＊$\mu$gは100万分の1グラム
（出典：1998年度調査　厚生労働省資料）

表1-28 化学物質の室内濃度の指針値（厚生労働省）

| 物質名 | 指針値* | 主な用途 |
|---|---|---|
| ①ホルムアルデヒド | 0.08ppm | 合板、パーティクルボード、壁紙用接着剤等に用いられるユリア系、メラミン系、フェノール系等の合成樹脂、接着剤・一部ののり等の防腐剤 |
| ②アセトアルデヒド | 0.03ppm | ホルムアルデヒド同様一部の接着剤、防腐剤等 |
| ③トルエン | 0.07ppm | 内装材等の施行用接着剤、塗料等 |
| ④キシレン | 0.20ppm | 内装材等の施行用接着剤、塗料等 |
| ⑤エチルベンゼン | 0.88ppm | 内装材等の施行用接着剤、塗料等 |
| ⑥スチレン | 0.05ppm | ポリスチレン樹脂等を使用した断熱材等 |
| ⑦パラジクロロベンゼン | 0.04ppm | 衣類の防虫剤、トイレの芳香剤等 |
| ⑧テトラデカン | 0.04ppm | 灯油、塗料等の溶剤 |
| ⑨クロルピリホス | 0.07ppb（小児の場合0.007ppb） | しろあり駆除剤 |
| ⑩フェノブカルブ | 3.8ppb | しろあり駆除剤 |
| ⑪ダイアジノン | 0.02ppb | 殺虫剤 |
| ⑫フタル酸ジ-n-ブチル | 0.02ppm | 塗料、接着剤等の可塑剤 |
| ⑬フタル酸ジ-2-エチルヘキシル | 7.6ppb | 壁紙、床材等の可塑剤 |

＊25°Cの場合、ppm：100万分の1の濃度、ppb：10億分の1の濃度。
①、⑨は建築基準法の規制対象物。
①～⑥は住宅性能表示で濃度を測定できる6物質。

として、天井裏から居室へのホルムアルデヒドの流入を防ぐための措置をとることである。

表1-28に化学物質の名称、指針値、主な用途を示した。


2-6 花粉症

花粉症も空気を介した今日的な健康被害の問題である。
「花粉症」といえばスギ花粉症を指すほど、2月から4月初めにかけてのスギ花粉飛散には悩まされる。主な症状としては、連発するくしゃみ、ティッシュペーパーが離せないほどの鼻みず、ずっと口を開けていなければならないほどの鼻づまり、まともに目を開けていられないようなかゆみと涙などが挙げられるが、

人によっては咽喉のかゆみや異常感や咳、皮膚のかゆみなども発症し、花粉の種類によっては喘息も引き起こす。生命を脅かすことは稀だが、そのために仕事や日常の生活に支障が起こる厄介な病気である。

表1-29に、日本で報告された花粉アレルギーを示す[19]。

日本では、2001年までに59種の花粉アレルギーが報告されている。原因とな

表1-29　日本で報告された花粉アレルギー　　（2001年12月現在）

| 報告年 | 名　　称 | 報告年 | 名　　称 |
|---|---|---|---|
| 1961 | ブタクサ花粉症 | 1979 | アカシア花粉症 |
| 1963 | スギ花粉症 |  | イエローサルタン花粉症 |
| 1964 | カモガヤ花粉症 | 1980 | ヤナギ花粉症 |
| 1965 | イタリアン・ライグラス花粉症 |  | ウメ花粉症 |
| 1968 | カナムグラ花粉症 |  | ヤマモモ花粉症 |
| 1969 | ヨモギ花粉症 | 1981 | ナシ花粉症 |
|  | イネ花粉喘息 | 1982 | コスモス花粉症 |
|  | コナラ属花粉症 | 1983 | ピーマン花粉喘息 |
|  | シラカンバ花粉症 | 1984 | ブドウ花粉症 |
|  | テンサイ花粉症 |  | クリ花粉症 |
| 1970 | ハンノキ花粉喘息 |  | コウヤマキ花粉症 |
|  | キョウチクトウ花粉喘息 | 1985 | スズメノカタビラ花粉症 |
|  | スズメノテッポウ花粉症 |  | サクランボ花粉症 |
| 1971 | ケンタッキー31フェスク花粉喘息 |  | サクラ花粉症 |
|  | ヒメガマ花粉症 | 1986 | ナデシコ花粉症 |
| 1972 | ハルジオン花粉症 | 1987 | アフリカキンセンカ花粉症 |
|  | イチゴ花粉症 | 1989 | オオバヤシャブシ花粉症 |
| 1973 | ヒメスイバ・ギシギシ花粉症 |  | ツバキ花粉症 |
|  | キク花粉症 | 1990 | スターチス花粉症 |
| 1974 | 除虫菊花粉症 | 1991 | アブラナ属花粉症 |
|  | クロマツ花粉症 | 1992 | グロリオサ花粉症 |
| 1975 | アカマツ花粉症 | 1993 | ミカン科花粉症 |
|  | カラムシ花粉喘息 | 1994 | ネズ花粉症 |
|  | ケヤキ花粉症 |  | ウイキョウ属花粉症 |
| 1976 | クルミ花粉症 |  | オリーブ花粉症 |
|  | タンポポアレルギー | 1995 | イチイ花粉症 |
| 1977 | モモ花粉症 | 1998 | オオバコ属花粉症 |
|  | セイタカアキノキリンソウ花粉症 |  | マキ属花粉症 |
| 1978 | イチョウ花粉症 |  |  |
|  | バラ花粉症 |  |  |
|  | リンゴ花粉症 |  |  |

（出典：佐橋紀男『ここまで進んだ花粉症治療法』岩波書店、2002）

る花粉（アレルゲン）を決定する検査は、血液中の特定のアレルゲンとだけ反応するIgE抗体の定量、いろいろな抗原を使用した皮膚の反応を見る皮膚テスト、鼻、眼にアレルゲンを直接作用させ症状を再現させる誘発テストなどがある。

図1-18に花粉アレルゲン暴露から発症までの免疫反応の流れを示す[19]。

花粉症は国民の5～6人に1人が罹患するといわれ、国民的な広がりを見せており、政府として積極的に取り組む必要のある疾病である。

そこで、平成17(2005)年2月24日に関係省庁了解事項として、政府の取り組みが公表された。

花粉症対策の具体的な施策は、次の内容である。

1) 花粉及び花粉症の実態把握として、①花粉生産量の予測（農林水産省）、②気象の予測等（気象庁）、③花粉飛散量予測及び観測（環境省）を行う。
2) 花粉症の原因究明として、①病態解明（文部科学省・厚生労働省）、②花粉症と一般環境との関係解明（環境省）、③研究拠点の整備（文部科学省・厚生労働省）を行う。

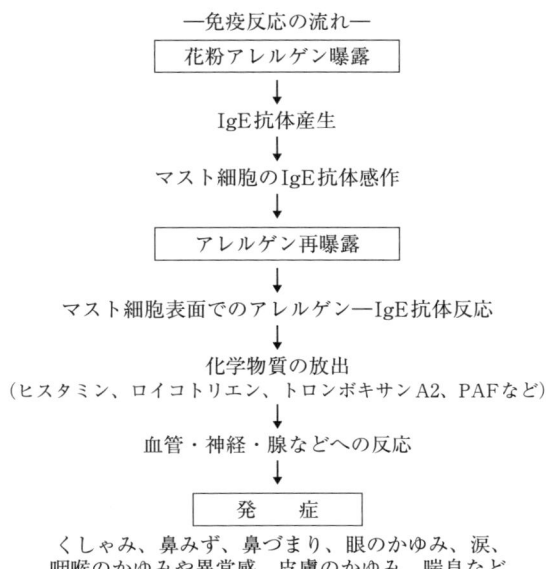

―免疫反応の流れ―

花粉アレルゲン曝露
↓
IgE抗体産生
↓
マスト細胞のIgE抗体感作
↓
アレルゲン再曝露
↓
マスト細胞表面でのアレルゲン―IgE抗体反応
↓
化学物質の放出
（ヒスタミン、ロイコトリエン、トロンボキサンA2、PAFなど）
↓
血管・神経・腺などへの反応
↓
発　症
くしゃみ、鼻みず、鼻づまり、眼のかゆみ、涙、咽喉のかゆみや異常感、皮膚のかゆみ、喘息など

**図1-18　花粉アレルゲン暴露から発症までの免疫反応の流れ**
（出典：佐橋紀男『ここまで進んだ花粉症治療法』岩波書店、2002）

3）花粉症の対応策として、①予防・治療法の開発・普及（文部科学省・厚生労働省）、②花粉の少ない品種等の開発・普及（農林水産省）、③雄花の量が多い木の抜き伐り、間伐の推進（農林水産省）、④花粉症に対する適切な医療の確保（厚生労働省）、⑤花粉及び花粉症に関する情報の提供（厚生労働省・農林水産省・環境省）を行う。

そして、花粉症対策研究の総合的な推進（内閣府・関係省庁）することになっている。

**【参考・引用文献】**

1）竹内一豊『水の衛生管理』中央法規出版、1982.
2）（財）日本環境協会『水質汚濁を考える（改訂版）』環境シリーズNo.4、1982.
3）水道統計編纂専門委員会編『水道のあらまし2001』日本水道協会、2001.
4）堀越正雄『井戸と水道の話』論創社、1981.
5）岡山市水道局『岡山市水道誌』1965.
6）岡山市水道局『岡山市水道誌資料編』1967.
7）水道におけるクリプトスポリジウム等の対策に関する研究会編『クリプトスポリジウム－解説と試験方法－』日本水道協会、2003.
8）丹保憲仁『水道とトリハロメタン』技報堂出版、1983.
9）厚生統計協会、厚生の指標、臨時増刊51巻、9号、2004.
10）岡山市水道管理課、Aqua、20号、2004.
11）北野大・及川紀久雄『人間・環境・地球－化学物質と安全性－第3版』共立出版、2002.
12）環境情報科学センター『図説環境科学』朝倉書店、2003.
13）環境省水環境部『瀬戸内海の環境保全（資料集）』（社）瀬戸内海環境保全協会、1985.
14）福代康夫、日本海難防止協会情報誌、509号、2001.
15）岩崎英雄、用水と排水、15巻、1号、1973.
16）多賀光彦・那須淑子『地球の化学と環境』三共出版、1995.
17）大気環境学会史料整理研究委員会編『日本の大気汚染の歴史Ⅰ』公害健康被害補償予防協会、2000.
18）環境省編『平成16年度版環境白書』ぎょうせい、2004.
19）佐橋紀男、NPO花粉情報協会『ここまで進んだ花粉症治療法』岩波書店、2002.

# 第2章 環境とエネルギー

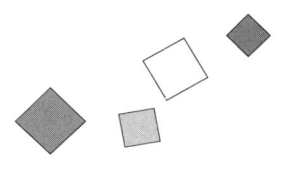

　本章では、エネルギーの基本的性質、環境悪化やエネルギー枯渇との関係、地球温暖化に直結する熱機関、各種のエネルギー獲得の原理や装置の構造などを見る。これらを土台に、環境悪化を引き起こしにくいエネルギーの利用、環境に適した技術（＝エコテクノロジー）、エネルギー史から予想される環境問題の解決法を考える。

## 第1節　エネルギー消費と環境悪化
（エネルギーに支配される現代生活）

### 1-1　エネルギー使用の歴史

　昔、人々は暖房や明かりのエネルギー源として植物の燃焼を利用した。動力には人力や畜力を使用した。11世紀のヨーロッパでは水力や風力などを動力源として利用したが、18世紀末には、石炭を原料とする蒸気機関により移動できる大出力源を得た。しかし、エネルギー利用には、環境問題も付きまとった。例えば、イギリス、テムズ川周辺では多数の水車の設置が洪水を頻発させた[1]。この問題は19世紀の蒸気機関の発明で解決されたが、今度は石炭による大気汚染が広がった。工場からのばい煙は「霧のロンドン」の言葉をもたらした。

　20世紀末になると、図2-1に示すように石油、石炭を中心とするエネルギーの

大量消費が世界的に始まった。これに伴い、図2-2に示すように、急激な大気の温度上昇が世界規模で現れた。上昇曲線は大ざっぱには図2-3の一次エネルギー

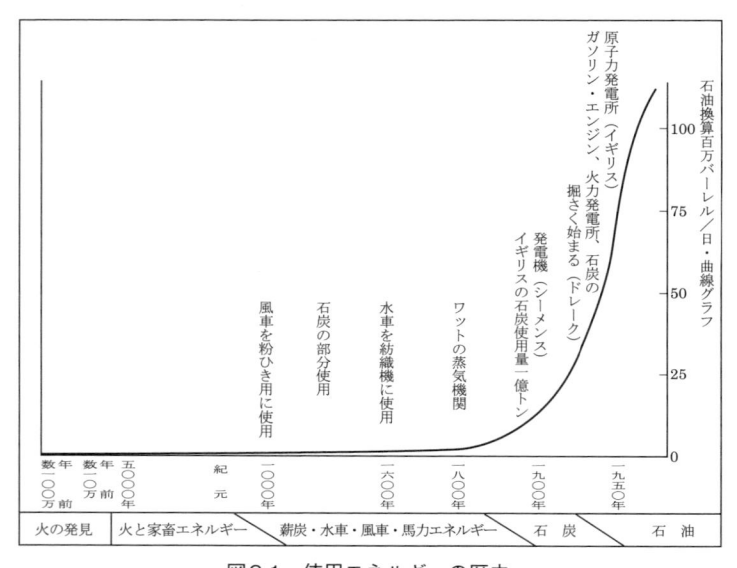

**図2-1 使用エネルギーの歴史**
(出典：資源エネルギー庁ホームページ：http://www.enecho.meti.go.jp/)

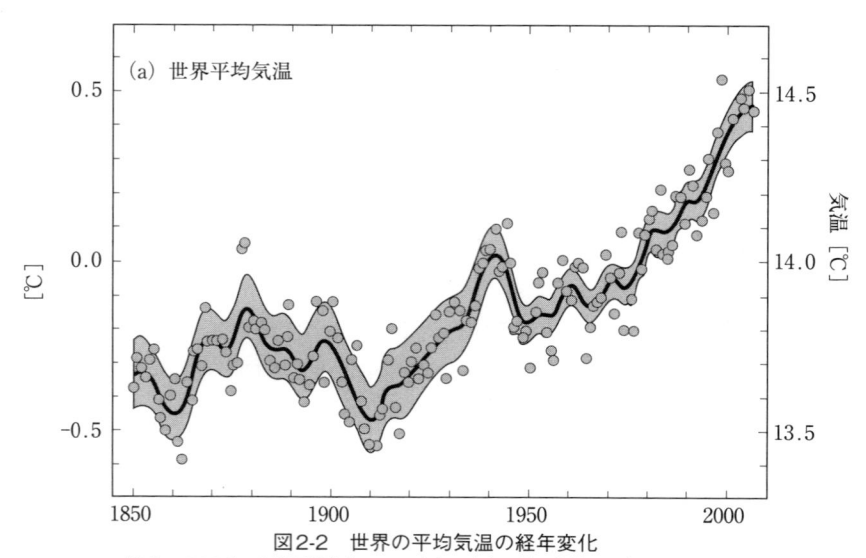

**図2-2 世界の平均気温の経年変化**
(出典：IPCC第4次評価報告書SMP：小丸：各年の値、曲線：10年平均、影：誤差)

消費量や図2-4の二酸化炭素やメタンガスの増加量と比例しており、地球温暖化がエネルギー消費やこれらのガスの排出量に強く関係していることが分かる。温暖化の影響により気候の変動や海水温度の上昇による陸や海の生態系の変化、図2-5に示す海水面の上昇など、想像以上の自然異変が発生した。

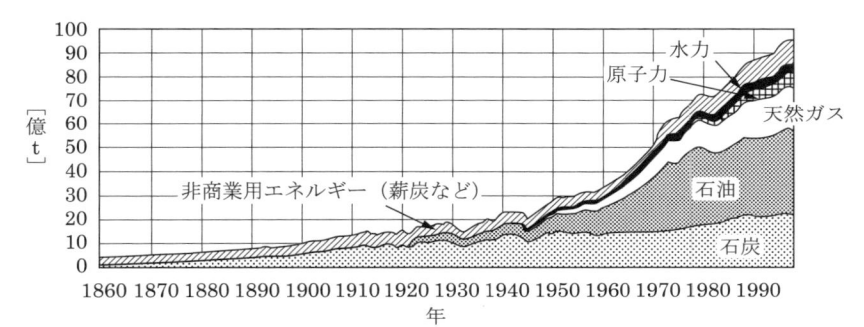

図2-3 世界のエネルギー消費量の経年変化
(出典：茅陽一監修、オーム社編『環境年表2002/2003』オーム社、2003)

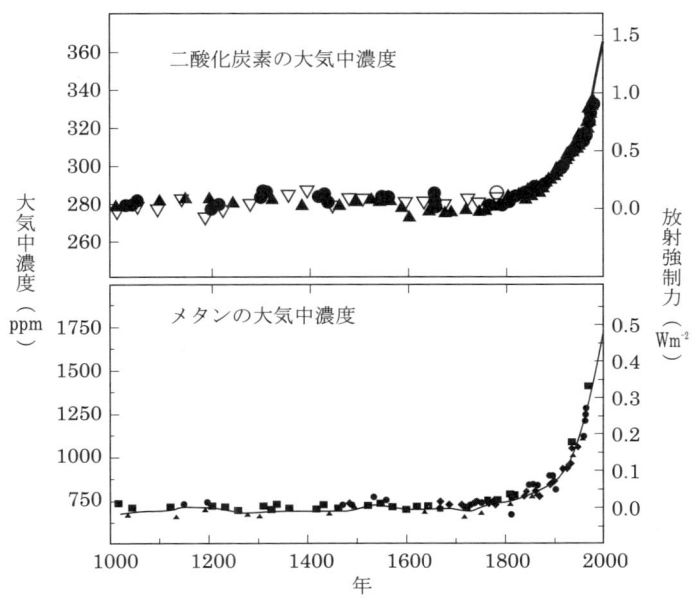

図2-4 世界の平均$CO_2$と$CH_4$の排出量の経年変化
(出典：OECD Energy Balancs (1993-1994))

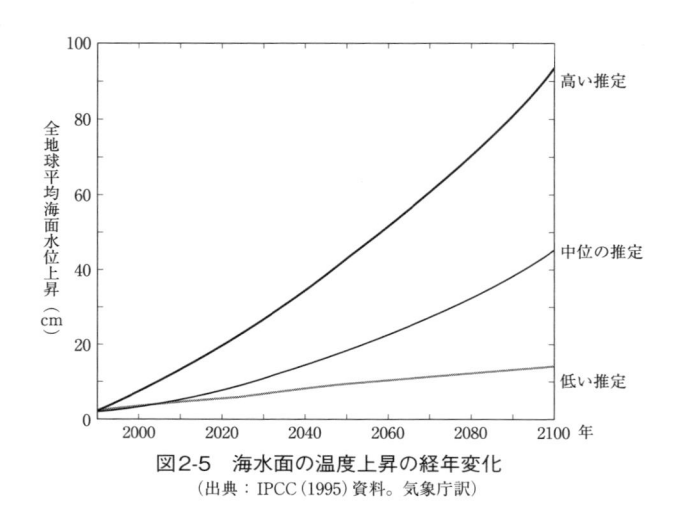

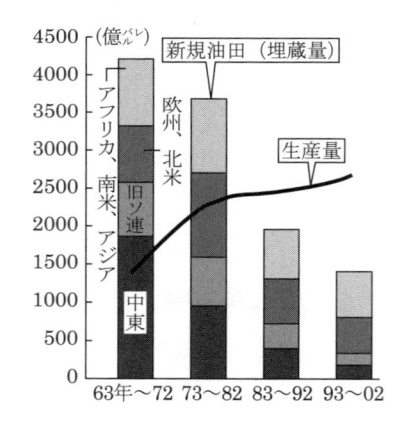

図2-5 海水面の温度上昇の経年変化
（出典：IPCC（1995）資料。気象庁訳）

図2-6 油田の発見と産油量の経年変化
（出典：『国際エネルギー機関の分析』朝日新聞、2005.1.16）

　さらに1950年代以降にはウラン鉱物による原子力エネルギーの利用が始まり、放射能汚染という永続的かつ広域的な問題も始まった。特に2011年に生じた福島の大規模な原発事故は大量の放射能を世界中にまき散らし、2年経過した今も放射能排出は止まっておらず、地球放射化に拍車をかけている。

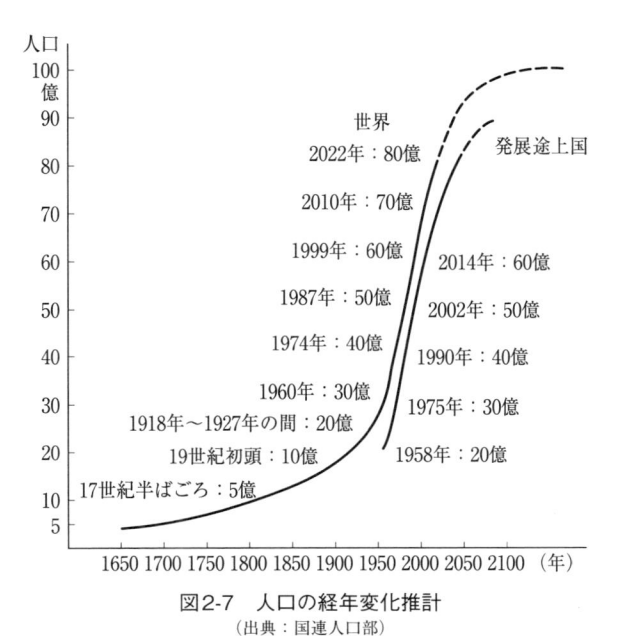

図2-7　人口の経年変化推計
（出典：国連人口部）

## 1-2　エネルギー枯渇

　現代生活のエネルギー消費の2/3は耐久消費財、製造用機械、食料などの生産に使われ、個人のエネルギー消費、例えば自家用車、家電、冷暖房などのエネルギーはごく一部である。電気エネルギーとしての利用は日本では25％、EUで20％である。この中で家庭用は3割程度である。これらの主要エネルギー源は石油だが、図2-6に見られるように油田の新規発見数の減少や従来の油田からの産油量減で、産油総生産量が頭打ちになって来ている[2]。しかし、石油の需要は発展途上国での使用増などにより、図2-3に示すように急激に伸び、40〜50年程度で、またウランも70年程度でそれぞれ枯渇するといわれていた[3]が、2010年頃から地中のシェールガスやメタンハイドレートが注目されるようになり、上記の予測は大きく変えられる方向にある。石油の中東への依存の減少も予想されている。

　エネルギー消費量は人口とも関係する[3]。人口は図2-7に見るように急激な増加を続け、2000年では世界の人口は約60億人だったが2050年には1.5倍の89億人程度に

なると予想されている[4]。これを支えるにはエネルギーの供給が必要だが、安全に利用できるエネルギーは限られている。図2.3と図2.7を比較すると、人口の増加がエネルギー原料の消費に拍車をかけていることがわかる。野生生物の個体数は食物連鎖によりほぼ一定に保たれるが、人類はそういう訳にはいかない。エネルギー消費の点で人口抑制が今後、重大なテーマとなるだろう。

　一方、高度技術製品の大量生産は人類に生活の豊かさを与えた。人々の夢であった遠い地点へ速く行ったり、季節や地域に影響されない魚や野菜・果物を食し、季節はずれのスポーツやリクレーションを享受する生活が可能になった。これらはエネルギーの大量消費により実現された。また、直ちに汚れが落ちる洗剤や虫の付いていない野菜などは薬品による水質汚染や生態系の破壊などの上に成り立ってきた。これらの便利な文明生活は下記に示す環境問題を引き起こした。

文明生活 → 経済の活性化 ｛ 大量のエネルギー消費（輸送機関、工業生産） → ｛ 多量の排熱、排気ガスの発生、エネルギー枯渇、核廃棄物の蓄積
多量の物質消費（工業生産、現代生活） → ｛ 排気ガス、排水、廃棄物の大量発生 原料の枯渇

→地球温暖化＋地球汚染＋地球放射化　→　生態系への悪影響　→　人類の危機誘発

　日本でも昭和40(1965)年頃から始まった高度経済成長時に工業の発達に伴う汚染が広まった。酸性雨の発生や富山県神通川流域(1920年代から)でのカドミウム汚染、三重県四日市市(1960年代)の大気汚染、熊本県水俣市(1950年代)や新潟県阿賀野川流域(1965年頃)の水銀中毒事件などがある。一部の被害者への手当は50年を経過した今も解決していない。工業の発達と環境汚染とは一体化したものであった。これらは汚染物の拡散と分解の技術とで一応解消されたが、その歴史は現代人の夢が環境悪化に直結してきたことを示している。


## 第2節　エネルギーとは何か
### （自然現象に見るいろいろなエネルギー形態と特徴）

　エネルギーの基本的性質を身のまわりの現象で学ぶ。

## 2-1 エネルギーの種類と性質[5]

エネルギーには重力による位置エネルギー、運動を与える運動エネルギー（これらを合わせて力学的エネルギーという）、物質の温度を決める熱エネルギーなど多くの種類がある。以下に見るようにこれらの間で"互換"と"保存"の関係が成り立つ。

**エネルギーと仕事**

石炭を積んだトロッコが高さhの斜面上の点Aにあった。図2-8はこのトロッコが斜面を滑り降りている図である。トロッコは石炭を運んでいるので、高さhにある物体は仕事をする能力を持つことがわかる。仕事をする能力はエネルギーと呼ばれる。位置に関係する仕事の能力を位置エネルギー（U）という。点Aでのトロッコの持つ位置エネルギーUはU=mghとなる。ここでmはトロッコ全体の質量、gは重力の加速度である。

さて、地面へ走り降りたトロッコは、速さvで地上を走る。トロッコは石炭を運んでいるので、運動する物体がエネルギーを持っていることが分かる。これを運動エネルギー（T）と呼び、$T=mv^2/2$で表される。地上ではh=0なのでU=0である。一方、出発点Aではv=0なのでT=0である。仕事をする能力は他には使われていないので、出発点と斜面下とでU+Tの大きさは変わらない。

その後、トロッコは砂山に衝突して止まった。このとき、トロッコの高さも速

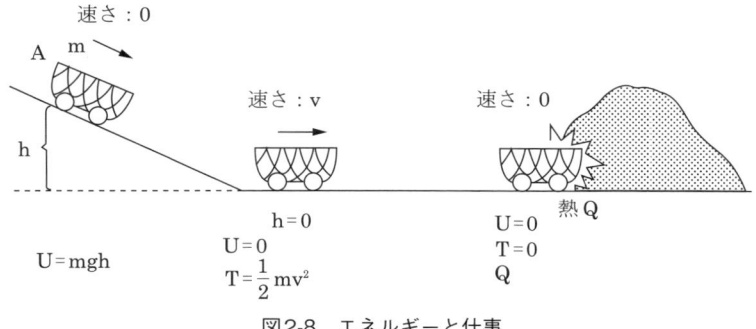

図2-8 エネルギーと仕事

さもゼロなので、UとTは共にゼロである。トロッコの持っていた力学的エネルギーは何処へ消えたのであろうか。よく調べると、衝突した砂山の砂の温度が上昇している。力学的エネルギーは熱（Q）に変わったのである。熱に関係するエネルギーは熱エネルギーと呼ばれる。砂やトロッコに衝突による変形がないとすると、これらのエネルギーの間には、U+T=Qの関係が成り立つ。この結果は「エネルギーは形を変えるがその大きさは等しい」というエネルギー保存の法則を与える。

## 2-2 身のまわりのいろいろなエネルギー

エネルギーは大きさを変えずに、形だけが変わることを2-1で見た。身の回りにはどのような形のエネルギーがあるかを見よう。

### (1) 電気エネルギー

電気は、動かない電気（静電気）と動く電気［電流（直流、交流）］とに分けられる。静電気の例としては摩擦したエボナイト棒に発生する電気がある。この電気は図2-9に示すように髪の毛を逆立てることができる。電気エネルギーが髪の毛を持ち上げる能力を持っていることがわかる。

電流は一方向へのみ流れる直流電流と、流れる向きが時間と共に交互に反転する交流電流とに分けられるが、どちらもヒーターに流すと熱を発生するので、電気エネルギーは熱エネルギーへ変わることがわかる。

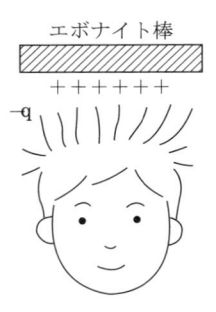

図2-9 静電気は髪の毛を持ち上げる

### (2) 音のエネルギー

太鼓の膜が振動すると空気に疎密波が作られ、これが人の耳に伝わって鼓膜を振動させ、音が感知される。音はエネルギーを持っている事が分かる。したがってバイク、自動車、電車等の発する大きな音はエネルギーの損失といえる。

## (3) 磁気のエネルギー

2つの磁石は互いに引き合ったり反発したりするので、磁気は仕事をする能力を持っている。これを磁気エネルギーと呼ぶ。また、鉄芯に電線を巻き、これに電流を流すと磁気が発生する。電気エネルギーが磁気エネルギーへ変換されたのである。この装置は電磁石と呼ばれ、モーターやスピーカーに使用されている。電気で物体を動かす場合はほとんどが磁気力によっている。

## (4) 光エネルギー

物体は温度が上昇すると光を発する。熱エネルギーが光エネルギーへ変換されたのである。温度Tの物体の発する光の最大強度の波長$\lambda_m$と放射強度Jは比例定数$a$を用いて次式で表される。

$$\lambda_m \fallingdotseq 3000/T, \quad J = aT^4 \quad (2.1)$$

この関係はそれぞれ、ウィーンの変位則およびシュテファン・ボルツマンの法則と呼ばれる。高い温度の物体は短い波長の光を放射し、強度は温度と共に急激に増すことを示している。光は太陽、電灯、放電、燃焼、化学反応等多くの物理・化学現象から生ずるので、光がいろいろな形のエネルギーへ変わることがわかる。

## (5) 化学反応エネルギー

化学反応は、微視的には原子間または分子間の結びつきの変化であり、反応時にエネルギーの出入りが伴う。反応の例を見てみよう。

〈例1〉 酸化（燃焼による発熱）：石油、石炭の燃焼は炭素が酸素と結合する酸化反応である。この時、熱エネルギーが放出される。

$$(酸化) \quad C + O_2 \rightarrow CO_2 + 94230 \text{ cal （発熱反応）} \quad (2.2)$$

〈例2〉 食塩(NaCl)の溶解：食塩が固体から液体になる（相変化という）とき、熱を必要とする。一般的に、相変化時には熱が出入りし、融解熱、蒸発熱、転移熱などと呼ばれる。

$$NaCl(食塩) + aq.(溶液) \rightarrow Na^+ + Cl^- - 1200 \text{ cal} \text{ (吸熱反応)}$$

〈例3〉 電気化学反応：電気の素は負の電気をもつ電子である。イオンの溶けた溶液は電解質溶液と呼ばれる。硫酸銅$Cu_2SO_4$からは次の反応式により電解質溶液が作られる。

$$Cu_2SO_4 \rightarrow 2Cu^+ + SO_4^{-2} \qquad (2.3)$$

電解質溶液に二種の異なる金属（電極という）の一端を浸し、他端を導線でつなぐと、この電極間で電子のやりとりが行われる。この反応は電気化学反応と呼ばれ、電池に利用されている[6]。

図2-10のダニエル電池では、亜鉛と銅のイオン化傾向の違いにより、陰極では$SO_4^{-2} + Zn \rightarrow ZnSO_4 + 2e^-$の反応で硫酸亜鉛が作られ、生じた電荷$2e^-$は図のように外部回路を通って陽極へと向かう。陽極表面では溶液中の$Cu^+$イオンがこの電子をもらい次式の反応で銅原子となる。

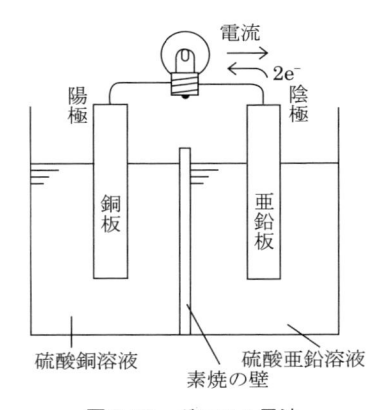

図2-10 ダニエル電池

$$2Cu^+ + 2e^- \rightarrow Cu \qquad (2.4)$$

## (6) 生物のエネルギー[7]

蛍（光）、電気うなぎ、電気くらげ（電気）などの生物は光や電気を体内で作り出す。また、植物の代表的反応として、太陽の光から熱を作る次式に従う光合成反応がある。植物プランクトン、バクテリア、ロドプシン等は次式による化学反応で光により688Kcalのエネルギーを取り出すことができる。

$$6CO_2 + 12H_2O + 688\text{kcal} \rightarrow C_6H_{12}O_6 + 6O_2 + 6H_2O \qquad (2.5)$$

(7) 原子のエネルギー（原子核から発生するエネルギー）[8]

　原子は図2-11のように原子核と電子からなる。原子核は中性子と陽子からなる。原子核がほぼ半分の質量に分裂する核分裂や、軽い元素の接近で生ずる核融合の反応では、質量に変化 $\Delta m$ が生ずる。このときアインシュタインの導いた関係、$\Delta E = \Delta m \cdot c^2$（c：光の速さ）に従う莫大な量のエネルギーが生まれる。

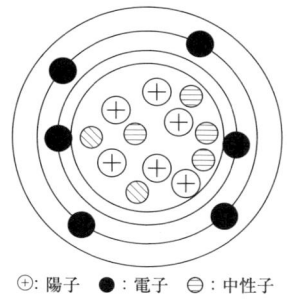

⊕：陽子　●：電子　⊖：中性子

図2-11　原子の構造

## 第3節　熱エネルギーの性質と熱機関

　2-1で見たエネルギーは種々の形に変化する。この節では地球温暖化に強く関係する熱エネルギーの性質を見る。

### 3-1　熱の不可逆変化[5]

　図2-12（a）のように、半球型のボール容器の中を運動する粒子を考える。内部の壁が滑らかな場合には、摩擦熱は発生しないので、粒子の運動には2-1の力学的エネルギー保存則（運動エネルギー＋位置エネルギー＝一定）が成り立つ。空気の影響を無視すれば、往復運動が永久に繰り返されることになる。しかし、実際の球面内では、図2-12（b）のように、壁との間で摩擦熱が発生して、粒子は次第に減速し、ついには静止する。この粒子は再び動き出すことはなく、摩擦により放出された熱も再び元へは戻らない。このように周囲を含めて元へ戻らない状態変化を不可逆変化と呼ぶ。同様の現象は、土中に散らばる排液、大気中へ広がる排気ガスや排熱、海水中へ広がる冷却用排水などにも見られる。

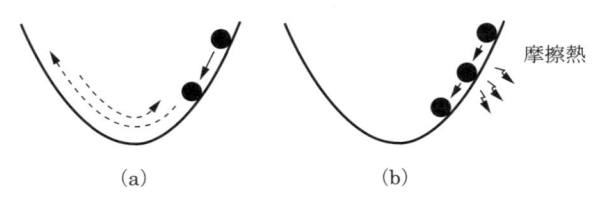

(a) 滑らかな球面内の質点、(b) 摩擦のある球面内の質点

図2-12 ボール容器内を滑る質点

## 3-2 熱機関

気体の膨張を利用すると熱エネルギーを仕事に変えることができる。その一つが図2-13の蒸気タービンである。図式化すると図2-14のようになる。

図2-13では高温度の炎(高温浴)から熱量$Q_1$を得て水蒸気をつくり、これを低温度の大気中へ噴射し、その反動でBを回転させる。このとき、ベルトを通して仕事Wが外へ行われる。装置Cをサイクルと呼ぶ。

低温度の大気（低温浴）へはエネルギー保存則に従う熱$Q_2$（$=Q_1$-W）が排出される。この装置は高温度の熱浴Aから熱$Q_1$を取り、一部を仕事Wに変え、残り$Q_2$を低温度の熱浴Bに捨てる。この過程を順サイクルという。身近な例では自動車のエンジンがある。ガソリンの爆発で$Q_1$を得て一部は車の駆動に使い、残り$Q_2$を低熱源の大気へ放出する。

逆の順で行われる過程を逆サイクルと呼ぶ。この例は冷房機に見られる。いずれも周辺へ捨てられた熱が元に戻ることは無く、不可逆変化となる。

ジェームス・ワットは18世紀末に気体の膨張の圧力を利用して仕事を行う装置を実現化し、これを用いて鉱山の排水を行った。力の強いこの装置は移動可能であり、それまでの力の弱い人力や畜力、持ち運びのできない水車や風車に取って変わった。革命といわれる程の影響を産業に与えた。熱から仕事を取り出す装置を一般に熱機関と呼ぶ。

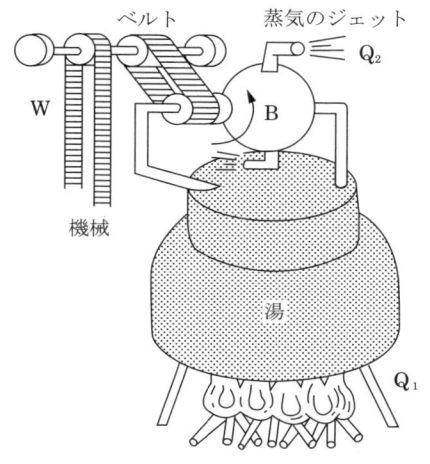

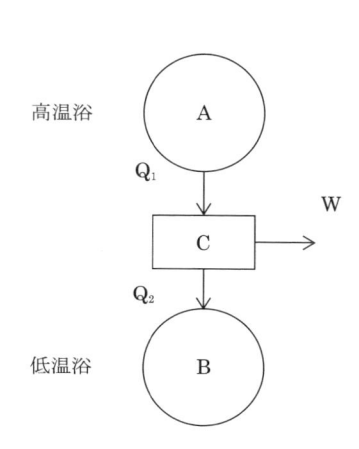

図2-13　最初の蒸気タービンの概略　　図2-14　熱機関の模式図

## （1）熱機関の効率

　図2-13の蒸気タービンは取り込んだ熱エネルギー$Q_1$の何％を仕事W（力学的エネルギー）にできるのだろうか。この割合を熱効率といい、図2-14から次式が与えられる[5]。

$$\text{熱効率} \, e = W / Q_1 = (Q_1 - Q_2) / Q_1 = (T_1 - T_2) / T_1 \qquad (2.6)$$

またサイクルCでは下記のエネルギー保存則が成り立つ。

$$Q_1 = W + Q_2 \qquad (2.7)$$

　さらに、$Q_2 > 0$なので（2.7）式より$W < Q_1$となり、（2.6）式の効率$e$は100％以下となる。このことは、熱エネルギーを別のエネルギーへ変えるとき、変換の回数と共に排熱量が増えることを示している。効率$e$の大きい装置は大きな仕事量を取り出す事ができるので、その分、排熱量は少ない。

## (2) 効率の計算例

$Q_1[T_1=373\text{K}（100℃）]$、$Q_2[T_2=273\text{K}（0℃）]$ の場合：排熱部は0℃の氷水で冷やすことを意味している。(2.6) 式より $e = 0.27$ となり効率は約30％である。セラミックスエンジンは $T_1$ を大きくできるので高効率となるが、使用する熱量 $Q_1$ が多く、その結果、排熱の絶対量も増える。環境問題では効率のみならず使用熱量の絶対量を考える必要がある。

### 3-3　熱機関の原料と地球温暖化

図2-13の蒸気タービンでは高熱源は燃焼反応である。このとき、排熱と同時に排気ガスが放出される。このガスは後で見るように地球温暖化に大きく寄与する。一方、同じ熱機関でも図2-15に示す太陽熱と液体の気化を利用する熱機関では、排気ガスは無く、排熱は地球に降り注ぐ太陽熱の一部であり、地球温暖化には寄与しない。

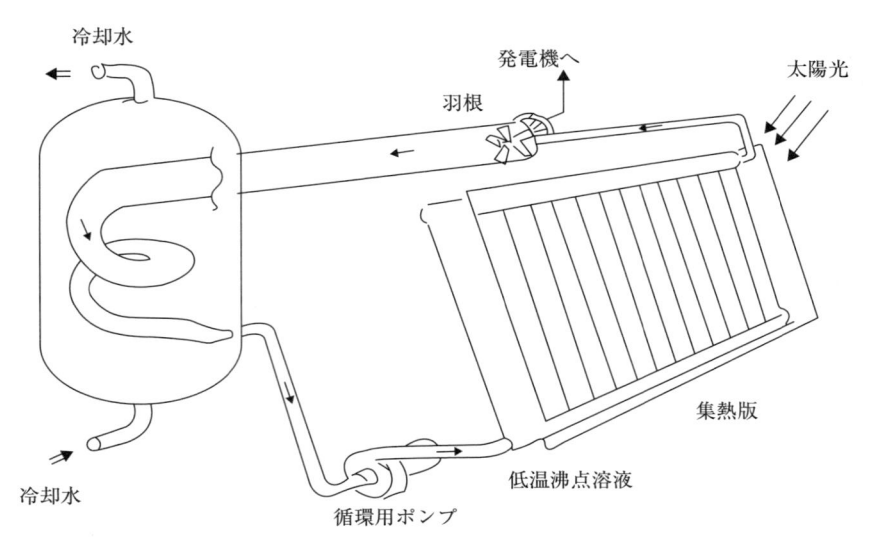

図2-15　太陽熱利用の熱機関（太陽熱発電）

さて、実際の装置ではエネルギー原料から機械の駆動まで、システム全体としての効率が問題となる。火力発電の場合は下記の例1のように、各過程での効率の積、$e = e_1 \cdot e_2 \cdot e_3$が実際の効率となる。合計のeの値は各過程の$e_i$の大きさより小さくなる。この場合は e = 35-50%である。

〈例1〉　　　　　排熱、排ガス　　　　　機械的エネルギーの損失（排熱）

石油、石炭の燃焼 → 蒸気タービンの駆動 → 発電機の駆動 → 電気の発生
各過程の変換効率$e_1$　　　　　　　　　$e_2$　　　　　$e_3$

---

**考えよう1：地球温暖化なのに寒波が発生するのは！**

　地球温暖化が叫ばれる中、寒波の襲来も伝えられる。理由は熱源の増加や温暖化ガスにより、これまでの地球の温度分布の安定性が破れたからだ。釜で風呂を沸かすとき、ゆっくり湧かすと上部が暖かく、下部は冷たいという状態が続く。しかし、早く湧かすには、これをかき回す。すると、上下の温度の傾きは乱れ、ある場所に温水が来た次の瞬間には冷水が来る。温水と冷水が複雑に入り乱れつつ湯の温度が上昇していくのだ。風呂の温度の分布の乱れは、地球で例えれば赤道は暑く、北極や南極は寒いという常識が成り立たなくなることだ。四季の温度分布の乱れは予想もしない異常変化を生態系に与えるだろう。

## 第4節　エネルギーはどこから来るのか
### （地球温暖化の原因は）

太陽から地球大気圏へ送られて来るエネルギーは1m$^2$当たり1,370Wだが、約30％は大気や雲で反射される。残りの70％が海水や地表を暖め、地球上に風や気圧などの部分的な非平衡状態をつくる[9]。このエネルギーの流れの中に生物の発生や死も組み込まれる。最後には熱となって、地表を暖める。一方で（2.1）式に従い温度の4乗に比例する強度の光が地球から宇宙へ放出される。したがって、地球へ入射するエネルギーと出るエネルギーとが等しければ、地球の温度はほぼ一定で安定である。図2-16にこの様子を示す。

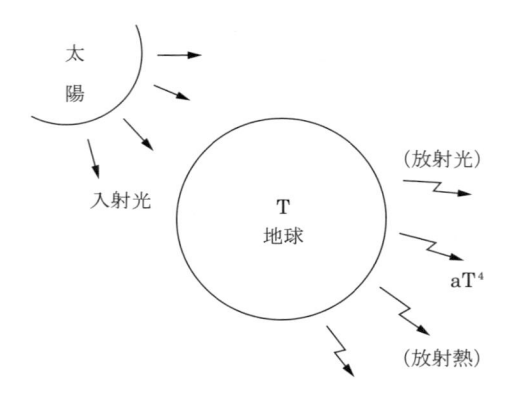

図2-16　地球のエネルギー収支

しかし、近年多数の熱機関の使用で地球表面に新たな熱エネルギー源が作られ、地球のエネルギー量収支のバランスを崩した。

地表では図2-17に示すように、太陽のエネルギーによる気候や天候の変化、動物や植物の成長、人間の生活などが成り立っている。また火山の噴火も地球が与える自然のひとつである。これらから放出される炭酸ガス、メタンガス、水蒸気等で地表は覆われている。これらのガスは、図2-18に示されるように、特定の波長の赤外線（熱線とも呼ばれる）を吸収する。地表から反射して宇宙へ放出される熱線は地球周囲のこれらのガスに吸収される。その量はガスの濃度に比

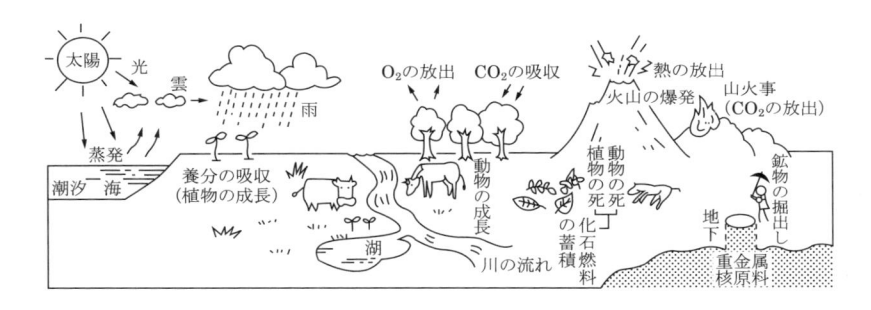

図2-17　地表のエネルギーの流れ

例する。一度吸収された赤外線は再び放出され、約半分は地表へ戻る。この結果、地表から宇宙への熱の流れに時間的ずれが生じ、地表の周りに熱線が保持されることになる。これを温室効果といい、地球の温度上昇の大きな原因といわれている。これに寄与するガスは温室効果ガスと呼ばれる。図2-19に示されるような種類がある。中でも炭酸ガスがもっとも多く、これを減らすことは温暖化対策の主要なテーマとなっている。$CO_2$とメタンの量は図2-4からわかるように産業革命以後、急速に増加している。

　ガスの濃度が高いと温室効果が大きくなり、地球をより暖める。ガスの濃度は経済活動や人口と関係している。この事は図2-20の日本のエネルギー消費とGDPの関係や、図2-7の人口の経年変化と図2-4の$CO_2$の排出量経年変化の相関からわかる。地球へのエネルギーの流れを下記にまとめる。

- 地球へ入るエネルギー：太陽からの光エネルギー、月の引力による潮汐のエネルギー
- 蓄積するエネルギー
  - 植物の発生や動物の生存（石炭、石油の形で長時間、エネルギーを蓄積）
  - 海水や地表の温度の上昇（特に海水は比熱が大きいので熱の蓄積源ととなる）
  - 風、雨、雲の発生（水力、風力発電：短時間のエネルギー蓄積）
- 地球から出るエネルギー：太陽光の反射、人為的に作られた熱や光エネルギーの地表からの放射。

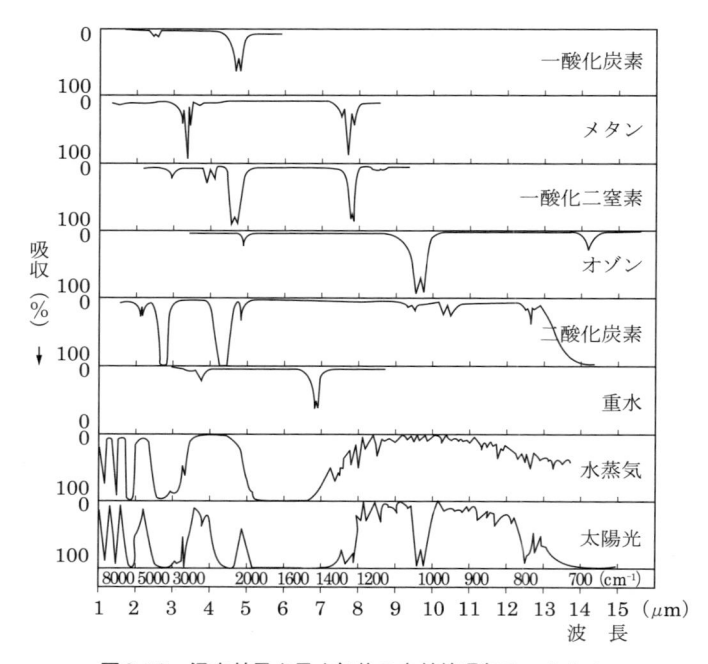

図2-18 温室効果を示す気体の赤外線吸収スペクトル
(出典：大滝栄治「第二章 大気と人間環境」、岡山ユネスコ協会編「市民のための地球環境科学入門」
大学教育出版、1995

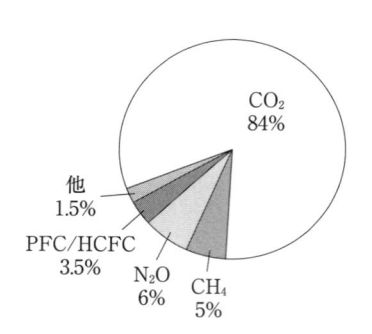

図2-19 温室効果ガスの種類
(出典：環境省資料、2008)

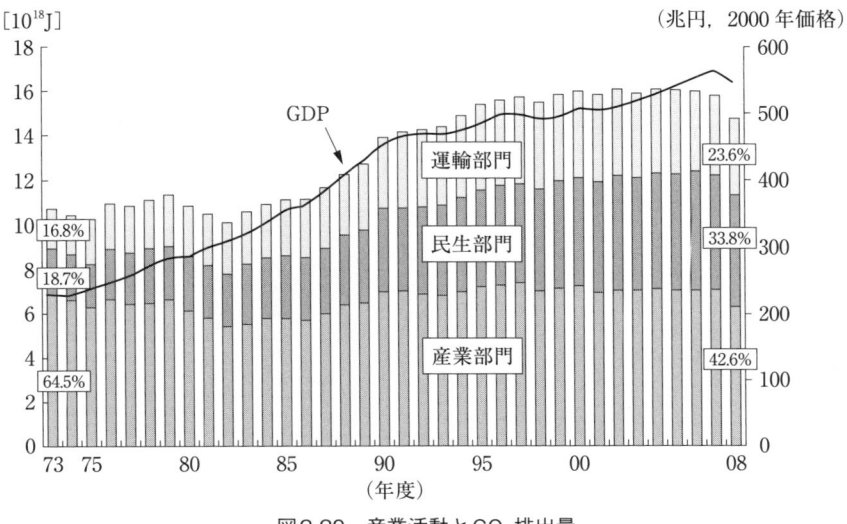

図2-20　産業活動とCO$_2$排出量
（出典：エネルギー白書2010）

　図2-21の国別の排出量の経年変化では、開発途上国の排出量が先進国のそれに急激に迫っていることがわかる。さらに図2-22に示す2000年における各国の一人当たりのCO$_2$排出量では、日本は大体インドの19倍、中国の5倍である。

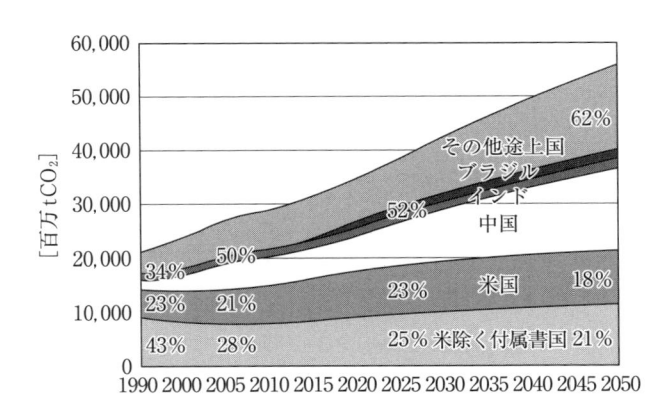

図2-21　国別の平均CO$_2$排出量の経年変化
（出典：エネルギー白書2008）

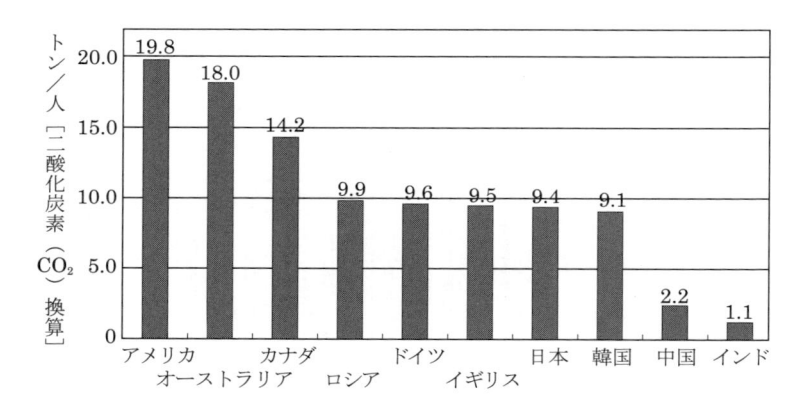

図2-22 各国一人あたりのCO₂排出量
(出典:オークリッジ国立研究所)

　一方、温暖化は自動車、空調機、火力発電所などから外界へ放出される熱によっても進む。熱の拡散は速くないので、周囲を暖める。特に熱機関の集中している都市ではこの影響により温暖化が進む。これはヒートアイランド現象（都市の温暖化）と呼ばれる。現在は世界的に熱機関が多用され、この原因による温暖化は、アイランドだけではなく地球全体に広がりつつある。経済大国は排熱によるこの種の温暖化にも大きく寄与している。温暖化が止まるか、さらに増大するかはこれらの原因をどこまで減らせるのかに掛かっている。

## 第5節　発電、発電機、タービン[10]

　一日の使用電力は時刻により大きく変化する。時刻に合わせた発電量が必要である。各種の発電方式を組み合わせて、これが行われる。図2-23の例では石炭火力、原子力、水力を一定発電量（ベース電源という）とし、これに発電量を変え易い発電方式（ピーク電源やミドル電源という）を加えて調整している。
　発電された電力は交流方式で送電されるが、その理由は、送電による損失の少ない高電圧化が変圧器により容易に実現されること、異なる電圧値の連結の

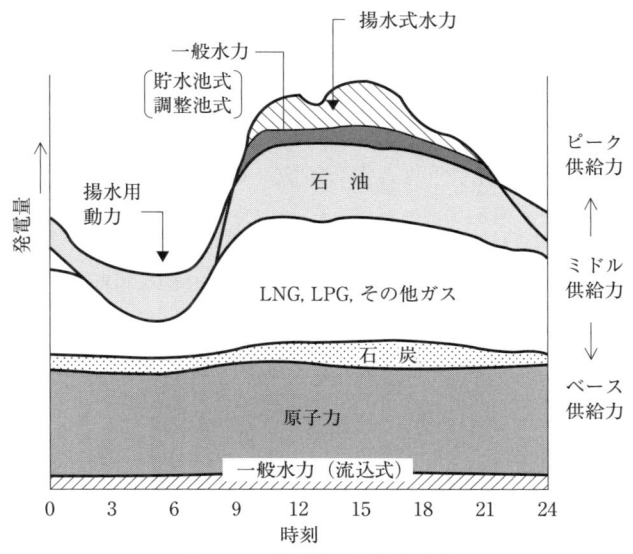

図2-23 発電量の日負荷曲線
(出典：資源エネルギー庁ホームページ　http://www.enecho.meti.go.jp/faq/q07.htm)

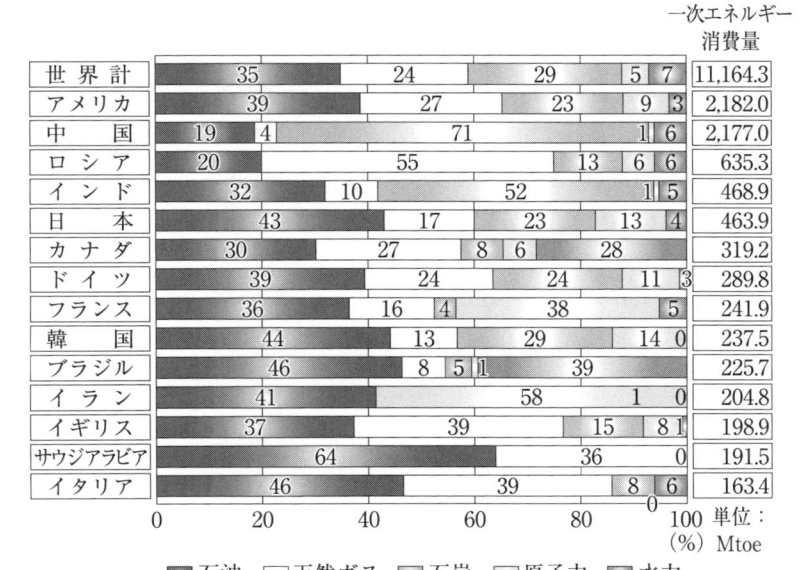

| 国 | 石油 | 天然ガス | 石炭 | 原子力 | 水力 | 一次エネルギー消費量 |
|---|---|---|---|---|---|---|
| 世界計 | 35 | 24 | 29 | 5 | 7 | 11,164.3 |
| アメリカ | 39 | 27 | 23 | 9 | 3 | 2,182.0 |
| 中国 | 19 | 4 | 71 | 1 | 6 | 2,177.0 |
| ロシア | 20 | 55 | 13 | 6 | 6 | 635.3 |
| インド | 32 | 10 | 52 | 1 | 5 | 468.9 |
| 日本 | 43 | 17 | 23 | 13 | 4 | 463.9 |
| カナダ | 30 | 27 | 8 | 6 | 28 | 319.2 |
| ドイツ | 39 | 24 | 24 | 11 | 3 | 289.8 |
| フランス | 36 | 16 | 4 | 38 | 5 | 241.9 |
| 韓国 | 44 | 13 | 29 | 14 | 0 | 237.5 |
| ブラジル | 46 | 8 | 5 | 1 | 39 | 225.7 |
| イラン | 41 | 58 | 1 | 0 | | 204.8 |
| イギリス | 37 | 39 | 15 | 8 | 1 | 198.9 |
| サウジアラビア | 64 | 36 | 0 | | | 191.5 |
| イタリア | 46 | 39 | 8 | 6 | | 163.4 |

単位：(%) Mtoe

■石油　□天然ガス　□石炭　□原子力　■水力

図2-24　主要国の供給エネルギー
(出典：BP統計2010)

ネット化や発電所間の電力のやり取りが変圧器により行いやすいことなどがある。

## 5－1 発電機の原理[5, 10]（力から電気へのエネルギー変換）

電力の多くは発電機により作られる。発電機は水車やタービンで回される。この節ではこれらの原理を見よう。1832年ピキシは磁石式発電機を発明し、1856年にはドイツのシーメンスが自励式発電機を開発し、永久磁石の使用を電磁石に変えた。現在、電気エネルギーを得る主流が、この発電機による方法であり、水力発電、火力発電、原子力発電が大きな発電量を担っている。

電気を得るには図2-25のように磁石のN極とS極の間に閉じた回路（コイル）を置き、これを回転させる。コイルには誘導電流が流れる。磁石の断面積を$So$、コイルの回転数を$\omega$、磁石の持つ磁気の強さを$B$とすると電流の強さ$\varepsilon$（起電力）は、次式で与えられる。

$$\varepsilon = BSo \cdot \omega \cdot \sin(\omega t) \qquad (2.8)$$

この式から高い起電力を得るには高速回転するコイルが必要な事がわかる。水力発電所の高いダムや発電用風車の2枚、3枚羽根はこのことと関係する。

実際の発電機は図2-26に示すように中央の磁石を回転し、周囲の3カ所に置いたコイルで発電効率を上げている。

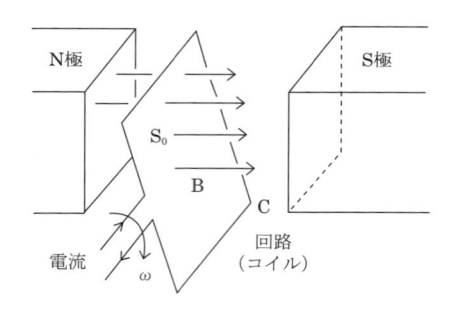

図2-25　電磁誘導の原理による電気の発生

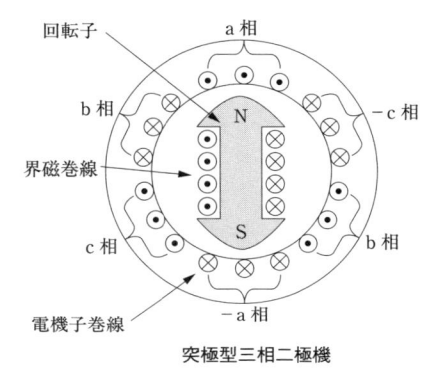

図2-26　実際の発電機原理図

## 5-2　水力発電[10]

　図2-25のコイルを水車で回転させるのが水力発電である。水の流れを利用する方式には次の4通りが見られる。①水路式発電：河川の自然流水を比較的長い水路で導き、水流の落差を得る、②ダム式発電：河川を堰き止め、人造湖を

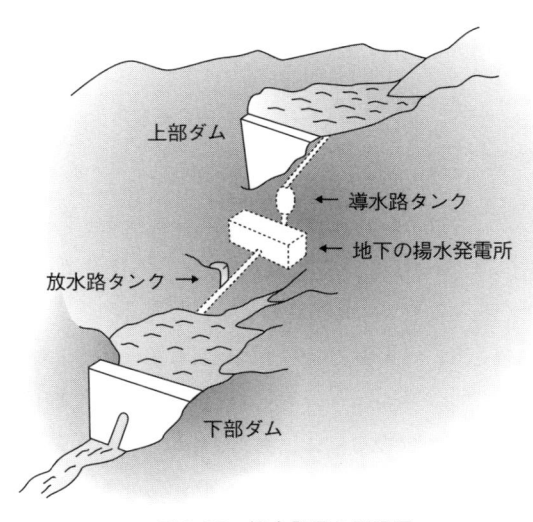

図2-27　揚水発電の原理図

図2-28　衝動水車

造り、落差を得る。年間の河川水流を調節する役目も持つ。③ダム水路式発電：①と②の組み合わせ。水路の途中に数万m$^3$〜数百万m$^3$の調整池を設置し、発電量を調節する。④揚水式発電：図2-27のように発電所の上部と下部に調整池を設け、深夜に余った電力で下部の池から上部の池へ水を揚げて、昼間の発電に使用する。発電量の調節が効かない原子力発電所の多くにはこれが設置されている。夜間に余った電気を有効活用するためである。

水力発電に使用される代表的水車には高速回転を得るため図2-28の水の運動量変化を利用する衝動水車や流速の変化により生ずる圧力差を利用する反動水車などが考案されてきた。

## 5-3　火力発電[10]

石炭、石油、天然ガスなどの化石燃料を熱機関の熱源とし、これで発電機を回すのが火力発電である。石炭の場合は粉末状にして燃焼効率を上げ、天然ガスではノズル口で空気と混合させて燃焼させる拡散混合型とノズル口に出る手前でガスと空気を混合させる予混合型などが用いられている。これらの反応でのエネルギーは、熱→力学的エネルギー→電気エネルギーの順で変化する。

一般に燃焼反応は利用可能な単位体積あたりのエネルギー量が大きく（エネルギー密度が高いという）、安価、利用が容易、安全性が高い等の利点がある。このため、1990年での火力発電は総発電量の30％程にもなった。しかし、熱エネル

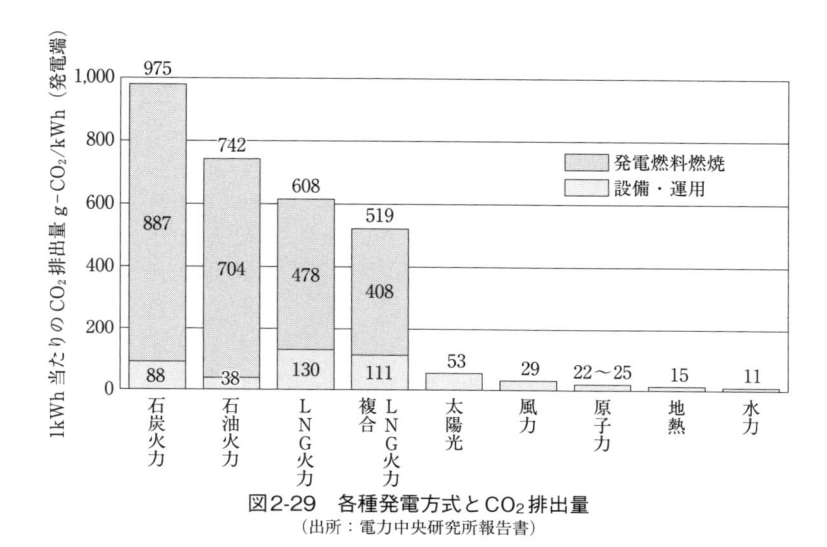

図2-29　各種発電方式とCO₂排出量
（出所：電力中央研究所報告書）

ギーへ変換する過程で放出される温暖化ガスと呼ばれる酸化窒素や炭酸ガスが大気汚染や地球温暖化に結びつく。図2-29に各種の発電方式と$CO_2$排出量を示す。化石燃料は自然エネルギー利用の方式に比べ圧倒的に排出量が多いのがわかる。

熱機関を核反応で生ずる熱で動せば原子力発電であり、そのシステムは図2-30に示すように火力発電と同じである。生じた熱エネルギーは蒸気タービンやガスタービンを動かし、発電機を回す。蒸気タービンでは約600℃の蒸気を作り、これを羽根にぶつけて回転させる。一方、ガスタービンでは燃焼ガスを直接タービンの羽根にぶつけて回す。効率は35％程度なので、65％の熱は海や川、外界に放出

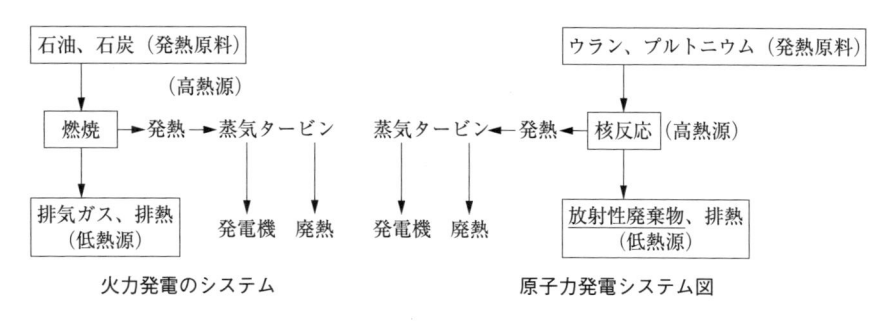

図2-30　火力と原子力発電の装置システム

表2-1 熱機関、発電機、相変化利用の有無

| エネルギー原料　電気エネルギーへの変換 | | 熱機関 | 発電機 | 相変化 | 永続性 | 環境安全度 |
|---|---|---|---|---|---|---|
| 水力(水車) → 水力発電 | 地球外 | no | yes | no | 有り | ○ |
| 風力(風車) → 風力発電 | | no | yes | no | 有り | ○ |
| 波力 → 波動発電 | | no | yes | no | 有り | ○ |
| 潮汐 → 潮汐発電 | | no | yes | no | 有り | ○ |
| 化石 → 火力発電 | 地球内 | yes | yes | yes | 無し | × |
| 原子力 → 原子力発電 | 地球内 | yes | yes | yes | 無し | × |
| 水素 → 水素発電 | 地球内 | yes | yes | no | 有り | △ |
| 燃料電池 → | 地球内 | no | no | no | 有り | ○ |
| 地熱 → 地熱発電 | 地球内 | yes | yes | no | 無し | △ |
| 太陽光 → 太陽電池 | 地球外 | no | no | no | 有り | ○ |
| バイオマス → バイオマス発電 | 地球外 | yes or no | yes or no | yes | 有り | △ |
| 海水熱 → 温度差発電 | 地球内 | yes | yes | no | 有り | × |

される。使用する部分より捨てる方が多いのだ。温暖化に大きく寄与している。

　発電に排熱が伴うか否かは発電機を回す動力装置の方式に依存する。発電機がどの電気エネルギー獲得方式に利用されているかを表2-1に示す。

## 第6節　環境にやさしい太陽光のエネルギー利用[10]

　地球の外からやってくるエネルギーのほとんどは太陽光である。太陽光は利用の有無にかかわらず地表に降り注ぐので、これをいくら利用しても環境悪化には結びつかない。太陽光は図2-17に示すように、風や雨、川の流れ、波など、いろいろな形に姿を変える。化石燃料の石炭、石油も太古の植物や動物であるといわれているので元を正せば太陽のエネルギーといえる。本節では太陽光からのエネルギー獲得法をみる。太陽光の利用上の利点と欠点を次に示す。

《利点》
① 全地表に60分間に入射する太陽光エネルギーは全世界で使用する1年分のエネルギーである。

② クリーンなエネルギーである。
③ 使う場所で発電可能であり送電線が不要である。
④ 紫外線から遠赤外線までの広い波長範囲のエネルギー値にわたる。

《欠点》
① 入射エネルギー密度が希薄なのでエネルギー獲得に広い面積が必要である。
② 気象条件で発電量が変わるので充電式電池（二次電池という）が必要。この電池には小さな体積で大きな蓄電量を持つ固体電池が有利であるが電池材料を大量に確保する必要がある。

## 6-1　風力発電[11-12]

太陽光が海水や地上を温めると、図2-17のように水分の蒸発により大気に温度差が生じて風が発生する。この風を風車で受けて、図2-31の構造の発電機を回すのが風力発電である。排熱も排気ガスも生じない。発電機からの電流をそのまま取り出す交流発電方式と、電子回路を組み込んだ直流発電方式とがある。

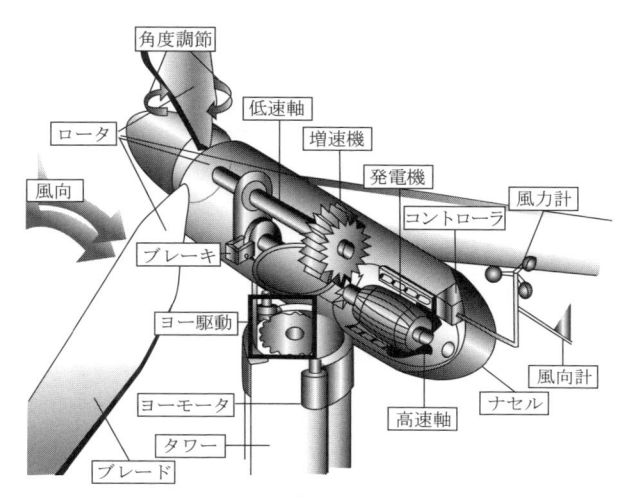

図2-31　風車による発電機
（米国・NREL社のHPより）
（出典：化学工学会編『図解新エネルギーのすべて』工業調査会、2011）

108

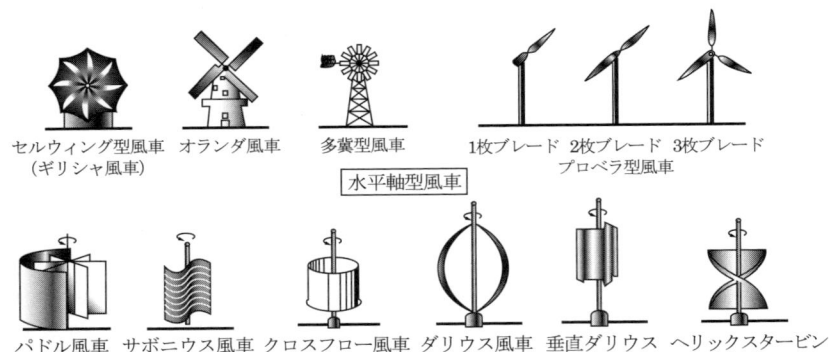

| セルウィング型風車 | オランダ風車 | 多翼型風車 | 1枚ブレード 2枚ブレード 3枚ブレード |
| (ギリシャ風車) | | | プロペラ型風車 |

水平軸型風車

パドル風車　サボニウス風車　クロスフロー風車　ダリウス風車　垂直ダリウス　ヘリックスタービン
　　　　　　　　　　　　　　　　　　　　　　　　　　　　　　　　風車　　　　（ひねりダリウス）

垂直軸型風車

**図2-32　いろいろな風車**
（出典：松宮輝『ここまできた風力発電　改訂版』工業調査会、1998、p.54.）

風の持つ単位時間あたりのエネルギーは風速の3乗に比例するので[11]、小さな風速でも大きなエネルギーが得られる。風車には図2-32のようないろいろなタイ

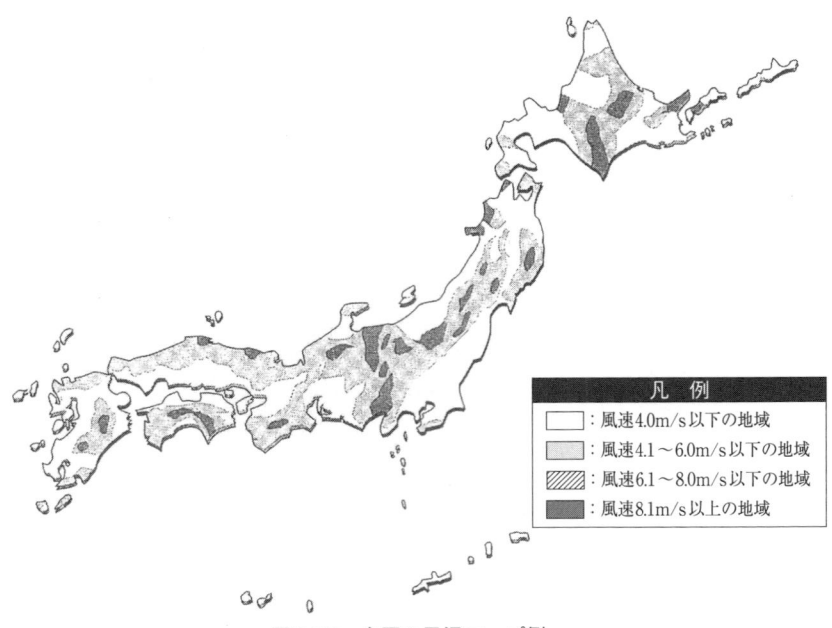

凡　例
: 風速4.0m/s以下の地域
: 風速4.1～6.0m/s以下の地域
: 風速6.1～8.0m/s以下の地域
: 風速8.1m/s以上の地域

**図2-33　全国の風況マップ例**
（出典：NEDO「風力発電ガイドブック」を参考に作成、2008）

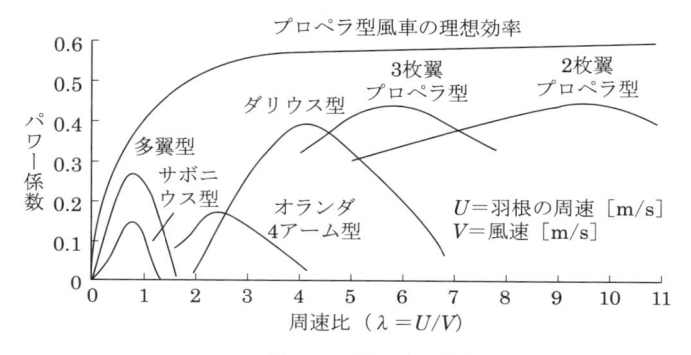

図2-34　風の力と回転
（出典：NEDO「風力発電ガイドブック」）

プがあるが[11-13]、最高効率は40％にも達する。垂直軸型風車はどの方向からの風に対しても向きを変えることなく回ることができる。発電風車の使用には風速6m/秒以上が必要で、さらに定格風速12〜15m/秒の日がある日数以上であることが設置の条件となっている。このような場所は風況マップとして公表されている。これを図2-33に示す。適地は少ない。しかし、風速4m/秒程度で発電機を回すことができれば、風力から多くの電力が得られる。これの実現には技術だけでなく新科学も必要である。日本からこのような科学と技術の出ることを期待したい。

　風の強さは地上からの高さと共に変わる。地表の凹凸が風の流れを邪魔するからである。風車が山の上や海上に設置される理由である。伝統風車を利用してきた地域もその適地といえる。

　風のエネルギーをどれだけ風車の回転エネルギーに変えられるのかをパワー係数とよぶ。風車のタイプとパワー係数の関係を図2-34に示す。高速回転で高いパワーが得られるのは2枚羽根と3枚羽根であることがわかる。これが風力発電装置に採用される理由である。

　風力発電は当初、採取エネルギー量が期待できないといわれていたが、羽根の材料や回転の滑らかさ、発電機の性能向上により、現在では図2-35に示すように各国で、かなりの発電量を得ている。欧米では全消費量の10％を、デンマークでは50％と目標が高く、原子力発電所廃止後の代替エネルギーとして有力視されている[14]。

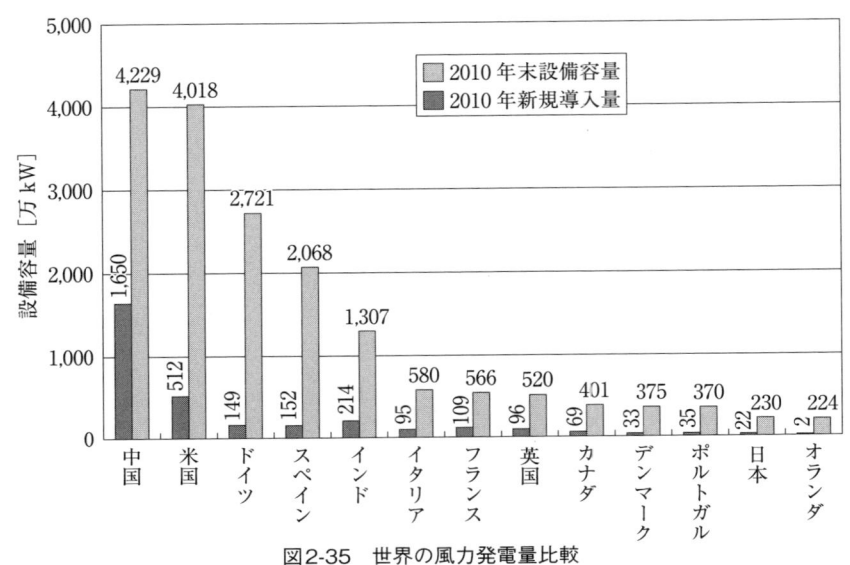

図2-35 世界の風力発電量比較
（出典：化学工学会編『図解新エネルギーのすべて』改訂第3版，工業調査会、2011）

《風力発電の利点と欠点》

利点：排気ガスや熱を放出しない。永続性がある。

欠点：羽根の回転音が騒音となる。景観をこわす可能性（ベルギー・ブルージュでは引き込み式の風車を採用して、世界遺産の景観を保っている）がある。

　風の力をエネルギーに変えるものに波力発電がある。その原理図を図2-36に示す。二つの空間を持つ容器を海上に浮かべると、内部で波の水面が上下動し、容器内の一方から他方へ空気が移動する。この時、両空間の境に羽根を据え付

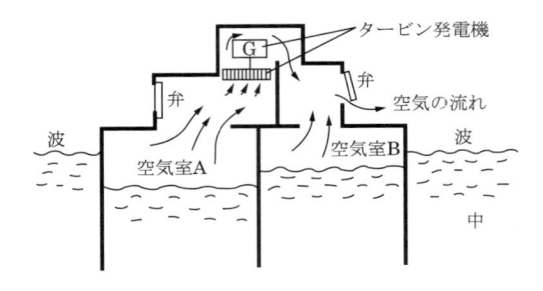

図2-36 波力発電の原理図

けると、これが回り発電機を駆動する。逆向きの風の流れは弁により羽根には届かない。

## 6-2 太陽電池[9, 15]

物質の性質を利用して太陽光を電流に変えるのが太陽電池だ。光は電気と磁気の波である。波の山から山までの距離を波長 $\lambda$、波が距離 $\lambda$ だけ進むのに必要な時間を周期 $T$、1秒間の山の繰り返しの回数を振動数 $f(=1/T)$ という。波の速さ $c$ は $f\lambda$ となり、波長 $\lambda$ はナノメータ（nm, $10^{-9}$ m）やミクロンメータ（nm, $10^{-6}$ m）で計られ、図2-37のように異なった名前で呼ばれる。

太陽光は図2-38のように紫外線から赤外線までの波長の光を含む。これを太陽光のスペクトルと呼ぶ。最大強度の波長域は可視光と呼ばれる領域で、波長

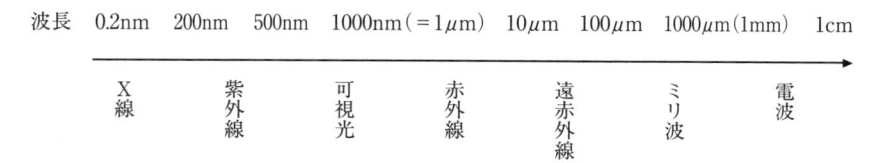

| 波長 | 0.2nm | 200nm | 500nm | 1000nm(=1μm) | 10μm | 100μm | 1000μm(1mm) | 1cm |
|---|---|---|---|---|---|---|---|---|
| | X線 | 紫外線 | 可視光 | 赤外線 | 遠赤外線 | ミリ波 | 電波 | |

図2-37 光の呼び名

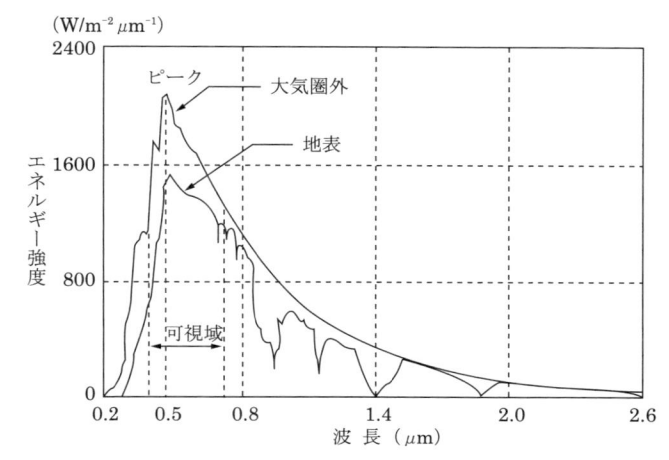

図2-38 太陽光線のスペクトル
（出典：『エネルギー科学大事典』講談社、1983）

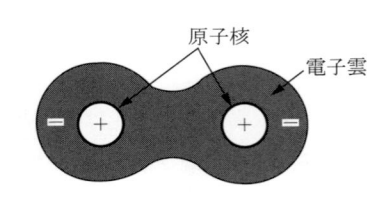

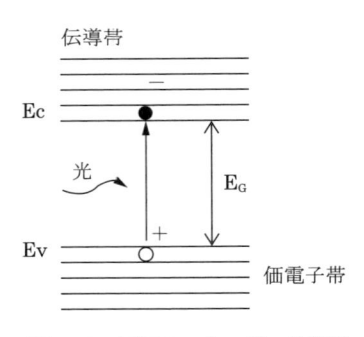

図2-39 物質中の電子　　　図2-40 電子のエネルギー状態図

500nm付近の光が太陽電池に有効利用される。

　一方、固体物質は図2-39のように陽イオンと陰イオンとが互いに結合して作られている。イオンの最外殻軌道の電子は適当なエネルギー状態となっている。この軌道の電子へ光が当たると、電子は高いエネルギー状態の軌道へ移る。これを電子が励起されたという。

　電子のエネルギー状態を図2-40に示す。励起される前の低いエネルギー状態を価電子帯、励起後の高いエネルギー状態を伝導帯という。価電子帯の頂点のエネルギー$Ev$と伝導帯の底のエネルギー$Ec$との差、$Ec-Ev(=E_G)$をバンドギャップという。$E_G$より大きなエネルギーの光が照射されると、価電子帯の電子は伝導帯へ上がり、移動が可能になる。この電子の移動が光電流と呼ばれる電流を生む。これを光伝導現象という。

　結晶中を動き回る電子を人に例えると、電子状態は図2-41のように図案化される。穴の底が価電子帯に、地上が伝導帯に、穴の深さがバンドギャップにそ

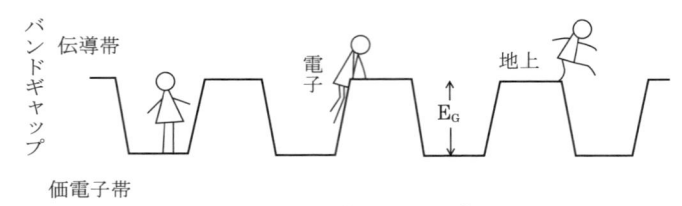

図2-41 人に例えた電子の動き

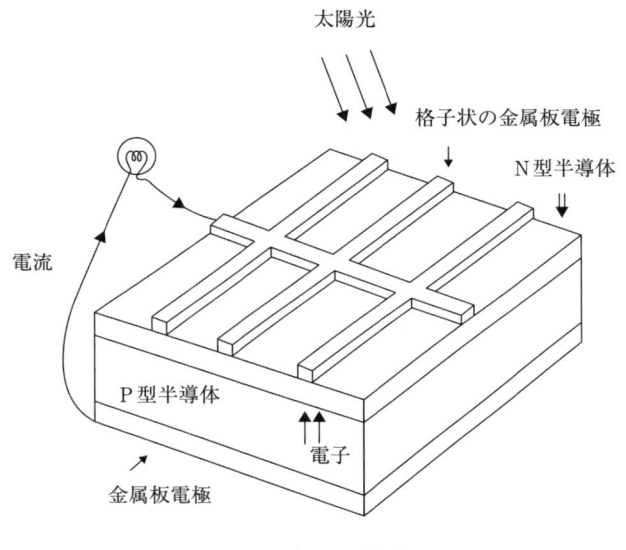

図2-42　太陽電池概念図

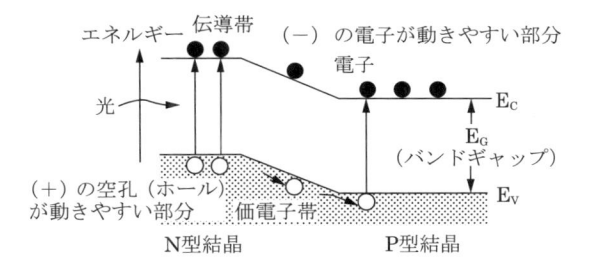

図2-43　PN接合された半導体

れぞれ対応する。人が穴の底から地上へはい上がる（電子が自由に動く）にはバンドギャップに相当するエネルギーが必要である。これが太陽光により電子に与えられる。$E_G$の大きさは太陽光のエネルギーと同じ程度であることが必要だ。半導体の$E_G$は丁度この条件を満たすので、太陽電池材料として用いられる。

　一定電流を得るためには伝導帯に励起された電子を決まった方向へ動かす必要がある。これは図2-42、2-43のように異なる種類の半導体を接合することで実現

される。一方の半導体は電子が余分に存在するN型半導体、もう一方は電子の抜け出た穴を持つP型半導体である。この穴をホール（あるいは正孔）といい、プラスの電気を持つ。N型半導体へ太陽光を当てると図2-42のように電子は価電子帯から伝導帯へ上がり、エネルギーの低いP型半導体の方へ移動する。一方、光励起で抜けた価電子帯の穴へは、接合部の電界によりP型半導体の電子が移り、正の電気の穴（ホール）がP型半導体へ移動する。この結果、両者を併せた大きさの電流が流れる。これが太陽電池である。

　太陽電池では電子のみが励起され、相変化は生じない。排ガスも無い。もし、ゴビ砂漠にこのパネルを並べると全世界のエネルギー需要をまかなえる[10]。

　太陽電池で利用される光は図2-38の可視域の光だけであり、エネルギー変換の実質効率は高々30％程度で余り高くはない。効率を高める技術競争が世界中で行われている。


6-3　生物（植物）の太陽エネルギー利用[7]

　植物が行う光合成は太陽電池の原理と似ている。図2-44に示すように、植物中のチラコイド膜に存在するクロロフィルへ光が照射されると細胞Aの電子は高いエネルギー状態へ上げられる。この電子はアデノシンサンリン酸等により細胞Bへ移動させられ、電流を作る。結果として、葉緑体中のクロロフィルは光から

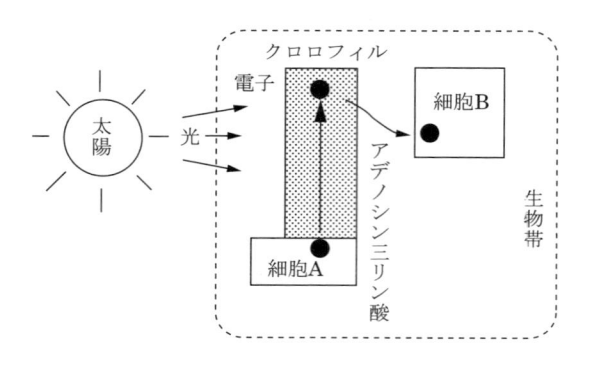

図2-44　クロロフィルによる光－電気変換模式図

478.5Kcalのエネルギーを取り、(2.8)式の反応で炭水化物（$CH_2O$）を作る。図2-43と図2-44の類似性に注目されたい。

$$2H_2O + 光 \rightarrow O_2 + 4H^+ + 4e^-$$
$$+)\ 4H^+ + 4e^- + CO_2 \rightarrow (CH_2O) + H_2O$$
$$2H_2O + CO_2 + 光 \rightarrow O_2 + (CH_2O) + H_2O \quad (2.9)$$

## 第7節　原子のエネルギー

原子からエネルギーを取り出す事ができる。まず原子の構造を知ろう。

### 7-1　原子核の構造[5, 8]

原子は図2-11のように、直径10nm（$= 10^{-8}$ m）程度で、原子核と電子から構成されている。さらに原子核は中性子と陽子が核力で強く結ばれて作られている[8]。同じ元素でも、核子の数の異なる元素は同位元素あるいは同位体（アイソトープ）と呼ばれる。核子16個（陽子8個＋中性子8個）を持つ酸素原子は$^{16}_{8}O$と書き、12個の核子を持つ炭素原子は$^{12}_{6}C$と書く。元素記号Cの左上は核子数を、左下には陽子数に等しい原子番号（周期表を参照）が示される。$^{13}_{6}C$は$^{12}_{6}C$の同位元素であり、陽子数は6だが中性子数はそれぞれ7個と6個であり、それぞれC13、C12と呼ばれる。原子核は構成陽子と中性子の総数が周期表に書かれている質量数だと安定だ。$^{238}_{92}U$では原子番号の92個が陽子、残りの238－92＝146個が中性子で、質量数は238である。この個数の比からはずれると原子核は不安定になり、放射線やベータ線、熱などを放出するようになる。この熱が燃料として用いられる。

1934年、ドイツの化学者オットーハーンはウランに中性子をぶつけ、バリウム（Ba）原子を観測した。その後、$^{235}U$に中性子を当てると核分裂が生じ、$^{56}Ba$と$^{36}Kr$、2～3ケの中性子、放射線、大量の熱などが発生することが明らか

になった。

## 7-2 原子核からのエネルギー獲得[8]

原子核が反応すると2-2の7）で述べたように、反応前後で質量の減少が生じ、これに見合ったエネルギーが放出される。このような質量が欠損する反応には次の二種類がある。

### （1）核分裂

ウランのような重い原子の原子核は不安定であり、図2-45のように、中性子nの入射による僅かなショックでジルコニューム（Zr）とセシウム（Cs）へと崩壊する。このとき飛び出した二つの中性子は近くの原子核に衝突し、これを崩壊する。以下、同様な崩壊を連鎖的に起こして図2-46のような雪崩的な分裂が生ずる。この連鎖反応の始まりを「臨界に達した」という。このとき莫大な熱エネルギーが連続的に放出される。

```
                ┌-----→ エネルギー   （U：ウラン   Zr：ジルコニウム   Cs：セシウム   n：中性子）
    U + n ┤
                └───→ Zr + Cs + 2n
```

図2-45　ウランの崩壊

$^{238}U$ と $^{235}U$ はウランの同位元素であり、前者は安定だが、後者は不安定で崩壊しやすい。今、陽子の数をZ、質量数（中性子の質量$m_n$と陽子の質量$m_p$を合わせた数）をAとすると、N個の中性子とZ個の陽子を合わせた質量Mは（$Zm_p + Nm_n$）となりそうだが、質量分析器によるMの測定値はこれより小さくなる。この減った質量、$\delta M [=(Zm_p + Nm_n) - M]$、はアインシュタインの関係に従う $\delta M \cdot c^2$ の大きさのエネルギーに変わる。$c$ は光の速さ（$=3 \times 10^8$m/秒）なので、エネルギーの量は極めて大きくなる。この反応をゆっくり行うように工夫されたのが原子炉である。

鉱山で産出するウラン鉱物は多くが $^{238}U$ であるが、原子力発電の原料は $^{235}U$

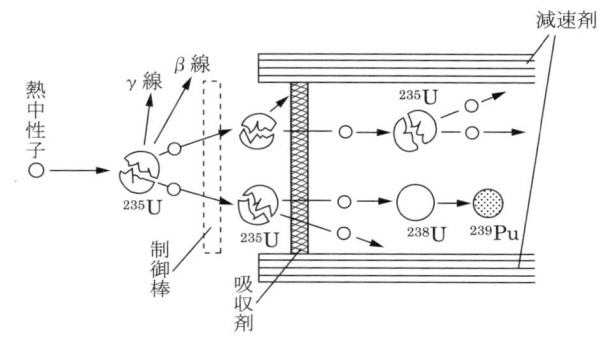

図2-46　ウラン²³⁵Uの核分裂連鎖反応

である。ウランに熱中性子を当て、²³⁵Uが連続して核反応を生じるには²³⁵Uの濃度を３～数十％にする必要がある。自然界には0.7％程度でしか存在しないので、ウラン燃料の濃縮が必要である。

　もし100％の核燃料（²³⁵Uまたはプルトニウム：²³⁹Pu）を使用し、火薬を用いてその体積を（1/100万）秒以内に圧縮すると、原子核の自触媒的分裂が完全に生じ、瞬時に反応する。これが原子爆弾である。原子炉で３～４年かけて燃やす量の熱、光、放射線が一度に放出される。


(2) 核分裂の大小と高速中性子、低速(熱)中性子[16]

　原子炉で用いられる中性子にはそのスピードから高速中性子と低速中性子（熱中性子とも呼ばれる）があり、生ずる現象が異なる。高速中性子は核分裂により秒速約２万kmで飛び出す。高速増殖炉で使用される。一方、低速中性子は高速中性子の速度を落として作られる。²³⁵Uや²³⁹Puとの相互作用が強く、核分裂の生ずる割合が大きい。低速中性子は効率よく²³⁵Uの核分裂を生ずるが、分裂直後の中性子は高速である。減速剤と呼ばれるある種の物質に衝突させ減速させてから、²³⁵Uに衝突させる。


(3) 核融合[8]

　ウランとは逆に、水素のような軽い元素の原子核をきわめて近づけると図2-47のような核の融合が生ずる。例えば、質量数８の原子の核二つを近づけると質

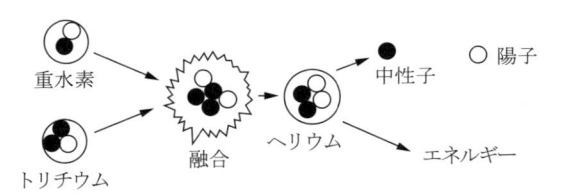

図2-47　核融合反応

量数16の核に変化する。この時、質量は質量数8の2倍より小さくなり、質量差はエネルギーとなって放出される。これをゆっくり行わせ、発生した大量の熱で蒸気タービンを動かすのが核融合炉である。

二つの核を近づけるには、イオン同士を衝突させる方法や、イオン、電子、中性子等がバラバラに存在する集合体（プラズマ）を作り、これを磁気力により互いに近づける方法が考えられている。また、核融合を生ずる物質を原子爆弾で囲み、爆発の勢いで核融合反応を生じさせると原子爆弾の約1,000倍のエネルギー量が放出される。これが水素爆弾である。

## 7-3　原子力発電システム

世界が高エネルギー生活を目指し始めた現在、大量に電気を得るために各国で原子力発電所が増加している。現在、25ヵ国以上で400基以上の原子炉が作動しているが、計画中のものも多い。原子力発電は図2-24に示されるように先進諸国では発電量の約30％の電力をまかなっており、発展途上国でもより簡便な発電装置として注目されている。以下にその原理を見る。

### （1）原子炉の構造[16, 17]

核分裂は原子炉と呼ばれる容器の中で行われ、図2-46のように中性子が炉の外へ飛び出さないようにパラフィン、水、黒鉛等の吸収材料で囲われている。また、ほう素（B）やカドミウム（Cd）のような吸収材料を用いて反応の速さが制御される。これが既に述べた減速剤で、中性子の減速には質量が同程度の水素原子が適しているので高密度でこれを持つ水がよく用いられる。

核反応で生ずる熱は水やガラス、Na溶液などの熱伝導体を通して外に取り出される。これを冷却剤と呼ぶ。加圧水型や沸騰水型の原子炉では水が用いられ、高速増殖炉では液体のナトリウムが用いられる。これらの原子炉を以下に示す。

(2) 沸騰水型（軽水型）原子炉（図2-48）

核分裂を持続させるのに低速の熱中性子を用い、核分裂反応で発生した熱で軽水（普通の水）を直接沸騰させ、蒸気（280℃、67Kg/cm$^2$）を作り、これをタービンの羽根にぶつけて回す。放射線を出す水が直接タービンの羽根に当たるので、羽根の傷みが速い。

蒸気タービンは図2-13に示されるように低温の熱浴へ熱を放出する。低温熱浴として海や川が利用されるので海水や川の水の温度上昇が懸念される。火力発電でも同じ現象が生ずる。図2-30から両発電は同じシステムであることが分かる。しかし、原料は石炭からウランへ、発熱は燃焼から核反応へ、排気ガスや排熱は放射性廃棄物と排熱に変わる。

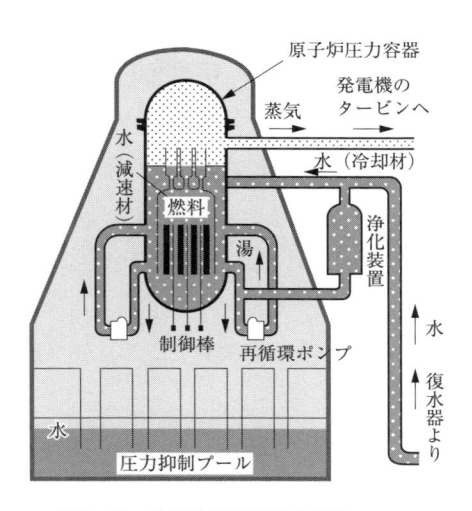

図2-48　沸騰水型原子炉の構造

## (3) 加圧水型原子炉（図2-49）

炉内の軽水に高い圧力を加え、核反応で発生した熱により高温高圧水（340℃、160kg/cm²程度）を作る。これをパイプの中に通して循環させる。これは1次冷却水といわれ、強い放射線により放射化している。高温になったパイプには外側から別の水を接触させ、沸騰水を得る。この蒸気でタービンを回し、発電機を動かす。この水は二次冷却水と呼ばれる。

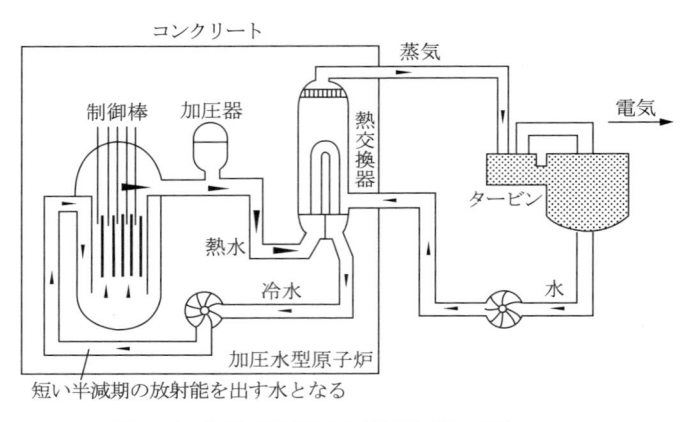

図2-49　加圧水型（軽水炉型）原子炉の構造

## (4) 増殖炉[8, 16]（図2-50）

高速の中性子を用い、$^{239}Pu$の核反応を利用する。原子炉ではウランの反応（ウラン・サイクルという）から次式の過程でプルトニウム（Pu）が得られる。

$$^{238}U \rightarrow {}^{239}U \rightarrow {}^{239}Np（ネプツニウム）\rightarrow {}^{239}Pu \rightarrow {}^{240}Pu \qquad (2.10)$$

一個の核分裂で2個以上の中性子が出るので、一個は連鎖反応の継続に、他の一個は$^{238}U$に吸収させ（2.10）の反応で$^{239}Pu$を得る。熱中性子による核分裂では2個の中性子は出せないが、高速中性子では2.23個の中性子が出るので、増殖が可能となる。しかし、建設時の高い経費、使用回数と共に増える不純物、このための再処理経費の高騰、経済性や廃棄物処理法、原爆製造への道など多

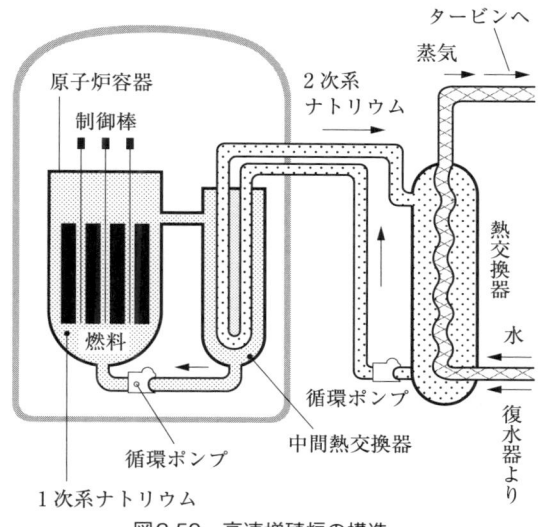

図2-50　高速増殖炉の構造

くの未解決の問題を抱えている。

　また、$^{239}$Puの濃度と中性子の密度は高いので発熱量密度が大きく、大量の熱エネルギーを外へ取り出す必要が出てくる。このために、比熱が大きく、沸点が高く、放射線に対して安定なナトリウムを冷却剤として使用する。しかし、ナトリウムは水との反応が強くタービン用水との厳格な遮蔽、融点以下にならないように100℃以上の保持、放射化しているナトリウムの完全密閉などの技術的

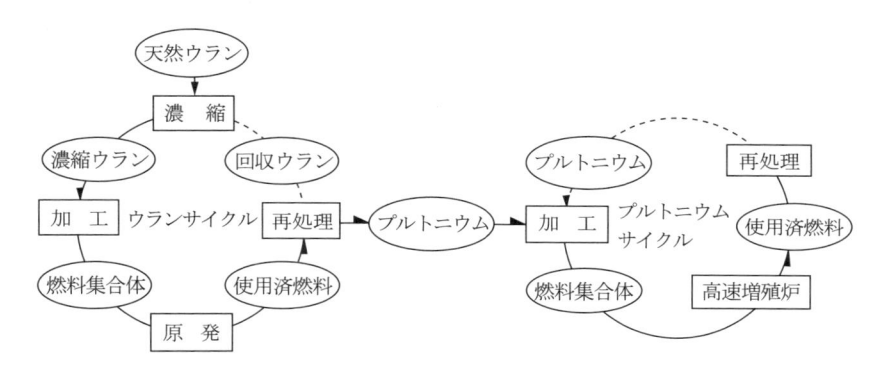

図2-51　燃料サイクル図

難しさがある。ナトリウムは100℃以下になると固化し、元に戻すことが大変なので、休止中でもこの温度に保つことが必要なのだ。

Puは使用済みウランの再処理からも得られる。増殖炉では燃料の$^{235}$Uにこの$^{239}$Puを新たに加えて用いる。したがって、図2-51のようにウラン・サイクルとプルトニウム・サイクルと呼ばれる二つのサイクルを組み合わせて動かす。増殖率は1.14〜1.15といわれ、2倍に増殖させるには60年程の時間を要する。

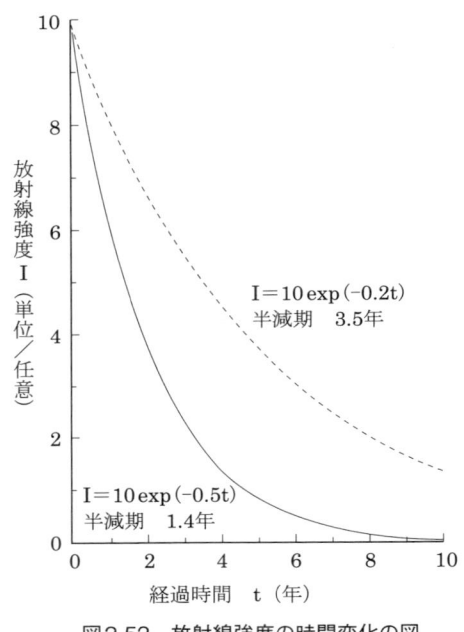

図2-52　放射線強度の時間変化の図

## 7-4　放射線の放出期間

　放射性廃棄物が出し続ける放射線の強さの変化は原子核の崩壊時間の長さで見積もられる。放射線強度は図2-52のように等比級数的に減少する。最初の1/2の強さになる迄の時間を崩壊の寿命の目安とし、これを半減期という。元素により1秒程度から何億年のものまでが存在する。図2-52の半減期1.4年の例では、その3倍の4.2年が経過しても尚10％程度の放射線強度を持っており、半減期以降の放射線強度の減少は小さい。長い半減期の例としては$^{238}$U（天然ウランでの含有率99.3％）の45億年、含有率0.7％の$^{232}$Thの139億年などがある。

## 7-5　原子力発電の利点、欠点[17]

《利点》

① エネルギー密度が高い：1gのウランで生じる質量変化で石炭3トン分、2500万kW時もの電力が得られる。この電力は25万軒の家庭が1カ月間使用できる量である。

② 酸素が不必要で、温暖化ガスの排出は極めて少ない。

《欠点》

① 核廃棄物の出現：核反応や濃縮過程で生ずる廃棄物は放射性廃棄物と呼ばれ、人体に有害な放射線を出し続ける。地中などに保管しなくてはならないが、方法が未確立であり、この取り扱いが原子力発電で解決できない最大の難点である。

② 処理方法の未確立：核分裂が進むと高レベル廃棄物［$^{238}$U、$^{239}$Puなど］と呼ばれる生成物が生じて$^{235}$Uの濃度は低下する。核分裂反応は減速してくるので、ある程度使用した核燃料は再処理して、使用可能部分と廃棄部分とに分ける必要がある。この再処理作業は周囲への放射能汚染の影響なしで行う方法が確立されていない。

③ 正常運転時の放射性物質の外界への放出：原子炉は正常運転時でも温排水や排気筒から放射性物質を出す。定期検査や保守作業時にもかなりの液体放射性廃棄物が放出される。世界の多くの原子炉が動くと、これらが積算され、地球上の放射線濃度を上げ、地球の放射化が進む。

④ 海や川の水の温度の上昇：タービンを冷やした水は温排水として排出される。100万kWの原発では周辺の海水より7℃高い水を毎秒約70トン（一級河川と同程度）放出し、周辺の生物に多くの悪影響を与えてきた。同じ影響は図2-30より火力発電所でも生ずることが分かる

## 7-6　再処理と核廃棄物処理

原子炉で一定時間（およそ3年間）核反応を生じさせると、燃料の濃度が

下がり、連鎖反応をしなくなる。これを使用済み燃料という。中身は核分裂しなかったウラン、$^{238}$Uから生じた$^{239}$Pu、核分裂生成物（半減期の長いものが多い）である。これらは放射線を長期間出し続ける。そこでこれらを使用可能な部分と使用できない部分に分ける。再処理の作業では核燃料として使用するウランとプルトニウムの加工、廃棄物として処分する形への加工を行う。

(1) 再処理上の注意点と問題点
　①化学的性質の違いを利用して分離するが、扱う物質は強い放射能を帯びているので全ての工程を隔離して行わなければならない。
　②作業中に$^{239}$Puの濃度がある値（臨界量という）以上に高まると核分裂連鎖反応が生じてしまうので注意が必要。
　③放射能が高いので微量な放射性物質まで精度良く分離する必要がある。結果として扱う分量が増える（2005年で1360トン）。
　④放射性気体の$^{85}$Krやトリチウムが多量に放出される。トリチウムは水と同じ化学的性質を持ち、体内に取り込まれる。固化した廃棄物は切断して処理するがこのとき放射性の$^{129}$Iや$^{131}$Iが放出される。

(2) 核廃棄物の処理
　原子力発電では図2-53に示されるように原子炉からの廃液や再処理で生ずる廃棄物、使用済み燃料などから様々な強さの放射線が放出される。さらに炉内の水中内の材料片や水あか、空気中のちり等、炉からの排液や排水からも1000倍程度強い放射線放出を伴う。放出は長時間に渡り、これがガンや白血病の増加、遺伝子の損傷など、次世代へ負の影響を増す。特に、Puは発ガン性が高く、原子爆弾への転用も可能で問題が多いとされている。安全な方法が確立されていないので、保管か投棄かの方法しかなく、地下500mの所での深地下保管が考えられている。しかし、地下水の腐食性や地質学的情報が乏しく、永続的安定性が不確かである。地下水の汚染を引き起こす可能性も指摘されている。弱い放射線を出す低レベル放射性廃棄物は海洋や湖,地中へ投棄される。
　図2-3の世界の各種エネルギー消費量の経年変化によれば、原子力発電は1980

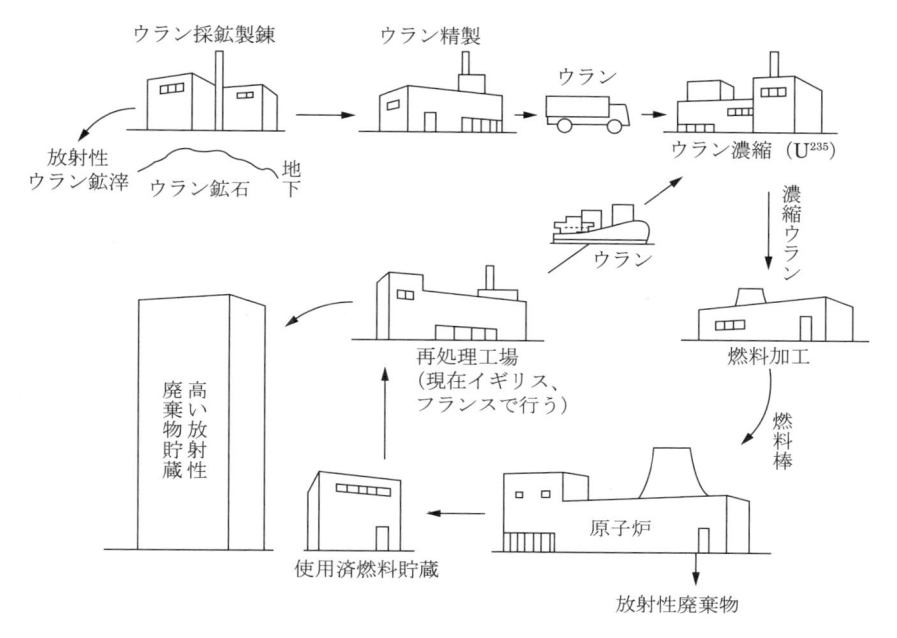

図2-53　原子力発電の工程

年頃から急増し、1990年頃からは頭打ちとなっている。その理由はスリーマイル島（1971年、米国）やチェルノブイリ（1986年、ソ連）の事故をきっかけとして原子力発電の見直しが生じたこと、放射性廃棄物の処理技術の未確立、事故発生確率の零の未達成等にある。

　一方、日本では福島の大規模爆発で周辺地域への多くの放射能物質の飛散、原子炉の冷却水の海への流失など広範囲に放射能汚染が生じた。しかし、日本では、一部の人たちの利益を目指した再稼働が優先され、科学的対処は十分には行われていない。国民の多くも経済優先であり、非科学的知見を共有している。途上国では増加するエネルギー供給対策として、原発を増加させる傾向にあり、日本のメーカーはこれに積極的に参加している。「二度あることは三度ある」や「木を見て森を見ず」、「人の噂も75日」などの言葉に日本人の非科学的特徴がうかがえる。このような国では安全を第一とする原発への対応は難しい。多くの人々への科学的教育が求められる。

7-7　核融合発電

次世代のエネルギー源として期待されてきたのが2-2の(3)の現象を利用した核融合発電である。重水素と三重水素(トリチウムと呼ぶ)の核融合反応を利用する。原料の水素は無尽蔵なので夢の発電といわれ、試験研究が国際協力の下で推進されつつある。しかし、熱伝達物質として用いるリチウム元素はウラン元素より僅かしか採取されず、加工には多量の石油エネルギーが使用される。また、核融合反応の触媒のトリチウムは天然には存在せず、放射性物質でもある。高温度下での反応を制御する技術も確立されていない等問題は多い。

## 第8節　注目されるエネルギー獲得技術と問題点

各国で用いている主要エネルギーは図2-24から熱機関の原料である石油、石炭、天然ガス、原子力であることがわかる。熱機関の利用による環境悪化や地球温暖化の促進が危惧される今、これらに代わる他のエネルギー獲得技術と環境への影響を見よう。

8-1　燃料電池[6, 18, 19]

(1) 液体燃料電池

図2-54に示すように、電解質溶液に白金や酸化チタンなどを浸すと、電気化学反応が生じ、図2-10のダニエル電池と同じ原理で水素や酸素などから電気を取り出すことができる。図2-54で水素ガスは白金の作用で水素イオンとなり、電子を一つ放出する。この電子が(-)極から(+)極へ流れていく。電子は白金の作用で酸素原子と結合し酸素イオンを作る。これらのイオンは電解質溶液に溶け込み、硫酸や水となる。

電極として2つの異なる金属を使用するのは一方向への電流を作るためである。原料ガスを供給する限りこの反応が続き、電流は流れ続ける。これが燃料

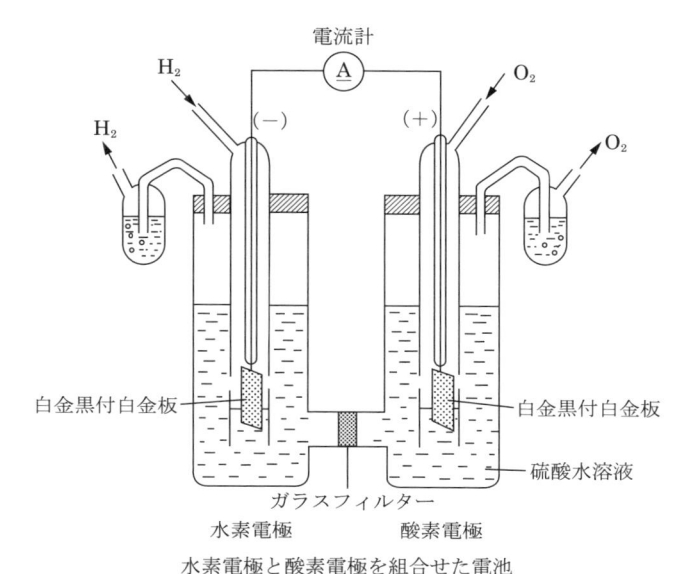

**図2-54 液体電解質の燃料電池**
(出典：米山宏『電気化学』大日本図書、1986)

と呼ばれる理由である。

## (2) 固体燃料電池

　最近注目されているのが固体電解質や固体電極を用いた固体燃料電池である。固体は液体に比べ密度が遙かに高いので小型で大電流が取れる。固体電池は図2-54の液体燃料電池の電解質溶液を固体電解質に変えただけで原理は同じだ。電池は図2-55のように陰極＋陽極＋固体電解質で構成される。原料のガス原子が電極部で電子をはぎ取られ、イオン化する。イオンは固体電解質中を移動し、電子は外部回路を通って電流を作る。水素ガスの原料では水素イオンは陽極上で大気中の酸素と結合し、水となる。このため環境への影響は小さい。

　高性能を得るためには電解質に電子が流れないことが必要である。燃料電池には次のような種類がある。燐酸型（工業用）、溶融炭酸塩型（大規模発電用）固体酸化物型（分散電源用）、固体高分子型（自動車、家庭用）など。

　問題点は原料の水素ガスをどのように得るのか、自動車に積む場合は原料の

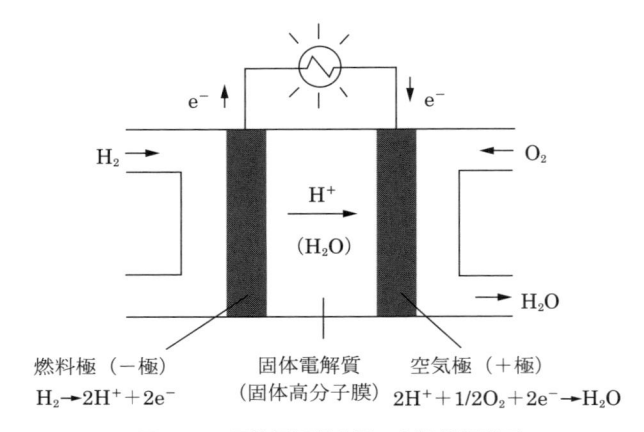

図2-55 固体電解質を用いた燃料電池図

水素ガスをどのように運ぶかなどである。自動車の水素ガス貯蔵は9-3に述べる。

原料水素の製造法の一つには、天然ガスやバイオマスから得る改質という形が考えられている。このとき余分なエネルギーが必要となったり、新たなガスが排出されるのでは意味がない。太陽光を用いてこれを行い得る方法の実用化が望まれる。以下に示す本田・藤島効果はその一つの可能性を示唆している。

(3) 本多・藤島効果[6)]

図2-56のように水中に入れた酸化チタンと白金を導線でつなぎ、チタンに太陽光を当てると酸素が発生し、白金からは水素が発生する。この現象は本多建

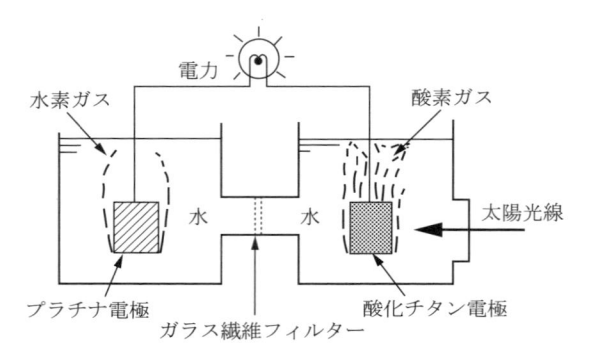

図2-56 本多・藤島効果

一と藤島昭により発見されたので、本多藤島効果といわれる。その機構は酸化チタン中の電子が光で励起され、この準位より少し低い水分子のエネルギー準位へ落ち、水を分解する。電子は励起されるだけで、チタンの相変化は無く、環境に影響を与えない。この現象は発生する水素ガスの量が少ないので、より大量に得られる原理やそれを満たす物質の探査が望まれる。

## 8-2 熱電素子[5]

2-3で学んだ光伝導現象は半導体で生ずるが、類似の電子励起が金属でも生ずる。異なる金属を図2-57のように接触させると、金属間の電気エネルギーの差により高温部と低温部のそれぞれの接点で電流が継続的に流れる。この現象をゼーベック効果といい、これを用いた素子を熱電対という。接点の体積を小さくできるので狭い場所の温度が電気的に測定でき、多用されている。

金属中の電子は図2-58のように小さなエネルギー差の状態で存在している。図2-58 (a) のように金属の両端に温度差を与えると、高いエネルギー状態（高温度$T_A$）の金属内電子は低いエネルギー状態（低温度$T_B$）へ動いて行き、電流を作る。この電流を熱起電力という。熱機関を用いずに温度差から電流を作る事ができる。しかし、低温部での電子の密度が高くなり、高温部では低くなると、この電位差と熱起電力がつり合うので電流はそれ以上は流れない。

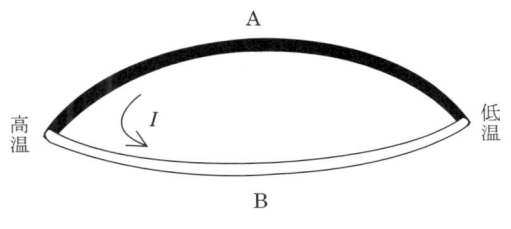

図2-57 熱電素子の図

逆に両端を接触させた2種類の金属A、Bに電界を加え、図2-58 (b) のように金属Bの電子を金属Aへ移動させると、Aに移動した電子は金属A、B間のエ

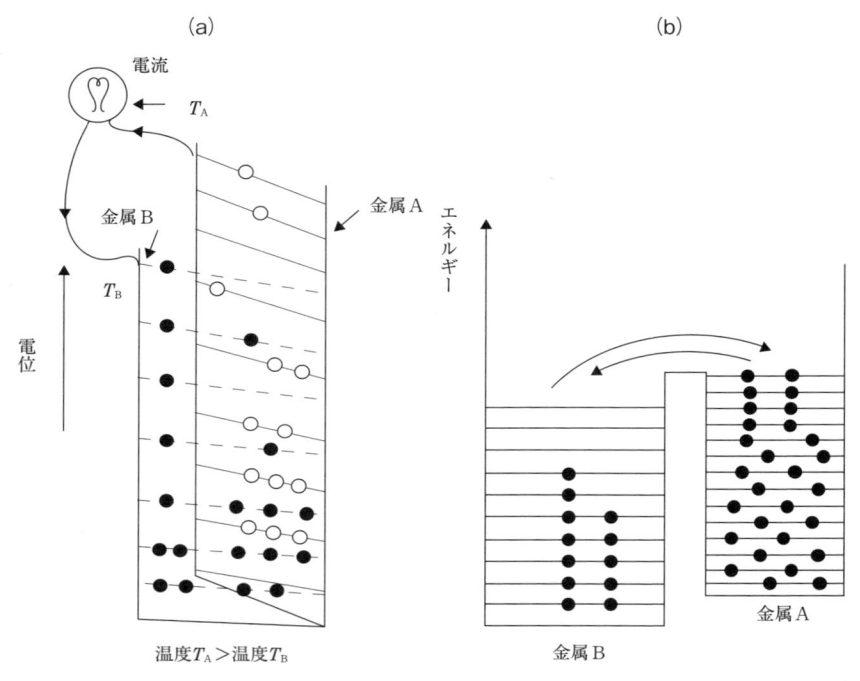

(a) 電流 $T_A$
金属B
金属A
エネルギー
$T_B$
電位
温度$T_A$ > 温度$T_B$

(b)
金属B
金属A

●：金属Bの電子　　○：金属Aの電子

図2-58　熱電素子の原理図

ネルギー差のエネルギーを必要とするので、接点で熱の吸収が生ずる。

　逆に図2-58 (b) に示すように金属AからBへ電子を移動させるとエネルギーが余る。これが熱の発生になる。これをペルチェ効果という。これらを用いると熱電素子に流す電流の向きを変えるだけで発熱と吸熱を実現できるので、冷却、加熱、空調機などとしてきわめて有効である。

## 8-3　バイオマス発電[3, 19)]

　バイオマスエネルギーとは動物・植物資源、汚泥や都市ゴミ、有機性産業廃棄物などから取り出せるエネルギーをいう。大別すると図2-59のように分類できる。その特徴は炭酸ガスの固定と再生可能エネルギーの2点にある。

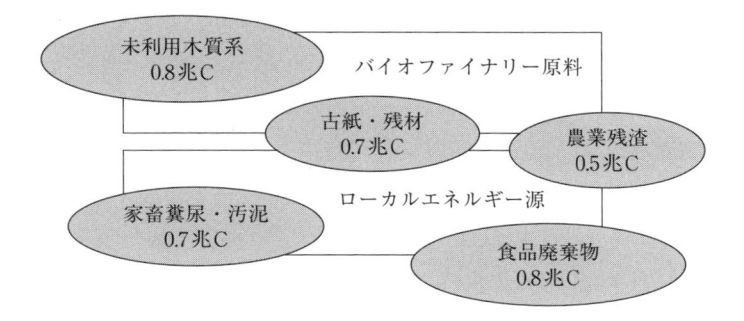

図中:
- 未利用木質系 0.8兆C
- 古紙・残材 0.7兆C
- 農業残渣 0.5兆C
- 家畜糞尿・汚泥 0.7兆C
- 食品廃棄物 0.8兆C
- バイオファイナリー原料
- ローカルエネルギー源

炭素換算トータル賦存量(3.5兆C)は天然ガスの輸入量(3.3兆C)に匹敵する（ただし、エネルギー換算では7割程度）。

（C＝炭素のこと）

図2-59　炭素換算での国内各種バイオマスの資源化エネルギー量
（出典：佐藤太英監修、中央研究所編『地球環境2004 – '05　第三部　電力』エネルギーフォーラム、2004）

$2H_2O + CO_2 + 光$
$\rightarrow O_2 + (CH_2O) + H_2O$

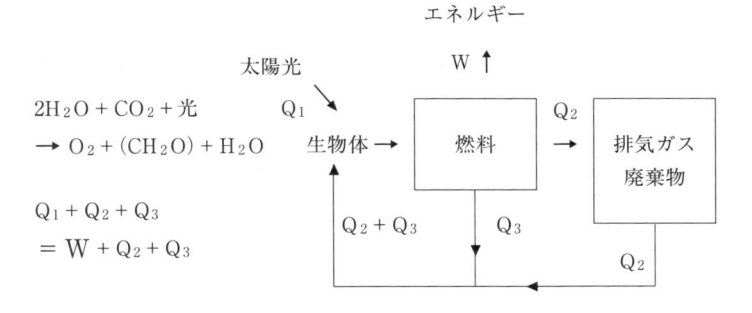

$Q_1 + Q_2 + Q_3$
$= W + Q_2 + Q_3$

図2-60　バイオマスのエネルギー循環図

## （1）再生可能エネルギーとしての側面

　バイオマスの利用方法は以下の2つに分けられる。第一は従来用いられてきた薪や炭、動物の糞、黒液（パルプの生産時に生ずる）燃料、バガス（サトウキビの絞りかす）燃料などで、燃料としての利用である。

　燃焼の方式としては①直接燃焼方式、②ペレット燃料方式、③バイオディーゼル燃料（植物油をアルコール類と一緒にしてディーゼルエンジンの燃料とする）などがある。これらは熱源として利用できるが、熱機関を使用すれば、熱エ

ネルギーの発生につながり、化石燃料と同じ負荷を環境に与えることになる。

　第二は熱分解蒸留（可燃性ガス）や発酵（メタン、アルコール）などでガスを取り出す方法である。余りエネルギーを用いないでこれを実現できれば、このガスは燃料電池の原料として利用でき、環境にやさしいエネルギー源となる。

　バイオマス・エネルギーは現時点では消費エネルギーの5％位であり、コストは高く、エネルギーの密度は小さい。しかし、エネルギー枯渇を遅らせる役目を担う点から、将来的にはこの種のエネルギーを大きく増やす必要がある。

　バイオマスが再生可能エネルギーといわれる原理を図2-60に示す。生物は(2.11)式に従い、炭酸ガス、水、太陽エネルギーからでんぷんを作る。これを燃焼させ、一部をエネルギーとして利用する。残りは排気ガスや廃棄物となるが、これらが再び、太陽エネルギーと水の助けで同じ量の生物体を構成すれば、燃焼により排出された炭酸ガスも循環系に取り込めたことになる。

$$2H_2O + CO_2 + 光 \rightarrow O_2 + (CH_2O) + H_2O \rightarrow \quad (2.11)$$

　実際には、燃焼させるまでに必要なエネルギー、肥料無しの低成長などのため、理想的循環系を実現する事は難しいが、この様な循環系を近似的にでも実現できればバイオマスは環境にやさしいエネルギー原料として価値が高まる。

## （2）炭酸ガス貯蔵の役割

　陸上植物は(2.11)式の光合成により、年間1,000億t程度の炭素を生物体内に取り込んでいる。その50％程度は呼吸作用により、残りは枯死などで大気中に戻る。このことは、植物中に$CO_2$が一時的に貯蔵されることになる。植物の燃焼で空気中に放出される炭酸ガスと同じ分量を吸い込むだけの植物を育てれば貯蔵状態が維持される。したがって、燃焼で放出される炭酸ガスが増えれば、それに見合って植物の量を増やす必要がある。そのための植物生育地域（エネルギープランテーションと呼ばれる）が求められる。

　森林が急速に減少すると、バイオマスから生ずる$CO_2$の貯蔵と放出の釣合は破れ、大気中への炭素放出がまさる。バイオマスといえども温暖化を促進する事になる。現実には、図2-61に見られるように森林の豊かな各地域での森林の

(100万 ha)

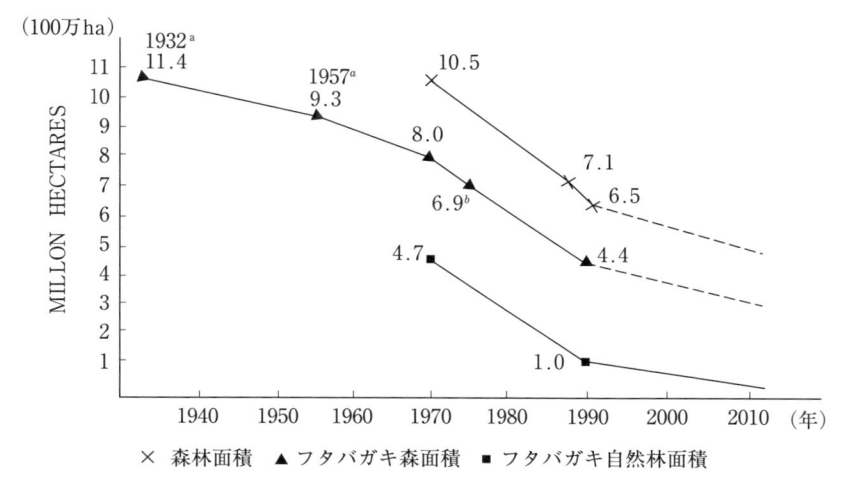

図2-61 フィリピンの森林面積の減少
(出典：フィリピン環境自然資源省「フィリピンの自然資源」)

× 森林面積　▲ フタバガキ森面積　■ フタバガキ自然林面積

減少が続いている。日本の都市でも緑地を宅地に変える政策を進める行政が多く、緑が極端に少なくなっているのが現状だ[18]。

## 8−4　地熱発電[19, 20]

　地熱発電の原理は、地熱で高温の蒸気を作り、タービンを回して発電機を動かす。実際には図2-62のように加圧した水を地中へ送り、地中の熱で高温にする。この熱水をパイプで地上に送り、パイプの周囲に水を循環させ、高温の蒸気を得てタービンを駆動し、発電機を回す。燃焼が伴わないので、大気汚染への影響は少ない。しかし、地中からの多量の長時間に渡る熱の摂取は周囲の熱平衡状態を破る可能性がある。また地中の有害物質が地表に拡散されることもあるので、慎重な調査が必要である。日本では図2-63に示すように北海道・森（50メガ・ワット、MW）、澄川（50MW）、葛根田（80MW）、柳津西山（65MW）、九州八丁原（110MW）などで大規模な発電を行っているが利用の割合はまだ低い。

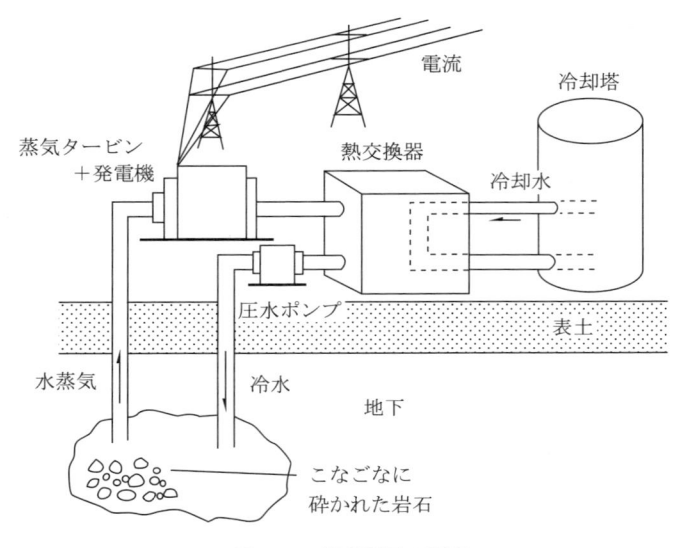

図2-62　地熱発電の原理

## 8-5　潮汐、潮流発電[19]

　月の引力と地球の重力を利用してエネルギーを採る事ができる。図2-64に示すように、川に堰を築造し、潮が満ちてきた時に堰の水門を開け、潮が引き始めたら水門を閉じて水ダメをつくる。この堰の一部に水力タービンを仕掛けて発電機を回す。フランスのランスでは大型の潮汐発電が行われている。

　潮の干満時には特定の地勢の場所では大きな潮流が生ずる。この流れを用いて発電機を回すのが潮流発電である。図2-65のようにスクリューを流れの中に設置し、その心棒に発電機をつないでこれを回す。川の流れでも同様な発電が可能である。四方を海に囲まれた日本が、この方面の技術のパイオニアになる事が望まれる。

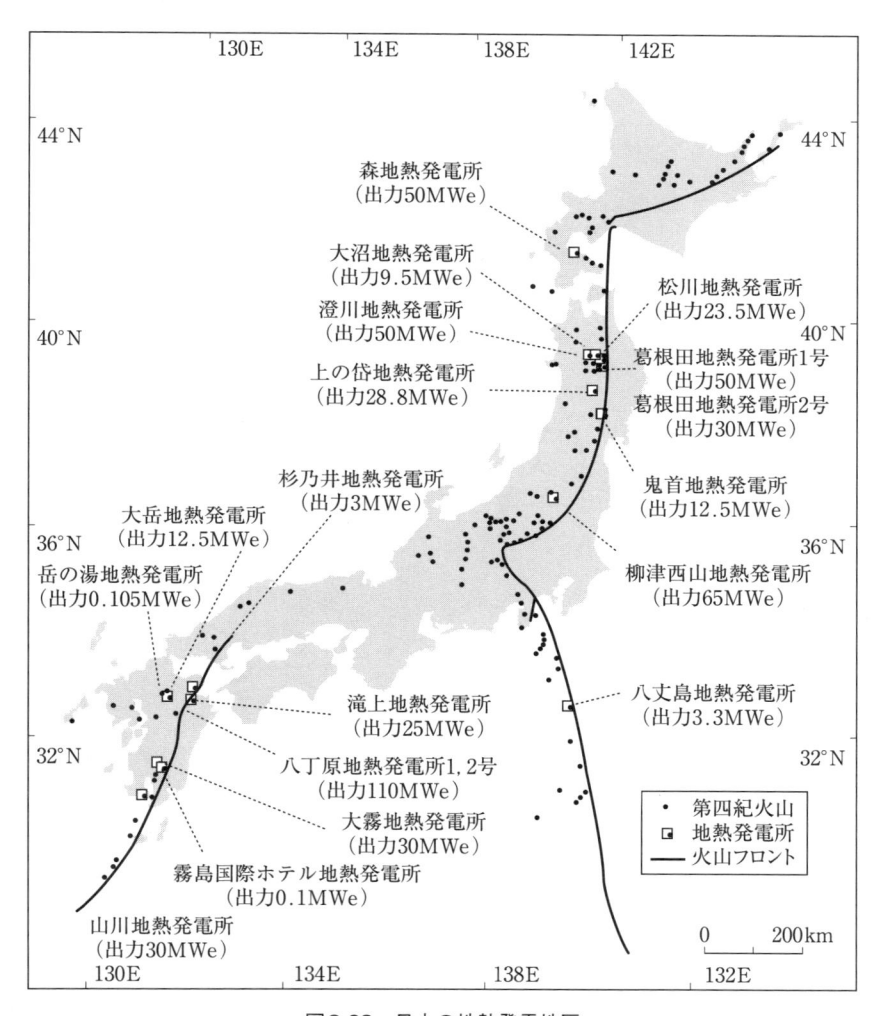

図2-63 日本の地熱発電地区
(出典:「地熱エンジニアリング」ホームページ)

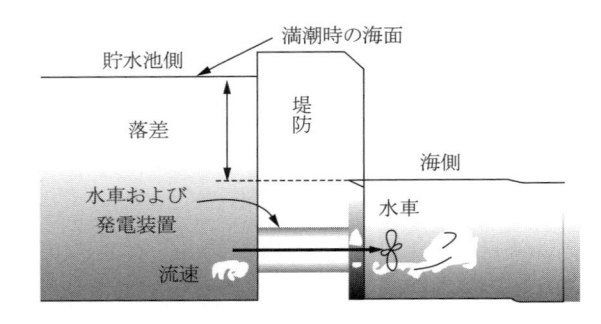

図2-64　潮汐発電の原理図

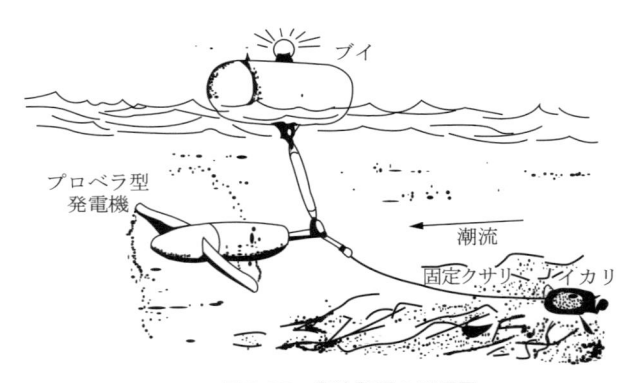

図2-65　潮流発電の原理図

## 8-6　海や川を利用した温度差発電[19]

　海や川の水面は太陽で照らされるので、深層部に比べて温度が高い。日本の周辺では海面で20℃、深層部で5℃程度だ。この表面と深層部との温度差を利用して図2-14の熱機関を働かそうというのが温度差発電である。その例を図2-66に示す。深層部の温度で液体、海面では気体となる物質を閉じた水路系に封入する。液体は水面部で気体になり、膨張した気体は海底の冷水で冷却された部屋へ噴出するので、タービン翼を動かすことができる。タービンを動かした気体は深層部へポンプで移され、冷やされて再び液体へ戻る。

　排気ガスは放出されないが、液体を暖める熱が海水面から奪われ、海面の温

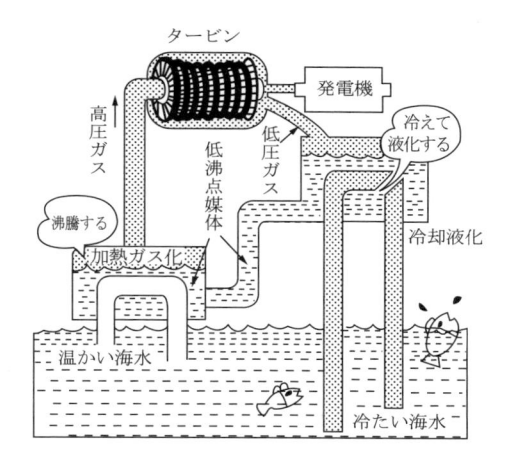

図2-66　海洋温度差発電

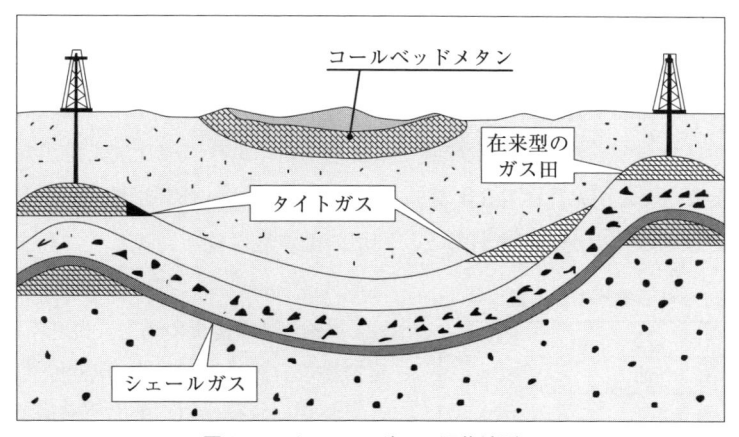

図2-67　シェールガスの埋蔵地形
（出典：米国地質調査所USGS資料より）

度が下がる。海の深層部の温度は逆に上昇する。このような装置を世界中で動かせば、海底と海面を熱的にかき回すことになり、海の温度分布が変わる。海水の温度上昇は南極や北極の氷の融解にもつながり、図2-5の海水面の上昇を加速することになる。

## 8-7 天然ガス[19, 21-23]

　天然ガスの主成分はメタン$CH_4$である。海中のプランクトンや陸上の動植物などの遺骸が堆積物中で発酵し、微生物や熱によって分解して作られたと考えられている。微生物分解起源のメタンと熱分解起源のメタンとがあり、前者は海底に溜まった有機物がバクテリアにより分解され、地層中に埋没し、これをメタノジンと呼ばれるメタン生成菌が食べることで生成される。このような微生物は海底下数mから数百mに生息し、大量のメタンを生成する。

　深度が増すと地層の温度が上がり、熱により分解された有機物がメタンを発生する。これが海底下、3000～4000mの石油根源岩に溜まり、数十万年から数百万年をかけて炭酸質岩や砂岩に移動し、従来型の天然ガスを作ったと考えられている。図2-67のように地中の隙間の多い岩石中の貯留層に集積され、パイプを入れると容易に噴出する。

　天然ガスは石油や石炭に変わる化石燃料といわれ、単位重量当たりの含有熱カロリーは石油や石炭より高い。水素含有率が高く、その分、二酸化炭素の発生比率は少ない。現在の発電装置では技術革新により二酸化炭素排出量は従来型石炭火力発電所に比べ1/3程度まで減らせる。また、燃料電池原料としての水素供給源への利用が実現されると、利用の優位性は益々高まる。これまでは輸送の大変さ、即ち、パイプラインの敷設や遠くに輸送する場合の液化天然ガス（LNG）製造装置設置、掘削地点の深さ、などにより、普及が遅れたが、需要の増加や技術開発とで世界の需要は急速に伸びている。

表2-2　化石燃料の$CO_2$排出量

| 石　　炭 | 100 |
|---|---|
| 石　　油 | 80 |
| 天然ガス | 50 |
| バイオメタノール | 40～65 |

　天然ガスの中でも最近注目されているのは非在来型天然ガスと呼ばれる一群で、タイトガス、コールベットメタン（CBM）、シェールガスに分けられ、図2-67のように地中に埋蔵されている。タイトガスは浸透率0.1md（ミリダルシー、$9.87 \times 10^{-16} m^2$）未満の砂岩に含まれる天然ガス、タイトガスは石炭層に吸着したメタン、シェールガスはタイトガスより浸透率が2桁以上低い泥岩の一種の頁岩（ケツガン、シェールという）に含まれる天然ガスである。

## 8-8　シェールガス[21, 22]

　シェールガスとは図2-67のように堅い頁岩（ケツガン）の岩盤層に含まれている天然ガスのことで、地下100mから数千mの深い層に存在する。天然ガスはこの層から逃げた20％程度の一部である。岩盤層の中にある天然ガスは取り出すのが難しかった。しかし、2000年頃に図2-68のように500〜1000気圧の高圧水で岩盤に割れ目を入れ、ここからガスを取り出す技術が開発された。使用する水の量は莫大だが窒素ガスと混ぜることで半減できる。

　岩石に割れ目をつくるのに水平破砕という方法が用いられる。水、酸、合成

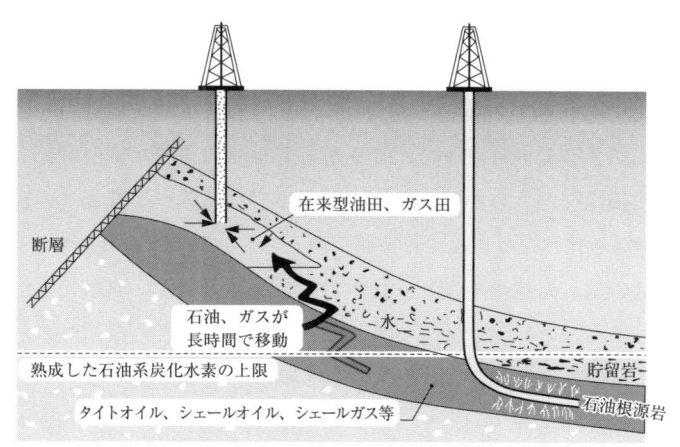

図2-68　シェールガスの採掘と回収
（出典：COGJ2012年より作成）

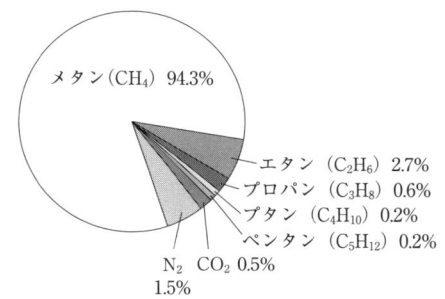

図2-69　シェールガスの成分
（出典：米国エネルギー省資料より作成）

メタン（$CH_4$）94.3％
エタン（$C_2H_6$）2.7％
プロパン（$C_3H_8$）0.6％
ブタン（$C_4H_{10}$）0.2％
ペンタン（$C_5H_{12}$）0.2％
$N_2$ 1.5％
$CO_2$ 0.5％

化合物からなる液体に高圧をかけ、一緒に混ぜた砂の粒子を圧入、保持させ、圧力を除いた後も割れ目が閉じないようにしている。

シェールガスの存在は中国、米国、アルゼンチン、メキシコ、南アフリカに多く、特に長大な川の下流域に多く見られる。アメリカでは安いコストで大量にガスを取り出す技術を開発し、2007年に400億$m^3$だったものが2010年には1380億$m^3$にも増え、ガス生産量の23％を占めるまでになった。現在、天然ガスの生産量で世界一である。

世界での埋蔵量は717兆$m^3$で、技術的に地上へ取り出せるのは188兆$m^3$程度といわれている。2008年の天然ガス消費量は3兆$m^3$なので60年間程利用できることになるが、今後の調査でさらに増える可能性もある。

**シェールガスの特徴と問題点**

シェールガスによる発電は約6円で太陽電池の42円買い取り価格と比べるとコストが大幅に安い。しかし、燃焼への利用では廃熱や炭酸ガスの排気ガスが生じ、地球温暖化へ寄与する。特に価格が安いことはいろいろな弊害を含む。安価故の大量使用、自然エネルギー利用の開発意欲の減退、経済の活性化による環境問題への寄与の増大など。一方、利点としては代替石油製品の製造や燃料電池原料への変換の可能性などが上げられる。

## 8-9　メタンハイドレート、重油類[19, 22]

メタン・ハイドレート（$CH_4 \cdot 5.75H_2O$）は8-7で述べたように天然ガスの一種で、主成分のメタンが適当な温度と圧力のもとで水分子と結合してできた。図2-70の構造をしている。一般に五画十二面体の籠の中に他の物質が入り込んだ物はガス・ハイドレートといわれ、メタンの他、プロパンやエタンも入る。メタンが入ると安定化し、メタン・ハイドレートと呼ばれる。地層中の天然ガスハイドレートの95％以上がメタン・ハイドレートだ。これは温度と圧力に非常に敏感で、図2-71のように状態を変える。一気圧なら−80度以下、0度なら23気圧以上の状態で存在する。このようなメタン・ハイドレートは図2-72のように凍

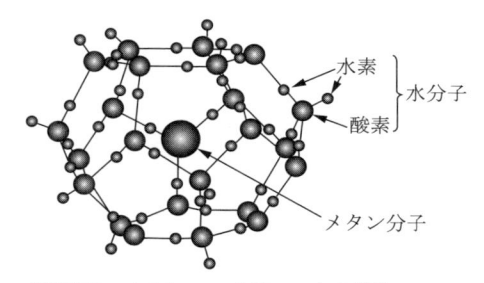

図2-70 メタン・ハイドレートの構造
（出典：資源エネルギー庁ホームページ　http://www.enecho.meti.go.jp/）

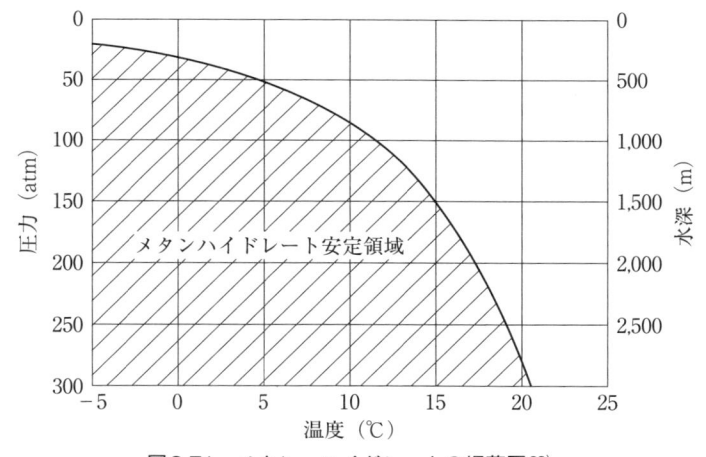

図2-71 メタン・ハイドレートの埋蔵図[22]

土の下部や深層の海底などに大量に分布している。日本近海では静岡沖から紀伊半島・四国沖を経て九州東部沖までの南海トラフの海底35000km$^3$の範囲に分布しており、排他的経済水域では日本の年間天然ガス使用量の100年分以上にもなるという。

　メタン・ハイドレートは燃焼の他、含有水素が多いので燃料電池の原料としても期待される。燃焼の利用では水素が多い分、炭酸ガスの排出量は少なく、石炭や石油より有利だ。しかし、深層部からの採取は地球の安定状態を攪乱することになり、周辺や海水への悪影響が懸念される。

　これと類似の燃料として埋蔵量が膨大なオリノコ超重油や黒液などがある。オ

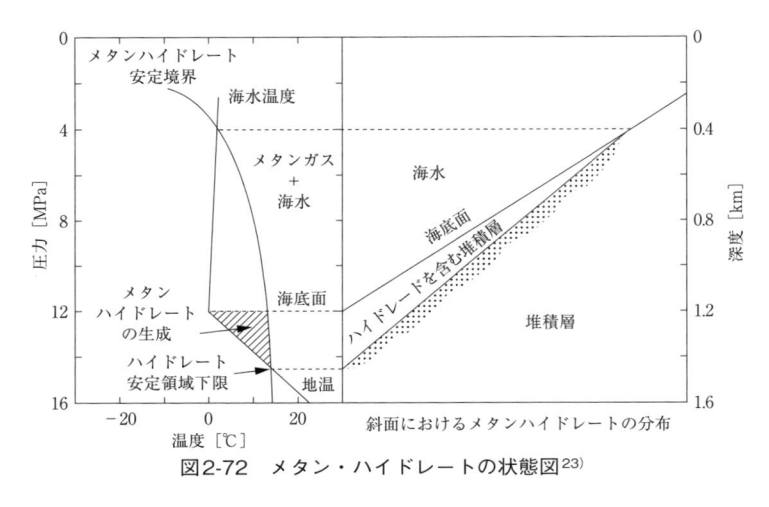

図2-72 メタン・ハイドレートの状態図[23]

リノコ超重油は重油を越える粘度や不純物を含むなどの問題があるが技術的に解決の方向にある。黒液は製紙時に木材から分離される液体であり、使用されるエネルギーの28％がこれに当たるという。バイオマスの一種で、これからエネルギーを取ることも考えられている。

## 8-10 廃棄物のエネルギー[19]

多くの物体は原料にエネルギーを加えて作られている。したがって廃棄物といえどもエネルギーを持っている。これを取り出して利用するのが廃棄物のエネルギーである。高度経済社会では廃棄物の量が極めて多い。日本では資源投入量は下記のような内訳で[16]、2.9億tが廃棄物となっている。

日本の資源投入量＝年間採取量11.2億t＋輸入資源7.1億t
　　　　　　　　＋リサイクル資源2.3億t＋製品輸入0.7億t＝21.3億t

これらは一般廃棄物と産業廃棄物とに分けられるが、下記のような方法で処理されている。詳しくは第6章を参考にされたい。

①エネルギー資源として再利用（例えば、ごみの焼却では排熱を電力、蒸気、

温水などで利用する。また廃棄プラスチックは固形燃料化してエネルギー原料とする。製鉄に於け還元剤としても利用される)。
②有害物質を含まない場合は埋め立てる。
③有機物が多いものは焼却＋埋め立て。

## 第9節　エネルギー利用技術の今と未来

　これまでの結果から、各種のエネルギー獲得法の環境への影響の良悪を判定できる。4節に述べたようにエネルギーの供給地を地球の外部と内部とに分けると、地球の外から定常的に到達する太陽光と月の引力のエネルギーは利用の有無にかかわらず地表に届くので、環境への負荷は生じない。一方、地球内部から取る化石燃料や原子力燃料等は熱機関へ使用されると、環境悪化の重要な原因になる。

　本節では上記の判定結果を土台に、環境悪化を引き起こした科学技術の歴史と悪化の根本的原因とに注目し、地球温暖化や環境悪化を食い止める抜本的対応を考える。

### 9-1　物質の持つ性質の有用性
　　　（高度技術により利用可能となった科学技術）

　6節や8節で見たように、物質中の電子励起や化学変化などを用いると、太陽光や熱を電気や力学的エネルギーへ変換でき、環境に負荷は与えない。半導体なら太陽電池、金属なら熱電素子、さらに気体原子や分子をイオンに変え、そのとき生じた電子を電流として取り出す燃料電池などが該当する。一方、燃焼反応は分子反応であり、分子の種類や配列が変化する。このとき熱エネルギーの発生や吸収が起きる。また、原子は原子核の反応により異なった元素に変わり、同様に原子核の質量が減少する。この時、7-4で示した大量の熱エネルギーと同時に放射線も放出される。この核反応は、自然界では生じ難いが、人類

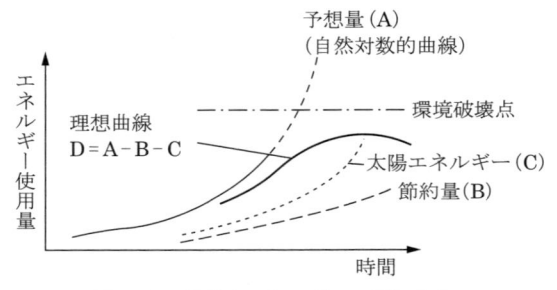

図2-73　目指すエネルギーの経年変化
(出典：IPPC)

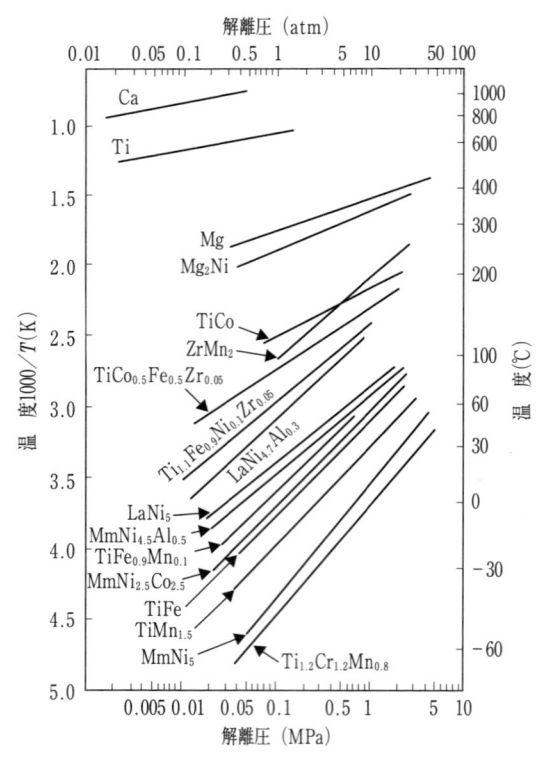

図2-74　水素吸蔵合金の解離圧と温度の関係
(出典：大角泰章、2002、水素エネルギー利用技術)

は、科学的研究によりこれを生じさせることに成功した。

　以上から、物質の変化（分子反応）を利用したエネルギー獲得は環境悪化に結び付き、電子励起のような物質の変化を伴わない方法は環境にやさしいといえる。これまで紹介したエネルギー獲得の方法の環境安全度は表2-1に示される。この表よりエネルギー供給が永続的であるためには地球外のエネルギー源から直接エネルギーを取ること、熱機関なしで発電機を回す水力、風力、波力等の方法、電子励起による熱電素子、太陽電池や燃料電池が適していることがはっきりした。

　図2-73にIPPC（気候変動に関する政府間パネル）の目指す「抑制政策シナリオ」に従った各種エネルギー消費量曲線を示す。将来の目標として太陽エネルギーとバイオマス利用の比重の高まりが特徴である。後者では燃焼によらない利用が必要だ。これらの点で電子励起を利用した物質の性質の研究が望まれる。

　その一つとして金属を用いた水素ガスの貯蔵がある。この技術をみよう。

### 水素吸蔵合金 [18, 24]

　水素を原料とする燃料電池を用いる場合には、水素の安全な貯蔵が大きな課題だ。この方法には、圧縮水素ガス、液体水素、水素吸蔵合金などが考えられているが、水素吸蔵合金が安全の点で優れている。LaNi, TiFeなどの金属は図2-74に示すように、圧力差や温度により水素を出したり吸い込んだりするので、温度や圧力を変えることで排出や吸引の状態が変えられる。グラフに示すように、多種類の金属合金がこのような性質を示し、吸蔵密度は気体や液体より高い。

　次のような長所がある。①大気圧中の標準状態（0℃, 0.1Mpa）の水素の1,000倍の水素密度を吸蔵できる、②常温、常圧での取り扱いが容易、③安全性が高い、④主として熱で水素の出し入れができ、そのスピードも速い、⑤長期保存が可能などである。

## 9-2 技術理念の重要性

地球温暖化や環境汚染の問題は、いずれも西洋科学技術が関係している。ここではその理由を考えよう。西洋科学技術の特徴として最大値追求、対症療法的思考、人間中心主義（レネッサンス）の三つを上げたい。

最大値の追求が環境に負荷を与える例としては、巨大風車による発電、巨大ダムの水力発電、巨大ビルなどが上げられる。いずれも周囲の生態系への影響が問題となっている。また、高効率の動力機関であるセラミックスエンジンや高速の超伝導磁石式推進船なども、大量のエネルギー消費や高温度の排熱の問題が予想される。

対症療法的技術思考の例として、電波や光を用いた宇宙からのエネルギー供給によるエネルギー原料枯渇問題解決法を挙げる。この方法でエネルギーは確かに供給されるが、大量のエネルギー移入は4節で見た様に、地球の温度上昇につながる可能性が強い。地球の安定は宇宙からの準孤立定常状態が条件である事を忘れてはならないだろう。もう一つの例として炭酸ガスの地中への貯蔵技術を見てみよう。この方法は目先、地表の炭酸ガスの量を少なくはするが、排出を減らすわけではないので、抜本的な解決にはならない。以下にこの方法と問題点を述べる。

### 炭酸ガスの地中への貯蔵技術[25]

炭酸ガスの発生は、炭素を含む物質の燃焼（人間活動によるものが大部分）、動植物の呼吸、微生物の分解、火山活動（地中にあったガスの放出）などにある。一方、炭酸ガスの吸収や貯蔵は植物の生長や海水への溶解により行われる。放出が吸収を上回れば、大気中に炭酸ガスが増える。炭酸ガス（$CO_2$）の効果は、地球温暖化促進の他、植物の生長増進、生物の呼吸障害（3%濃度でめまいや吐き気などが予想されるが、現在は大気中に0.028%ほど）などがある。炭酸ガスは図2-75のように、気体（炭酸ガス）、固体（ドライアイス、常圧下：－79℃以下）、液体（炭酸水）で存在する。地中では圧力が加わるので、図2-75の超臨界状態での存在も可能だ。

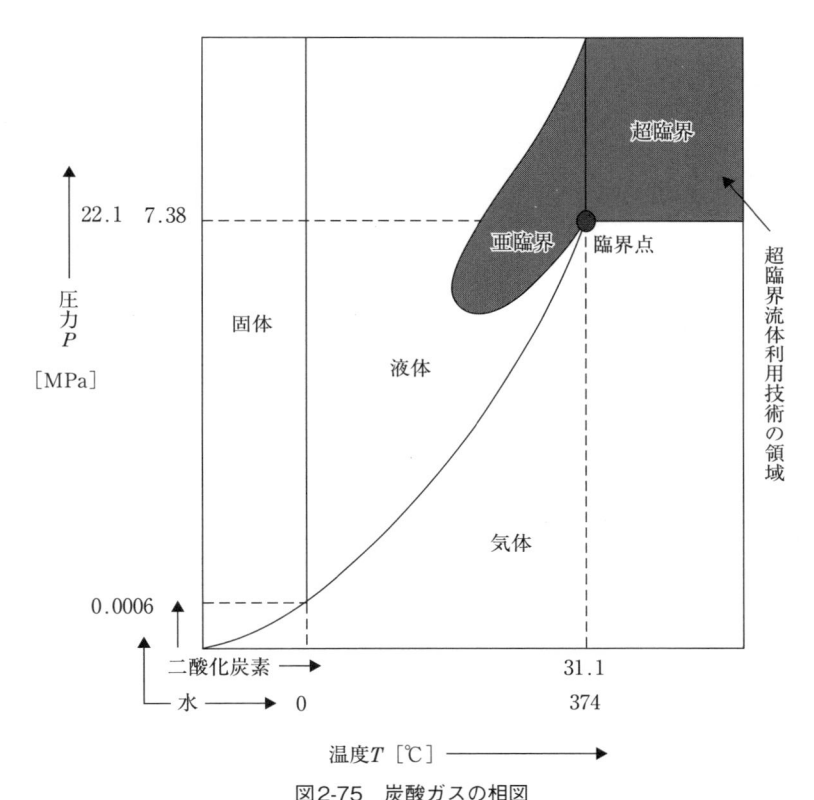

図2-75　炭酸ガスの相図
(出典:「$CO_2$貯留テクノロジー」2006、地球環境産業技術研究機構編、工業調査会)

　大気中に増えた炭酸ガスを地中への貯蔵で減らすためには、大量の貯蔵量が必要だ。このため、高密度で押し込めやすい状態を作る必要がある。この両方の条件を満たすのが液体のように高い密度で気体のように流動しやすい図に示される超臨界状態だ。

　さらに、押し込める先の地中の地質はガスを貯められる状態にあることが必要だ。図2-76のように、浸透性のある多孔質の岩石(砂岩、火山砕屑岩、火山岩など)、堆積盆地にある油田、ガス田、炭層等が適している。

　$CO_2$貯蔵の方法は次の手順で行われる。

　①$CO_2$の回収・分離(例:溶液や固体の吸着剤を用いて、吸着や化学反応により炭酸ガスを回収、後にこれらの温度や圧力を変えて$CO_2$を分離する)。②分

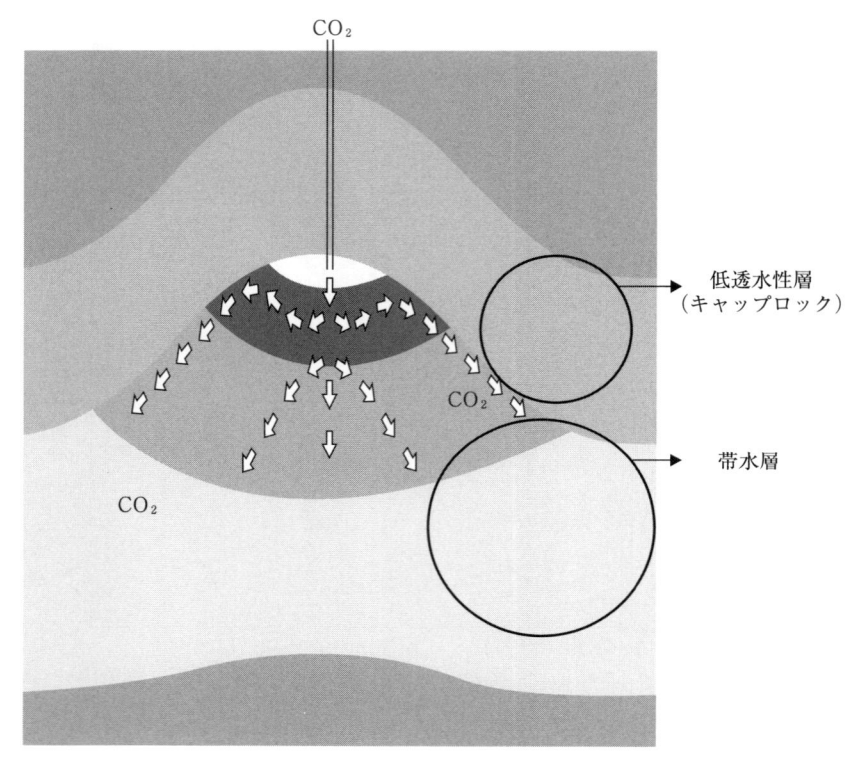

図2-76　炭酸ガス貯蔵の地質の条件
（出典：「CO₂貯留テクノロジー」2006、地球環境産業技術研究機構編、工業調査会）

離した$CO_2$を上記の条件を満たす適地へ圧縮注入する。

　この方法だと炭酸ガスを出し続けて、80年位は機能するという。しかし、次の問題点が考えられる。

　①80年以降はどうするのか？　②これが実現すると炭酸ガスを出してもよいことになり、炭酸ガスを出さない技術の発展や生活スタイルへの取り組みなどが停滞する。③地中の炭酸ガスの再放出の可能性。④地中の炭酸ガスが周囲に及ぼす影響の不確定性。⑤各工程の作業に必要なエネルギー量が、押し込める以上の炭酸ガスを放出してしまう可能性。⑥大きなコスト。

## 9-3 人間中心主義とアジアの技術文化の重要性

　ヨーロッパ文明は科学技術により未知の自然現象を解き明かした。この成果を基礎に、人間の都合で自然を変えてきた。より速く、より大量にと技術を先鋭化し、新しい技術製品を作り出した。機械の発明や科学技術の進歩は便利な生活を多くの人々に与えたが、その結果として、図2-1や図2-3に見られるような急激なエネルギー消費生活に進み、図2-2、図2-5や図2-61のような環境悪化を生んだ（水質や生態系への影響については、第1、3、4章参照）。

　一方、アジアの伝統的生活様式は、自然を利用することであった。このことは必ずしも自然科学的ではないが環境への急激かつ甚大な影響を与えることは少なかった。例えば、日本では、蚊取り線香や蚊帳を用いて、蚊を殺さずに排除し、自然の生態系を維持してきた。西洋では殺虫剤で殺してしまう。西洋の方法では虫は居なくなるが、これを餌にしていた多くの昆虫や鳥も悪影響を受ける。結果として人間も被害を被る環境悪化が生ずる。

　最近の遺伝子操作による、虫の付かない野菜や死んだ動物からの細胞培養、時間を超えた生殖などの発想や実現化も人間中心主義の流れの中にあり、将来の大きな環境破壊、自然破壊につながって行くことは明らかである。また、世界中で使用されてきた動力源の水車では、ヨーロッパの人々が回転運動の機械を工夫し、高速回転、大出力、大量生産を目指して産業を進化させ、産業革命につなげた。しかし、これは地球温暖化や自然破壊につながってしまった。日本の在来水車は重力を利用した上下運動で仕事を行い、スピードは上げられなかったが、環境への悪影響は小さかった[26]。

　このような例から、21世紀には、これまで考えられてきたヨーロッパ型の技術思考を別の技術理念で補正することが必要だ。この候補として日本型技術思考と総合科学的思考が重要と考えられる。その証拠として、日本の伝統技術思考を土台として開発されたハイテク製品を示すことができる。例えば、シック・ハウス症候群の多くは揮発性塗料により誘発されるが、日本の漆は水分を吸い込んで固化する。この原理を応用して揮発性でない塗料が作られている。また、自動車の摺動部には長い繊維を生かした和紙が従来のプラスチック系樹脂に変わ

って利用されている。使用後の処理が容易である。このような方向を世界に広める意味で技術立国を自称する日本の果たす役割は大きい。

　総合科学的な例として、雨が降らない場合への対処の仕方を見たい。日本では雨乞いを行ったが、西洋科学技術では臭化銀の微粒子を空中散布し、これを核として雨粒を作る。雨の降った後、臭化銀は地中へ入り、生態系に悪影響を及ぼす。日本の伝統的方法は雨を請う農民の気持ちを静め、雨が降らなければ、仕方ないとして自然に従う。自然科学的ではないが、自然を壊さず、人々の感情を取り込み、自然環境を維持する総合科学的方法といえる。

---

**考えよう２：西洋科学技術による「場所と時間軸」破壊の恐怖**

　地球温暖化は場所の温度分布の安定性を破り、結果として、春夏秋冬の寒暖の繰り返し（時間的安定性）が破られる。季節に従って成長する動物や植物は成長の順番がくずれてしまう。

　私の研究室の窓辺にあるツタは冬には枯れ、春に芽を出す。このとき、この芽を餌にして毛虫が大量に発生する。しかし、その後芽は再び出て来る。毛虫は既に蝶になっているので芽はそのまま成長できる。この繰り返しが何十年も続いていたが、この４、５年、温暖化で芽の出てくる時期が早まった。毛虫が出てくる時、芽は既に成長し堅くなっている。毛虫はこれを食することができない。毛虫は４年前から急に見られなくなった。芽を出す時間と毛虫の孵化する時間のずれがこの結果を生んだのだ。時間と場所は互いに密接に関係している。動物や植物は時間に合わせて生き、死んでいく。今、この順序を破る目的で遺伝子操作や細胞培養が行われている。生物や自然現象は複雑でまだ科学で解明できるのはほんの一部だ。原理が分からない技術だけを進行させる人類は、後戻りできない自然破壊者のレッテルを貼られることになりそうだ。研究者や関係者の技術理念の確立が必要であろう。

## 9−4 環境悪化を防ぐ将来への指針

エネルギーから見た環境悪化の根本原因は以下のように整理できる。

環境悪化＝(1) 自然の摂理に反する生活（人間中心主義）＋(2) 人工エネルギーの無節操な使用（対症療法的技術思考）＋(3) 経済効率第一の生産方式（最大値追求）

太陽エネルギーの有効利用や新しい科学技術による動力機関の効率の上昇は上式の(2)の項を小さくする。環境保全の観点から(3)と(1)に対する環境への影響の自己認識が必要である。以下にその具体策を考えよう。

エネルギー効率や経済効率の概念は環境改善効率を含めた新しい効率の概念へ変更が必要だ。また、目先の目的のみを追求する技術の見方ではなく、将来の地球規模での人類と自然の繁栄とを追求する技術思考へと変更される必要がある。

〈対策1〉 工夫と執念の重要性（過去の例：横型水車からガスタービンへの発展）

水輪を地面に水平に置く横型水車は中国や西アジアからヨーロッパへ移入されたが、縦型水車が普及すると低効率の理由から省みられなくなった。しかし、その後、横型式は長時間を経てガス・タービンにまで高められた。この歴史は努力と執念の大切さや伝統的方法に対する技術の工夫の必要性を教えている。

〈対策2〉 エネルギー節約の必要性

循環型や永続的エネルギー供給消費システムを考えると、地球全体で使用できるエネルギー量は太陽光から得られる利用可能な量だけだといってもよい。これまでは経済先進国だけが高エネルギー生活を享受してきたが、発展途上国のエネルギー消費は高まっており、エネルギーの全体量を各国で分かち合う必要がある。

この点から日本の過度のエネルギー消費、例えば、欧米には余り見られない

エレベータ、自動販売機、自動ドアーなどの多用、過度に明るい照明等を減らす必要がある。50年前の日本の生活では、携帯電話、パソコン、乗用車、自動販売器、自動ドアー、エスカレータ、ポリ袋、プラスチック容器、化学洗剤、季節外れの野菜やスポーツなど現代生活を支えている多くのものは見られなかった。このことは自省によって大幅な節約生活が可能であることを示している。ドイツ等では既にこのような生活が実行されている。日本の生活を消費型から節約型のへ近づけなければならないだろう。

〈対策3〉 等身大の技術（人間と同じ程度の大きさの機械は自然環境を大きくは破壊しない）

　本来、坂地の多かった日本は19世紀の開国以来、ヨーロッパの平地文化を取り入れた。このため、山を削り、海を埋め立ててきた。都市への人口の集中も自然を破壊し、緑を減らした。このような大規模の自然環境破壊は炭酸ガスの増加に寄与している。

　21世紀は自然破壊ではなく自然再生の技術や小規模技術の開発がより重要となっている。エネルギーの大量消費が高度技術を意味していた時代が終わり、等身大の技術、エネルギー消費量の少ない小型技術が高度な技術の時代に変わろうとしている。この点で9-3節で見たように、手作業を基本とした日本の在来技術の思考法は環境にやさしい新技術発見のきっかけを与える。このような技術を積極的に体験、継承する博物館の設立も望まれる。欧米には数多くの技術関係の博物館が設置されているが、日本ではほとんど見られない。永続性の点からは教育や文化への関心が必要だ。

〈対策4〉 計画的技術発展の重要性

　今後の技術、生活、経済などはエネルギーの効率化と環境汚染の少ない状態を根底としたものでなければならないが、このためには計画的技術開発が特に重要である。例えば、ガソリンの安価な供給は排気ガスの大量発生と結び付くが、電気自動車の実用化後にガソリンを安価に供給すれば、これは大気汚染とは大きくは結びつかない。どの技術開発へ資本を投ずるかの順序の選択が環境汚染

問題の解決に重大な結果をもたらす。

　科学や技術は資本を投じた部分が発展する。この意味で市民が科学・技術を理解し、政治にも反映させる必要がある。科学や研究が全て「善」と考えられた時代は終わり、21世紀は自然環境維持の点から、それらの選択が重要となる。現在日本では科学、技術に理解の深い政治家は少ないので、市民が科学・技術に基づいた環境保全策を行政に反映させる必要性が増している。最近の市民の意識は資料集などにまとめられている[27]。

## 【参考書・参考文献】

1）T.S.レイノルズ、訳：末尾至行、細川　延、藤原良樹、1989、「水車の歴史」平凡社.
2）国際エネルギー機関の分析、2005、朝日新聞掲載.
3）茅陽一監修、2003、環境年表2002/2003、オーム社編、オーム社.
4）川名英之、2006、「21世紀の地球環境」官公庁図書出版協会.
5）物理学、化学、生物学の基礎専門書、例えば金原他「基礎物理学上、下」裳華房．シュポルスキー、和訳：玉木他「原子物理学 I, III」東京図書、ポーリング和訳：関他「一般化学 上、下」岩波書店、L.O.Bjorn、宮地重遠訳「光と生命」理工学社、1976等
6）例えば、米山宏、1986、電気化学、大日本図書.
7）柴田、今村、池上編、1978「太陽エネルギーの生物・化学的利用」財団法人学会誌刊行センター.
8）石原健彦、1985「核燃料」共立出版、藤田祐幸、1993「核燃料サイクルの虚々実々」(科学・社会・人間) No44、p25.
9）谷辰夫、1992「ソーラー・エネルギー」丸善.
10）財満栄一、2007「発電工学総論」電気学会
11）牛山泉、1991「さわやかエネルギー風車入門」三省堂.
12）松宮輝、1998「ここまできた風力発電」p54、工業調査会.
13）NEDO技術開発機構、2008「風力発電ガイドブック」
14）佐藤太英監修、2004、地球環境2004-'05、第三部、電力中央研究所編、エネルギーフォーラム.
15）桑野幸徳、1992「太陽電池を使いこなす」講談社..
16）友清裕昭、2011「プルトニウム」講談社ブルーバック.
17）和田長久編「原子力核問題ハンドブック」(2011) 七つ森書館.
18）大角泰章、2002「水素エネルギー利用技術」アグネ技術センター.
19）化学工学会編、2011「図解：新エネルギーのすべて」改訂3版、丸善.

20) 古田康彦、1992「地熱発電の現状と将来」化学と工業45巻12号、p43.
21) 井原賢、末廣能史、2012「天然ガスシフトの時代」日刊工業.
22) 井原賢、2011「シェールガス争奪戦」日刊工業新聞社.
23) 松本良、2009「エネルギー革命　メタンハイドレート」
24) 藤島昭、橋本和仁、渡辺俊也、1997「光クリーン革命」
25) 「$CO_2$貯留テクノロジー」2006、地球環境産業技術研究機構編,工業調査会.
26) 若村国夫、2005「水車駆動機械に見る伝統技術の環境問題軽減への有用性」第20回産業考古学会年会予稿集.
27) 例えば、環境問題総合データブック2006年度版、生活情報センター（2006）

# 第3章 環境生態学

地球温暖化などの地球環境問題が深刻化する今日、人類が「持続可能な発展 (sustainable development)」を目指そうとするならば、地球という惑星に棲息するウィルスからクジラに至るまで、すべての生物を構成員とする自然のシステム、すなわち、生態系の中で、人類もまた、自然の摂理にしたがって生きていることを客観的に認識しなければならない。

## 第1節　環境の概念[1]

カラオケが流れるスナックで、ある人は、その音楽を快いサウンドとして受け入れ、別の人は、それを単なる騒音以外の何ものでもないと感じる。また、部屋の温度が23℃前後であったとすると、ある人は肌寒いと感じるかもしれないし、別の人は少し暑いと感じるかもしれない。同じ環境（我々を取り巻く外囲）であっても、その受け止め方は、個々の生きもの（主体）によって異なる。すなわち、環境の中で、生きものにとって直接的に大切な部分を構成する要素や、その条件・状態が、個々の主体にとって意味を持つかどうかは、種あるいは個体によって異なる。このように各主体が固有の流儀で組織する独自の環境像を「主体的環境（subjective environment）」と呼んでいる。

一方、その部屋の騒音レベル（dB）や室温（℃）を騒音計や寒暖計で測定し、

それらの諸量で環境を表した場合、その数値は、個々の主体にとって同じ値である。そのような環境像は「客体的環境（objective environment）」と呼ばれ、主体と関係なく一義的に定まる。

また、そのスナックには、主体である自分以外にも他の人達（生きもの）が一緒にビールやソフトドリンクを飲んでいる。その他、ゴキブリも共存しているかもしれない。主体以外の生きものもまた、その環境の環境要因を構成している。それらを「生物的環境（biotic environment）」と呼ぶ。そして、環境を構成する生きもの以外の部分を「非生物的環境（abiotic environment）」と呼ぶ。アメリカの植物生態学者、F. E. Clements（1916）は、生物主体と生物的環境との間に働く関係を「相互作用（interaction）」、生物主体と非生物的環境との間に働く関係を「作用－逆作用（action－reaction）」と呼び、両者を区別している。

我々にとって関心のある環境は、主体である人間（ホモ・サピエンス）にとっての生活環境であることはいうまでもない。一口に生活環境といっても、我々を取り囲む外囲は、空間的に身近な狭い室内環境から、都市環境、地球環境、ひいては、宇宙環境に至るまで、物理的に、かなり広範囲の広がりを持つ。そして、自然環境や人工的環境などの「物理的環境」のほかに、社会的環境、経済的環境、政治的環境といった「文化的環境」も存在する。

我々が日常的に会話の中で口にする「環境」という言葉も、考えてみると以外に難しい抽象概念である。

それはともかく、我々は地球という惑星に棲んでいるものの、地球のすべてが我々の環境というわけではない。我々の環境は、実質的には、大気、水、土壌などが存在する地球の表面付近に過ぎない。地球の断面構造を模式化したものを図3-1に示す。地球をニワトリの卵にたとえれば、我々が棲んでいる地殻部分は、卵の殻の部

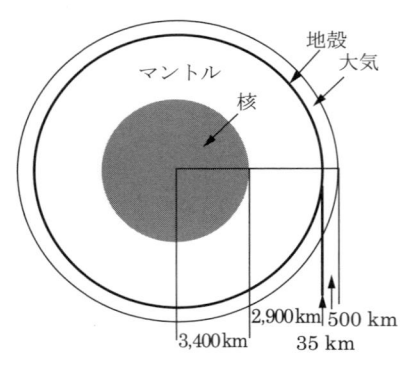

図3-1　地球断面の模式図

分に相当する。この地殻にある凸凹を見ると、陸上で最も高いエベレスト山が海抜8,848mで、海洋で最も深いといわれるマリアナ海溝の水深が1万915mである。したがって、その上下方向の幅は、約20km（海水面±10km）で、地球半径の約320分の1に過ぎない。マリアナ海溝チャレンジャー海淵（1万898m）で、海洋科学技術センターの無人探査機「かいこう」が採取した泥から約180種類の深海微生物が分離されている〔朝日新聞（1996/12/18）〕。また、エベレストの山頂を越えて飛ぶ鳥が確認されていることを考えると、生物が活動している範囲もほぼ同程度と考えられる。したがって、図3-2に示した鉛直方向の範囲を生物圏（biosphere）と考えてよい。

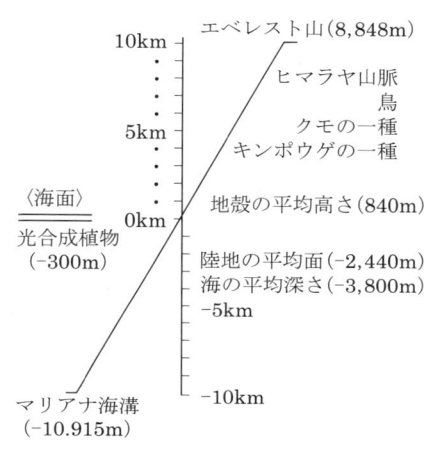

図3-2　生物圏（生活圏）

今日、取沙汰されているオゾン層破壊、地球温暖化といった「地球環境問題」は、基本的には、物理的環境（自然環境）に関する問題である。すなわち、自然環境を構成する大気、水、土壌などの「非生物的要素」が、我々の文明によってどのように変化しようとしているのか、また、その変化が人間を含めた「生物的要素」にどのようなインパクトを与えるのかといった問題である。この問題を考えるためには、まず、我々が日常的に生活している場において営まれている自然の摂理について理解する必要がある。

自分にとって快適な環境が他の人にとって必ずしも快適ではない。まして、人間にとって快適な環境が他の生きものにとって快適とは限らない。我々は、自然との共生を考える際、このことを常に意識しなければならない。

## 第2節　コミュニティー（生物群集）の概念

　現在の地球上には多種多様な生きものが棲んでいる。一体、どの程度の種が存在しているのだろう。一説によると、500～1,000万種位、あるいはそれ以上ともいわれる。そのうち、現在、確認されているものは、140万種程度だという。最も多く確認されているものとしては、昆虫などの節足動物で約87万種で、次いで、高等植物の約25万種、無脊椎動物の12万種と続く。ホモ・サピエンスが属する哺乳類は4,000種程度に過ぎない〔IUCN：International Union for Conservation of Nature and Natural Resources〕。もっとも、菌類、藻類、バクテリアなどについてはよくわかっていない。

　生態学では、通常、空間的にまわりから明確に区別され、生存と生殖の機能を一体化している1つの生物体を個体（individual）と呼んでいるが、中には、サンゴのように個体性が明確でないものもいる。サンゴは、個体が集まって互いに接着しており、このような状態にあるものは、個体とはいわずに、群体（colony）という名称で呼ばれる。ある地域に、同じ種に属する個体が集まって群（むれ）を作っている場合、それを個体群（population）と呼んでいる。同じ種の集まりでも、別の地域で生活する個体群は、別の個体群として取り扱われる。個体群は、出生率、死亡率、移出入率、個体群密度、分布様式、齢構成、性比、遺伝的構成などの属性を持つ。

　自然界のある地域を抽出すると、種の異なる複数の個体群が何らかの関係を持って集まっている。そこには、「食う・食われる」といった関係を始めとして、様々な関係が存在している。様々な生物が、このような関係を持って集まっているとき、それを群集（生物群集）あるいはコミュニティー（community）と名づけている（図3-3）。しかし、北米大陸のコミュニティーと南米大陸のコミュニティーとの直接的な相互作用は稀有である。仮に、両者に、同じ種の個体群が存在していたとしても、それぞれの個体群は、互いに別のコミュニティーに属していると考える。

　生物は、他の生物の存在を前提とし、それらとの間に様々な関係を持ちながら生活し、種の保存を図ってきた。そこには、持ちつ持たれつの相互扶助的関

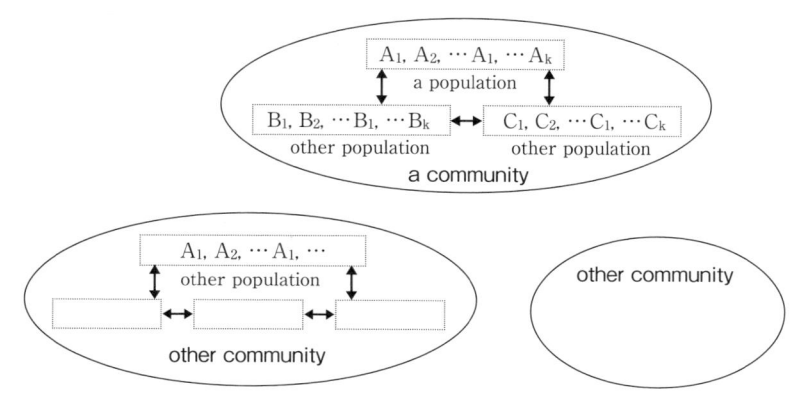

図3-3 コミュニティーの概念図

係が築かれている。動物は、他の生物の生体や死骸、あるいは、その一部を食って生活している。ホモ・サピエンスだって例外ではない。一方、植物は、花粉の媒介という面で、昆虫のお世話になっている。さらに、動物や微生物による落葉や枯れ枝の分解のおかげで、植物にとって必要な土壌中の無機塩類（mineral）の供給が可能となっている。

我々は、まず、このような自然の営みを正しく理解する必要がある。自然界の他の生きものの存在を無視して、自分にとって不都合なものを排除しながら、人類の繁栄をひたすら目指すという考え方は極めて傲慢な思想といわざるを得ない。

## 第3節　生態系の構造（生物的部分）

生活圏を陸上とする生物は、常時、空気を呼吸するとともに、体表を空気と接触させている。生活圏を水中あるいは水底とする生物は、水と接触しながら生活している。また、ミミズなどの土壌動物は、土の中を主たる生活圏とし、その体表は、土壌と接触している。

自然界の様々な生きものの生活様式を考える時、もはや、生物と生物、生物と外界を切り離して考えることはできない。そこで、同じ生活圏を共有するすべ

ての「生物的部分（生物的環境）」と、その生活圏を構成する空気、水、土壌といった「非生物的部分（非生物的環境）」も含めて、それらの間に存在するあらゆる関係を1つのシステムと見なし、それを「生態系（ecosystem）」と呼んでいる。

　生態系を構成する生物的部分は、その機能的側面から、生産者（producer）と消費者（consumer）に大別される。生産者とは、他の生き物を食うことなしに生存できる生物であり、その代表的なものとしては、緑色植物や藻類（藍藻を含む）がある。これらの生きものは、光合成色素（chlorophyll）を有し、光照射下において「光合成（photosynthesis）」と呼ばれる化学反応を利用して、二酸化炭素（$CO_2$）と水（$H_2O$）から有機物を合成できる。すなわち、光エネルギーを化学エネルギーに変換することができる〔第3章第7節参照〕。そのエネルギーを利用して土壌中に存在する窒素、リンなどの無機塩類を吸収する。そして、生体構成に必要なタンパク質や脂質を合成する。このようなライフスタイルを持つ生物は、独立栄養生物（autotroph）とも呼ばれる。独立栄養生物としては、他に、バクテリアクロロフィルを有する光合成細菌（photosynthetic bacteria）、生育に必要なエネルギー源を無機化合物の酸化によって獲得する化学合成無機栄養生物（chemolithotroph）などが知られている。

　一方、消費者とは、生産者が光合成した有機物を、直接あるいは間接に餌として生きる生物で、その代表は動物である。すなわち、植物を生のままで食べたり、その枯死体を食べて生活する植食動物、植食動物を餌とする肉食動物、この肉食動物を食う肉食動物などである。これらは、順に、一次消費者、二次消費者、三次消費者として区別されるが、いずれも生産者に依存して生きていることに変わりはない。

　動物は、日常的に、他の生き物を食べるが、その食べ残しを放置したり、また、糞尿を排泄したりもする。また、自ら寿命を全うして死を迎える。自然界は、これらをいつまでもそのまま放置し続けることはあり得ない。すなわち、それらを餌として、さらに利用する生き物が存在する。原生動物、菌類、細菌などの微生物集団である。基本的には、これらの生き物も消費者であることには変わりはないが、有機物を最終的に生産者が利用できる無機物に戻す役割を演

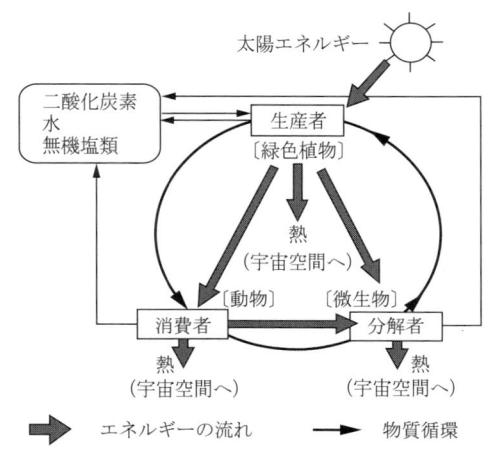

図3-4 生態系の概念図

じているため、特別に、分解者（decomposer）という名前が与えられている。生産者が独立栄養生物と呼ばれるのに対し、消費者、分解者は従属栄養生物（heterotroph）と呼ばれている。

このような区分は、生物の種という概念にとらわれず、あくまで生態系の機能的側面に着目して行われるものである点に留意すべきである。生産者、消費者、分解者と、エネルギーの流れ、物質循環との関係を模式化すると、図3-4のようになる。

## 第4節　生態系の構造（非生物的部分）

生態系の中に存在するすべての生きもの、すなわち、生産者、消費者、分解者は、いずれもその中で演じられる様々なドラマの登場人物である。それに対して、空気、水、土壌などの非生物的部分は、いわばドラマの舞台そのものであると同時に、植物の光合成に必要な小道具でもある。また、太陽エネルギー（光）や二酸化炭素（$CO_2$）、窒素（N）・リン（P）などの無機塩類も大切な小道具である。

空気：陸上で生活する大部分の生きものは、空気を呼吸している。表皮は、常

時、空気と接触している。現在の空気の化学的組成は、約79％の窒素（$N_2$）、21％の酸素（$O_2$）、微量のアルゴン（Ar）、ネオン（Ne）などの希ガス、および二酸化炭素（$CO_2$）などからなる。その他、極微量ながら、窒素酸化物（NO、$NO_2$）、硫黄酸化物（$SO_2$）などの大気汚染ガスやフライアッシュ、金属ヒュームなどのエアロゾルなども存在している。

我々は、絶えず空気を吸っているが、それは、空気中の$O_2$を、肺胞を通じて血液中に取り込むためである。血液中に取り込まれた$O_2$は、ヘモグロビンと結合して体の隅々まで運ばれ、外部から摂取した有機物の酸化分解に用いられ、化学エネルギーを力学的エネルギーへ変換する。その結果として生成する$CO_2$は血液の流れに乗せられて、肺胞を通して体外へ排出される。酸化分解によってエネルギーを獲得するライフスタイルを持つ生きものは、酸素がないと生きてはいけない。

ところで、地球上に存在する空気は、地上どのくらいの高さまで存在するか。場所によっていくぶん異なるが、空気の濃い部分は、平均的には10kmといわれている。この範囲を対流圏（troposphere）と呼んでいる。通常、対流圏は、上空に昇るほど気温が低くなる（5〜6℃/km）。したがって、下層にある空気は、温められると膨張して軽くなるため、上空へ輸送される。そして、上空で冷却されると、収縮して重くなり、下方に向かう。我々の生活と関わりの深い雲、雨、雷、風などの様々な気象事象は、この領域で起こる。

我々は、この対流圏の最下層で生活する生きものであるため、上空の空気の重さ（大気圧）を背負っている。すなわち、気圧を受けている。地表で生活するすべての生きものは、この気圧に耐えて生きていける身体の構造を獲得している。

対流圏の上側は成層圏（stratosphere）と呼ばれ、そこにも空気は存在するが、極めて希薄である。この領域は、上空に昇るほど気温が上昇する。そのため、上下方向の空気の移動は緩慢で、極めて安定している。上空の空気は、太陽から降り注ぐ光（電磁波）を強く受ける。波長の短い紫外線（UV）は、可視光線よりもかなり強いエネルギーを持っているため、成層圏に存在する$O_2$を解離させ、遊離酸素（O・）を作る。O・は、極めて不安定な状態にあるため、周辺

にある$O_2$と反応し、オゾン（$O_3$）を生成する。$O_3$もまた不安定な物質であり、容易に$O_2$と$O·$に分離する。したがって、$O_3$は、生成と消滅を絶えず繰り返しながら、ある平衡状態を作る。その結果、一定量の$O_3$が成層圏に薄く広く存在する。この$O_3$が最も豊富に分布する領域を、特に、オゾン層（ozone layer）と名づけている。オゾン層は、太陽から降り注ぐ生きものにとって有害なUVを吸収している。そのため、地表付近に棲息する生きものは安心して生活を営むことができる〔第4章第5節参照〕。

水：水（$H_2O$）は、固体（氷）、液体（水）、気体（水蒸気）と姿を変えながら、地表付近を循環しているが、生きものにとっては「液体としての水」が重要である。ヒトの全水分量は、年齢によって異なるが、成人で約60％といわれる。また、生命を維持するために、1日当たり、約2.5ℓの水を必要とする。そのため、我々は飲料水を常に補給しなければならない。この水は、様々な物質を溶かし、それらを輸送する能力を持つ。生きものの細胞内で行われる物質移動も溶液中の拡散によってもたらされる。

水界生物である魚や貝は、水の中に溶解している酸素（溶存酸素；DO）を呼吸し、その表皮を水と接触させながら生活している。水の密度が4℃で最も大きいことも、水生生物の生存に大きく関係している。他方、地球の水界は、塩分の種類と濃度の違いによって、陸水と海水に大別される。陸水は、河川・湖沼などに存在する水で、その大部分は、淡水である。海水は、地球の表面積の約70％を占める海に存在する水である。化学的組成を比較すると、淡水では炭酸カルシウム（$CaCO_3$）が、海水では食塩（NaCl）が多い。

土壌：土壌は、岩石の風化によって生じた砂と、植物遺体に生物作用が働いて生じたコロイド状の粒子とが入り混じってできており、土壌の性質は、それらの存在状態によって異なる。生きものとの関わり合いを見ると、まず、陸上植物は、根っこを大地に下ろし、土壌中に存在する水分・無機塩類を吸収して生活している。また、落葉・落枝、生物遺体などを分解する土壌動物・土壌微生物の生活の場となっている。豊かな土壌は、土壌生物が活発に活動しているところで、初めて存在しうる。土壌動物も同じ地球上に住むヒトにとって大切な共存者であることを再確認する必要がある。

## 第5節　生態系アラカルト

　陸上で生活する生物がどのような環境で生活しているかによって、様々な生態系が生まれる。例えば、雨が多いか少ないかによって、沙漠の生態系、草原の生態系、森林の生態系などが考えられる。雨の豊富な地域では、様々な植物が繁茂し、それを食べ物とする動物の種も豊富である。それに対して、雨の少ない沙漠では、サボテンなど、特殊なライフスタイルを獲得した生き物による生態系が構成されている。また、気温の違いによっても、亜寒帯針葉樹林（〜6℃）、冷温帯落葉広葉樹林（6〜13℃）、暖温帯照葉樹林（13〜21℃）、亜熱帯多雨林（21℃〜）と呼ばれる植物相の異なる各生態系が形成されている。

　他方、人間活動の関与によって生まれた人工林、人為的草地、耕地、都市などにも、それぞれの生態系が構成されている。このように、人為的あるいは半自然的な生態系においては、物質およびエネルギーの移出入が生じやすい。

　水界で生活する生きものを眺めると、水の存在様式によって、海洋、湖沼、河川などの各生態系が存在する。また、海洋生態系には、プランクトンなどの浮遊生物にスポットを当てた浮遊生態系や、魚類、鯨などの遊泳生物（ネクトン）も含めた漂泳生態系などがある。

　また、サイズ面から見ると、サトイモの葉の上に見られる小さな水滴にもマイクロコズム（microcosm）と呼ばれる生態系が形成される。一方、大きなものとしては、地球・宇宙生態系などが考えられる。

　生態系は、誕生してから徐々に成長していく。すなわち、誕生初期の段階から次第に変化しながら、安定な動的平衡状態が維持される極相（climax）へと向かう。この成長過程を生態遷移（ecological succession）と呼ぶ。例えば、火山活動によって生じた裸地に、ある種の植物が侵入し、その群落ができると、それを求めて様々な生きものが集まり、生態系が機能し始める。その生態系は、成長しながらやがて安定な森林と化す。遷移の初期段階では、小型の生物が主体で、食物連鎖が比較的短く、純生産が活発に行われる。栄養塩類（生物が正常な生活を営むのに必要な塩類）の循環は開放的で、系は不安定である。一方、成熟した生態系においては、純生産が低下し、現存量に対する生産量の比は低

い。生物の種類が多様になり、食物連鎖が複雑である。その分、系の安定性は高い。

　生態系に人間が関与する度合いが大きくなるにつれて、この系の発展論理が生態系の維持管理に重要なヒントを提供してくれる。

## 第6節　太陽から地球へ供給されるエネルギー

　地球の生態系を駆動させるエネルギーの源泉は、太陽から放射される光エネルギーである。その光エネルギーの一部を、生態系の構成者である生産者が光合成により、化学エネルギーに変換する。有機物という形で固定化された化学エネルギーは、食物連鎖を通じて従属栄養生物である消費者や分解者の生活のエネルギーに分配される。それらの生活に利用されたエネルギーは、熱という形のエネルギー（廃熱）となり、もはや、生態系で利用されることなく、最終的に水循環によって宇宙空間へ廃棄される〔第3章第9節参照〕。

　太陽は、水素（H）のヘリウム（He）への転換に伴う光エネルギー（電磁波）を放出している。そして、地球上のあらゆる生物は、このエネルギーに依存して生きている。

　太陽から地球に供給されている光エネルギーは、現在、どの程度だろう。地球と太陽の平均距離において、太陽光線に垂直な単位断面積当たり、単位時間当たりに入射する太陽の放射エネルギーの総量を太陽定数（solar constant）と呼ぶ。その値としては、地球大気による吸収を避けて大気圏外で得られるものを採用している。1980年に、人工衛星SMMなどで測定された確かな値は$1.37 kW\cdot m^{-2}$（$1.96 cal\cdot cm^{-2}\cdot min^{-1}$）であり、この値自身の誤差は0.05％と考えられている。この値は、太陽の黒点や白斑の出現数によって減少したり、増加したりするが、1.94〜1.97の間にある〔平凡社大百科辞典9、1985、p.141〕。

　地表面に到達する太陽の放射エネルギーは、大気の成分や雲などによる吸収・散乱により、地球大気の上端に到達するエネルギーの3分の2程度に減少する。理想的な条件で計算すると、平均で$0.9 kW\cdot m^{-2}$になるが、この値は緯度、季節、天候によって異なってくる。受熱量の多い場所は、北アフリカの砂漠地方

である。日本はその約半分である。植物の光合成による太陽放射の利用効率は0.2～2％といわれる。

## 第7節　生物生産（光エネルギーの化学エネルギーへの変換）

　地球に到達する太陽放射の0.2～2％が植物の光合成に利用され、このエネルギー量が生態系の生産者によって化学エネルギーに変換される。

　一般に、生物が、外界に存在する物質を材料として自分の体を作り上げるプロセスや子孫を残すプロセスを生物生産（production）と呼ぶ。この生物生産が、生物の生活にとって最も基本的な機能の1つで、生態系における物質循環の駆動力となる。生物生産には、光合成生物や化学合成生物などの独立栄養生物が行う一次生産（primary production）と、動物などの従属栄養生物の行う二次生産（secondary production）がある。

　一次生産は、主として、クロロフィルによって太陽エネルギーを吸収して行われる光合成によるもので、高等植物や藍藻を含む藻類などの緑色植物が無機物から有機物を合成するプロセスである。厳密にいえば、バクテリアクロロフィルを持つ光合成細菌や、無機物の酸化エネルギーによって有機物を合成する化学合成無機栄養細菌による生産も含まれるが、現在の地球では、このような細菌の生息環境は極めて限定されている。

　緑色植物による一次生産、すなわち、二酸化炭素（$CO_2$）と水（$H_2O$）を材料として有機物（$CH_2O$）と酸素（$O_2$）を合成する化学反応は次式による。

$$CO_2 + 2H_2O + （光エネルギー） \rightarrow CH_2O + O_2 + H_2O$$

　この有機物をエネルギー源として用い、窒素、リン酸、カリウムなどの無機塩類を取り込み、タンパク質や核酸（DNA、RNA）、脂質などの生物の生活に必要な様々な物質を合成する。なお、この反応において、放出される$O_2$は、材料となる$H_2O$の酸化によるもので、右辺の$H_2O$の生成は、$CO_2$の還元によるものである。

　独立栄養生物による有機物の生産のすべてを総生産（gross production）と

呼び、そのうち、呼吸などで独立栄養生物自身が生活に費やす部分を差し引いたものを純生産（net production）と呼んでいる。人間をはじめ動物などが利用できるのは、この純生産の部分である。

　地球上の一次生産には、光、水、二酸化炭素、栄養塩類などが重要である。地球上の場所によって、これらの要因の分布が異なる。したがって、場所ごとに、単位時間、単位面積当りの一次生産量（生産力）は異なる。陸上植物の生産では、水分と温度、栄養塩類、群落の発達状況が強く反映される。例えば、潤沢な水分と高い温度が保証される熱帯多雨林の生産力は、年間1m²当たり、

表3-1　地球の純一次生産と植物の生物量

| 生態系のタイプ | 面積 $10^6 m^2$ | 単位面積当たりの純一次生産 $g(dry)\cdot m^{-2}\cdot y^{-1}$ 範囲 | 平均 | 世界の純一次生産 $10^9 t(dry)$ | 単位面積当たりの生物量 $Kg(dry)\cdot m^{-2}$ 範囲 | 平均 | 世界の生物量 $10^9 t(dry)$ |
|---|---|---|---|---|---|---|---|
| 熱帯多雨林 | 17.0 | 1000〜3500 | 2200 | 37.4 | 6〜80 | 45 | 765 |
| 熱帯季節林 | 7.5 | 1000〜2500 | 1600 | 12.0 | 6〜60 | 35 | 260 |
| 温帯常緑樹林 | 5.0 | 600〜2500 | 1300 | 6.5 | 6〜200 | 35 | 175 |
| 温帯落葉樹林 | 7.0 | 600〜2500 | 1200 | 8.4 | 6〜60 | 30 | 210 |
| 北方針葉樹林 | 12.0 | 400〜2000 | 800 | 9.6 | 6〜40 | 20 | 240 |
| 疎林と低木林 | 8.5 | 250〜1200 | 700 | 6.0 | 2〜20 | 6 | 50 |
| サバンナ | 15.0 | 200〜2000 | 900 | 13.5 | 0.2〜15 | 4 | 60 |
| 温帯イネ科草原 | 9.0 | 200〜1500 | 600 | 5.4 | 0.2〜5 | 1.6 | 14 |
| ツンドラと高山荒原 | 8.0 | 10〜400 | 140 | 1.1 | 0.1〜3 | 0.6 | 5 |
| 沙漠と半沙漠 | 18.0 | 10〜250 | 90 | 1.6 | 0.1〜4 | 0.7 | 13 |
| 岩質及び砂質沙漠と氷原 | 24.0 | 0〜10 | 3 | 0.07 | 0〜0.2 | 0.02 | 0.5 |
| 耕地 | 14.0 | 100〜3500 | 650 | 9.1 | 0.4〜12 | 1 | 14 |
| 沼沢と湿地 | 2.0 | 800〜3500 | 2000 | 4.0 | 3〜50 | 15 | 30 |
| 湖沼と河川 | 2.0 | 100〜1500 | 250 | 0.5 | 0〜0.1 | 0.02 | 0.05 |
| 陸地合計 | 149.0 |  | 773* | 115 |  | 12.3* | 1837 |
| 外洋 | 332.0 | 2〜400 | 125 | 41.5 | 0〜0.005 | 0.003 | 1.0 |
| 湧昇流海域 | 0.4 | 400〜1000 | 500 | 0.2 | 0.005〜0.1 | 0.02 | 0.008 |
| 大陸棚 | 26.6 | 200〜600 | 360 | 9.6 | 0.001〜0.04 | 0.01 | 0.27 |
| 藻場とサンゴ礁 | 0.6 | 500〜4000 | 2500 | 1.6 | 0.04〜4 | 2 | 1.2 |
| 入江 | 1.4 | 200〜3500 | 1500 | 2.1 | 0.01〜6 | 1 | 1.4 |
| 海洋合計 | 361.0 |  | 152* | 55.0 |  | 0.01* | 3.9 |
| 地球合計 | 510.0 |  | 333* | 170 |  | 3.6* | 1841 |

＊平均値
（出典：Whittaker R. H., *Communities and Ecosystems* 2nd ed. 1975.）

約1,000〜3,500gと高い。一方、海洋では、栄養塩類が制限要因となりやすい。貧栄養の外洋における生産力は2〜400g·m$^{-2}$·y$^{-1}$と低い。

現在の地球上で、毎年、生産される有機物の量は、純生産で約1,700億tと推定されている。その約3分の2が陸上で生産され、残りの3分の1は海洋で生産されている。全体の生産量の半分に近い47％が、地球表面積の約11％を占める森林で生産されている（表3-1）。

先に、動物などの従属栄養生物が自らの身体を作り上げるプロセスなどを二次生産と呼ぶと述べた。しかし、この呼び方は、無機物からの有機物の生産という意味合いでの一次生産とは、必ずしも正確に対置されるものではない。二次生産の出発点は、独立栄養生物が生産した有機物の摂取であり、その有機物の持つエネルギーの再構築というプロセスにほかならない。

## 第8節　食物連鎖、生態学的ピラミッド

生物群集において、AがBに食われ、BがCに、CがDに食われるという「食う・食われる」の関係がある時、A、B、C、Dは、食物連鎖（food chain）をなすという。通常、生物は複数種の生物を食い、また、複数種の生物によって食べられる。したがって、自然界では、いくつかの食物連鎖が絡み合って網状の連鎖を形成している。このような状態を食物連鎖網あるいは食物網（food-web）と呼んでいる。

食物連鎖の出発点は、必ず生産者である。生産者を食う消費者を一次消費者、一次消費者を食う消費者を二次消費者、そして、二次消費者を食う消費者を三次消費者と呼んで消費者を区別する場合がある。栄養段階でとらえると、生産者が一次栄養段階、一次消費者が二次栄養段階、二次消費者が三次栄養段階、……となる。この栄養段階の各段階は、種としての分類ではなく、あくまで機能の分類であることに注意する必要がある。1つの栄養段階を通過するエネルギーは、その栄養段階の全同化量（＝生体量の全生産＋呼吸）であるから、食物連鎖を構成するチェーンの数は多くても4〜5で、6を超えることはほとんどない。

生物群の種の構成やその個体群密度の安定性は、食物連鎖によって維持される。その反面、食物連鎖は、放射性物質や農薬、重金属などの有害物質の生物濃縮を引き起こす。この点については、後ほど触れる〔第3章第13節参照〕。

　食物連鎖のタイプとして、生きている生物を捕まえて食うタイプの連鎖（捕食連鎖）がポピュラーであり、この場合、栄養段階の上位の生物は大型で、固体密度が小さいという特徴を持つ。逆に、寄生生物による食物連鎖（寄生連鎖）では、寄生生物が宿主よりも小さく、固体密度が大きい。

　生きた植物部分（葉、材など）から出発する食物連鎖を「生食連鎖」と呼び、海洋生態系におけるエネルギーの流れの主経路を構成する。この場合の一次栄養段階は、植物プランクトンである。

　それに対して、樹木の落葉・落枝や生物遺体などを食べる動物、微生物を出発点とする連鎖を「腐食連鎖」と呼ぶ。この連鎖は、森林生態系におけるエネルギーの流れの主経路であり、屑食食物連鎖ともいわれる。

　エネルギーの流れの面から見ると、生食連鎖よりも腐食連鎖の方が重要である。

　食物連鎖により生態系を構成するすべての生物にエネルギーが流れていく。すなわち、すべての消費者は、エネルギーを貯蔵した有機物を摂取し、自己の体を構築したり活動したりする。そのとき、取り込んだエネルギーに対してどの程度のエネルギーを同化するかといったエネルギーの量的関係、利用効率を考えてみよう。生態系においてもそれを構成する様々な栄養段階で利用効率なるものを考えることができる。

　R. N. Lindeman（1942）は、ある栄養段階が同化したエネルギー（$\Delta_n$）と、そのすぐ下の栄養段階が同化したエネルギー（$\Delta_{n-1}$）の比を累進効率（progressive efficiency）と名づけているが、これは、明らかに利用効率の一種にほかならない。そのほか、同様な概念がいくつか提案されている。例えば、入ってくるエネルギーと同化されるエネルギーとの比を同化効率、入ってくるエネルギーと純生産との比を粗生産効率、入ってくるエネルギーと次の栄養段階へ回るエネルギーとの比を生態効率、同化エネルギーと生物体となるエネルギーとの比を生産効率と呼んだりするが、これらはいずれも生態学的効率といえる。

一次生産者が太陽エネルギーを利用する際の効率を、特に、エネルギー効率と呼ぶことがある。総生産で考えると、そのエネルギー効率は0.6％、純生産で考えると0.27％といわれる〔R.H. Whaittaker〕。

一般に、食う動物の個体数密度は、食われる動物のそれよりも小さい。したがって、栄養段階の下位に位置する生物（食われるもの）を下段に、上位に位置する生物を上段に積み上げて、それぞれの段の大きさを個体密度で表すとピラミッド構造ができる。このようなピラミッドは、「個体数のピラミッド」と呼ばれるが、この方法で、樹木とその葉や材を食う多数の昆虫の関係、寄生虫とその宿主の関係を表すと、逆ピラミッド構造になる。そこで、個体数密度の代わりに、生物量（バイオマス）、例えば、乾物重量とか炭素、窒素などの生態構成物質量などで表す「生物量のピラミッド」が提案された。しかし、この場合にも、任意の時間にスポット的なサンプリングを行うことによって得られた生物存在量を用いてピラミッドを作成すると、一次栄養段階と二次栄養段階の大きさが逆転することがある。このような問題を完全に解消する方法として、各栄養段階の生物生産速度あるいはエネルギーの流れに着目し、一定期間（通常、1年）に1 $m^2$ 当たりで利用されるエネルギーの総量で描く「生産速度（エネルギー）のピラミッド」が生まれた。この場合の各段の大きさは、食物連鎖を通る食物の通過速度と考えてもよく、閉鎖系である限り、ピラミッドが倒立することはない。

各ピラミッドの一例を図3-5に示す。これらのピラミッドは、生物群集の各要素間の量的関係を表すのに便利であり、生態（学）的ピラミッド（ecological pyramid）と呼ばれる。これによって見かけ上の餌の利用効率がわかる。

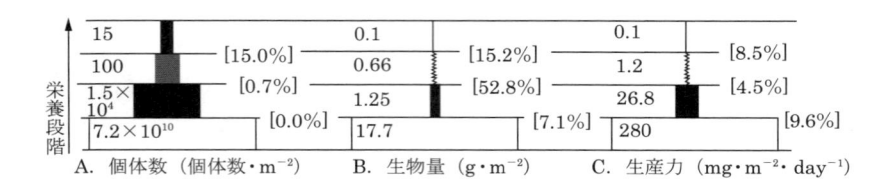

| 栄養段階 | A. 個数（個体数・$m^{-2}$） | B. 生物量（g・$m^{-2}$） | C. 生産力（mg・$m^{-2}$・$day^{-1}$） |
|---|---|---|---|
|  | 15 [15.0%] | 0.1 [15.2%] | 0.1 [8.5%] |
|  | 100 [0.7%] | 0.66 [52.8%] | 1.2 [4.5%] |
|  | 1.5×$10^4$ [0.0%] | 1.25 [7.1%] | 26.8 [9.6%] |
|  | 7.2×$10^{10}$ | 17.7 | 280 |

図3-5　栄養塩類の乏しい，浅い実験池における生態的ピラミッド
（出典：Whittaker R. H., *Ecol. Monogr.*, 31:157 (1961)）
生物量は乾重量，生産力はリンの取込速度からの推定値
〔　〕の数値は，食うものと食われるものとの比率

## 第9節　廃棄されたエネルギー（排熱）の行方[3]

　光エネルギーは、植物によって化学エネルギーに転換され、そのエネルギーが生態系を駆動する力学的エネルギーとなる。そして、最後には熱（廃熱）となる。ここまでの話で、エネルギーには、仕事に変換できるエネルギーと変換できないエネルギーがあることに注目しよう。後者は、いわば、捨てるしかしようがないエネルギーである。もはや仕事に変換することができないエネルギーの度合いがエントロピー（entropy）である。

　「熱力学の第一法則（エネルギー保存の法則）」によると、エネルギーは、ある形から別の形へ変換されるが、新たに生み出されたり、消滅することはない。しかし、外界に対して熱や物質の出入りのない孤立系ではエントロピーは絶えず増大する。これを「熱力学の第二法則」と呼んでいる。エントロピーが増大することは「使用不可能なエネルギー」が増えることを意味する。

　前述したように、地球大気の上端の水平面に入射する平均日射量は、$341.8 W \cdot m^{-2}$（$0.49 cal \cdot cm^{-2} \cdot min^{-1}$）である。この値を100とすると、そのうちの30は、空気による散乱や雲による反射などで地上に到達しない。したがって、残りの70が地上に到達し、そのうちの30（$0.147 cal \cdot cm^{-2} \cdot min^{-1}$）が、水の蒸発と暖気の形成を引き起こす。水蒸気に取り込まれたエネルギーは、水蒸気が上空に輸送され、断熱膨張しながら冷却される過程において、長波長放射の形に変わり、地球の大気圏外に放出される（図3-6）。すなわち、100m上昇につき、0.6〜1.0℃の温度降下があるため、5km上空の気温は、-23℃程度となる。この温度で大気中の水蒸気が分子振動すると、遠赤外線の形で熱を宇宙に放射処分することになる。

　この水循環と対流に関与する残留熱、$0.147 cal \cdot cm^{-2} \cdot min^{-1}$を年間に直すと、地表面1cm²当たり、約$77 kcal \cdot y^{-1}$（$= 0.147 \times 60 \times 24 \times 365$）となる。この熱量が地表近くの空気に水蒸気を供給するが、1％の水蒸気を含んだ気団と1℃だけ暖められた気団とは、ほぼ同じ大きさの浮力をもって上昇する。その結果、空気の対流が生じ、風が発生する。

　地球と宇宙空間の間で行われる熱の授受に伴うエントロピーの収支を計算する

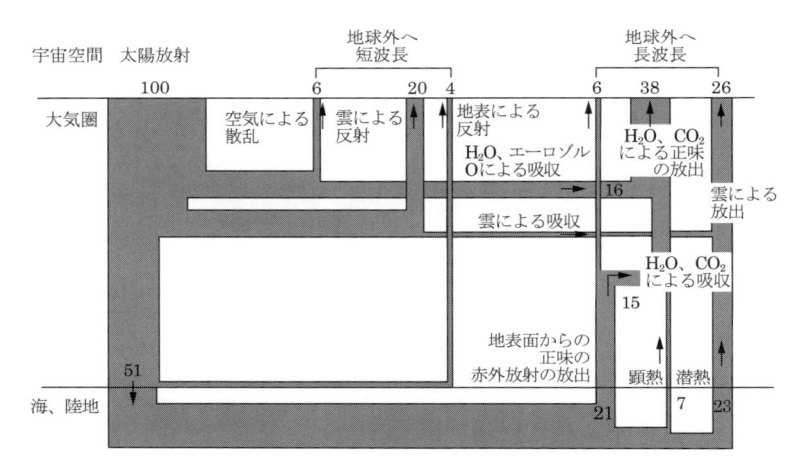

図3-6 大気圏に入射する太陽光を100とした場合のエネルギー収支

と次のようになる。

地球が熱を受け取るときのエントロピー(S)は、気温17℃で266cal・deg$^{-1}$・cm$^{-2}$・y$^{-1}$となる（S = 77,000/290）。一方、地球が熱を放出するときのエントロピーは、気温−23℃で308cal・deg$^{-1}$・cm$^{-2}$・y$^{-1}$となる（S = 77,000/250）。したがって、このエントロピーの収支は、差し引き、−42cal・deg$^{-1}$・cm$^{-2}$・y$^{-1}$となる。すなわち、地球というシステムは、年間、42cal・deg$^{-1}$・cm$^{-2}$・y$^{-1}$のエントロピーを宇宙空間に捨てていると考えてよい。物理学の世界で、エネルギー廃棄の能力を備えた系のことを「開放定常系」と呼ぶことがある。地球全体を1つの系として考えるとき、地球は開放定常系であるということができる。人間を含むあらゆる生きものも、呼吸・発汗を繰り返し、エントロピーを体外に放出する開放定常系である。

陸上生物が発生させる有機廃物は、土壌微生物の作用により、無機物と廃熱に変換される。前者は植物に再摂取され、後者は水循環により宇宙空間に廃棄される。水中生物の有機廃物もプランクトンなどの微生物によって分解され、発生する廃熱は水面から蒸発する水蒸気により処分されている。

水と土を介して、生物個体、生態系、地球、宇宙空間の間で、次々とエントロピーの授受が行われることによって、地上の様々な現象が更新される。このよ

うな開放的な循環構造全体を「水土」とも呼ぶ。

## 第10節　水の循環

　先ほど、廃熱が水循環によって宇宙空間に廃棄されると述べた。地球が他の惑星と著しく異なる点として、地球の表面に液体状の水が存在していることがあげられる。地球の生物圏は、この液体状の水の存在と、太陽からの十分なエネルギーの供給によってその恒常性が保証されている。そして、図3-7に見られる水のスムーズな循環によって生命の存在が維持されている。いわば、水と生命とは不可分の関係にある。

　ところで、地球上の水の総量はといえば、約14億$km^3$と推定されている。その97％以上が海水で、淡水は3％未満である。そして、淡水の4分の3は氷雪状態にある。陸上生物にとって重要な水（湖沼、河川、地下水の一部）は全体の0.5％程度である。しかし、河川水の年間供給量は決して少なくはない（表3-2）。

　水蒸気は、降水として、陸地、海洋に移る。陸地への降水は、一時的に様々な場所に貯えられるが、やがて大気に戻る。海洋への降水も、蒸発して大気に戻る。水の蒸発潜熱は、液体の中で最大であり、蒸発散のプロセスで、熱収支や生物的過程に影響を及ぼす。河川や海流は、大きなエネルギーを持ち、土壌の侵食、運搬、堆積など地質的な仕事を行う。

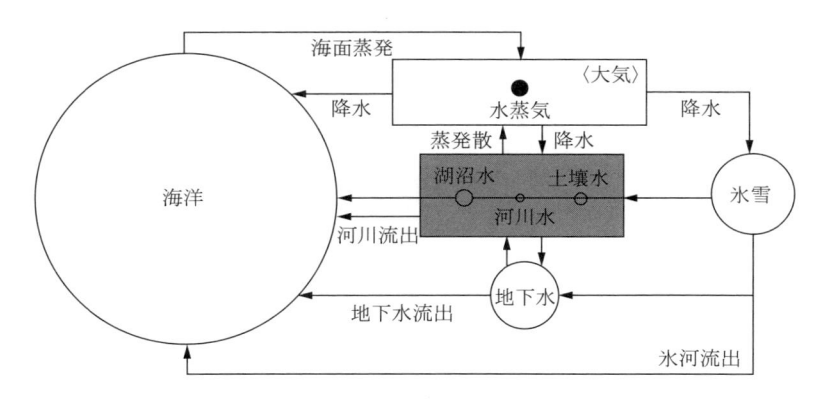

図3-7　地球の水循環の模式図

表3-2　地球上の水の分布量とその滞留時間

| 分　類 | 貯留量 (km³) | 年間供給量 (km³·y⁻¹) | 滞留時間 |
|---|---|---|---|
| 海　洋 | 1,349,929,000 | 418,000 | 3200年 |
| 氷　雪 | 24,230,000 | 2,500 | 9600年 |
| 地下水 | 10,100,000 | 12,000 | 830年 |
| 土壌水 | 25,000 | 76,000 | 0.3年 |
| 湖沼水 | 219,000 | − | 数年〜数百年 |
| 河川水 | 1,200 | 35,000 | 13日 |
| 水蒸気 | 1,000 | 483,000 | 10日 |

(出典:『平凡社大百科辞典14』1985、p.344.)

　森林の伐採や耕地の拡大は、この水循環に大きな影響を与え、降水分布の偏りを助長する。人間の食物生産の大部分を担う陸上生態系を支える降雨の大部分は、海上から蒸発する水に依存している。湖沼や河川の回転時間は、平均的に約1年である。また、水は様々な物質を溶かし、それらの物質の移動にも重要な役割を果たしている。

## 第11節　生物地球化学的循環[4]

　自然界に存在する90余種の元素は、原形質のあらゆる基本的元素を含めて、生物圏で環境から生物へ、そして、環境へと独自の経路を経て循環する。この循環経路は、極めて局所的なものから地球規模のものまで幅が広いが、これらのすべての循環を「生物地球化学的循環 (biogeochemical cycle)」と呼んでいる。その中で、生物に必要な元素およびそれらの化合物の移動を、便宜的に、「栄養塩循環 (nutrient cycling)」と呼んでいる。生物に必要な元素は、30〜40種といわれ、特に、炭素 (C)、水素 (H)、酸素 (O)、窒素 (N) は多量に必要である。非必須元素も、必須元素と同様に、生物と環境の間を循環する。

　物質の循環を考える時、E. P. Odumは、大きくゆっくり移動する非生物的構成要素に属する「貯蔵プール (reservoir pool)」と、生物と生物を取り巻く身近な環境との間をあわただしく行き来する活動的な部分となる「交換プール (exchange pool)」に分けて考えるとわかりやすいとした (図3-8)。

第3章　環境生態学　175

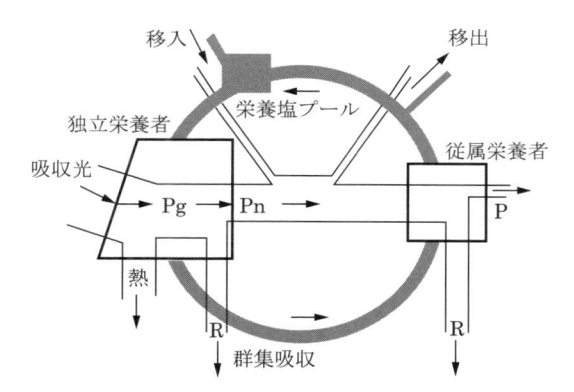

Pg：総生産、Pn：純生産、P：二次生産、R：呼吸

**図3-8　生物地球化学的循環（点刻の環）**
(出典：E.P. Odum (1963))

　また、循環のタイプを、物質の貯蔵庫の存在場所の違いによって、大気あるいは海洋を主たる貯蔵庫として循環するタイプ（気体型）と、地殻を主な貯蔵庫として循環するタイプ（沈積型）に大別した。前者には、炭素、窒素、酸素などが該当し、後者には、リンや鉄などが該当する。沈積型の循環は、生物による輸送や侵食・沈積・造山活動による。しかし、硫黄（S）などのように、大気、地殻ともに貯蔵庫となりうる両者の中間型も考えられる。

　生物体の構成元素としては、水を除けば、炭素が最も多い。生物圏での炭素の循環は、生産者による大気中の$CO_2$の固定（炭化水素の合成）から始まる。植物（生産者）が固定した炭素は、食物連鎖によって他の生物（消費者）に移行し、再固定される。すべての生きものは、やがて死を迎えるが、その遺体は分解者によって無機化される。これらのすべてのプロセスにおいて、炭素は$CO_2$に変わり、大気中に戻される（図3-9）。

　大気中の$CO_2$濃度は、inputされる$CO_2$量（$CO_2(in)$）とoutputされる$CO_2$量（$CO_2(out)$）が同じであれば、一定に保たれる。基本的には、$CO_2(in)$は有機物の酸化プロセスで生成され、$CO_2(out)$は植物による光合成で消費される。

　近年、大気中の$CO_2$濃度の増加が懸念されるようになった。その原因として、石炭・石油などの化石燃料の燃焼、森林の伐採、土地の耕作などがあげられる。

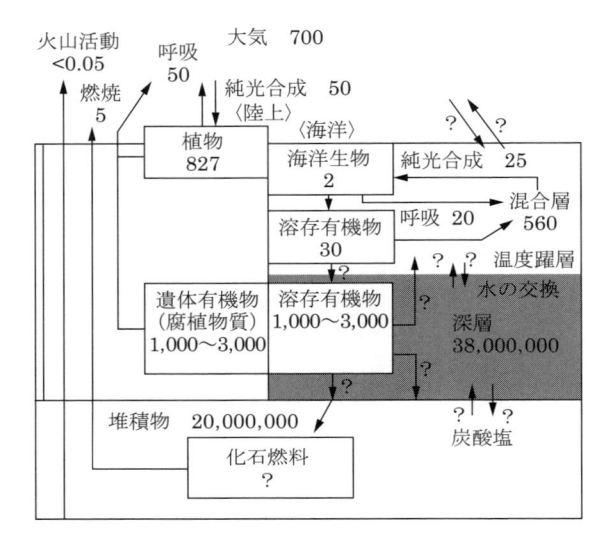

**図3-9 生物圏における炭素循環**
(出典：G. M. Woodwell (1978))

大気中の$CO_2$濃度の上昇は、温室効果〔第4章第4節参照〕により、地表付近の気温の上昇を引き起こし、異常気象を誘発することが懸念されている。その結果として穀物生産に影響が現れる。

## 第12節　窒素・リンの循環

窒素の循環モデルを図3-10に示す。大気の79％は、分子状窒素（$N_2$）である。ほとんどの生物は、この形の窒素を利用できない。生産者が利用できる窒素の形態は、硝酸態窒素（$NO_3^- - N$）あるいはアンモニア態窒素（$HN_4^+ - N$）である。

放線菌やアゾトバクターなどの微生物の様に、大気中の$N_2$を、直接、固定（空中窒素固定）できるものもいる。また、大気中の$N_2$は、雷などの放電現象などによって、その一部が$NO_3^-$に変換される場合がある。しかし、現在では、人為的に、大気中の$N_2$から窒素肥料として硝酸塩を生産する技術（ハーバー・ボッシュ法）の開発によって生物圏における3分の1の窒素固定が行われている。

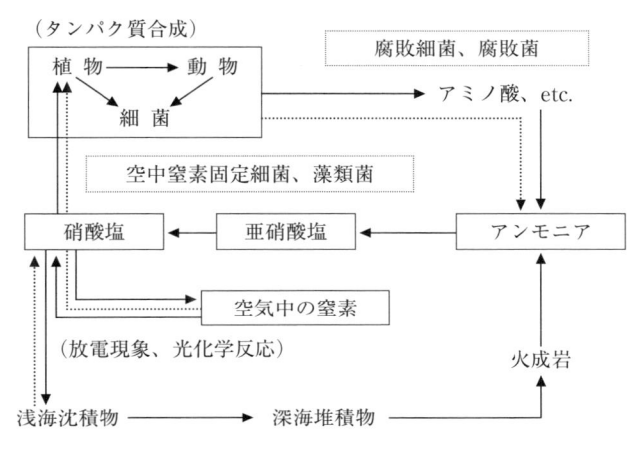

**図3-10　生物圏における窒素循環**
(出典：C. C. Delwich (1970))

　生物体内に固定された窒素（有機態窒素）は、やがて、分解者によって$NH_4^+-N$となる。そして、亜硝酸菌、硝酸菌により酸化されて$NO_3^--N$に変わり、その後、脱窒菌により還元されて$N_2$となり、再び、大気中に戻る。

　リンの循環モデルを図3-11に示す。不完全な沈積型循環をするリンの量は、炭素、窒素に比べると少ない。しかし、アデノシン三リン酸（ATP）などの構成成分として重要である。リンは、リン酸塩を含む岩石から供給されるが、自然

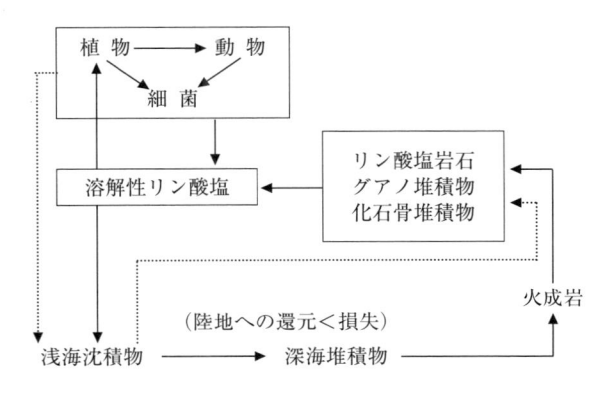

**図3-11　リンの循環**
(出典：C. C. Delwich (1970))

界においては、常に、慢性的欠乏状態にある。沈積物からの溶解速度は、生物体や沈積物による吸収速度よりも遅い。陸上部のリンは降水の流出とともに水圏に輸送される。したがって、海洋はリンの貯留場である。

海鳥の糞（グアノ）やリン鉱石から人間が生産したリン肥料は、使用された後、ほぼ一方通行の循環をたどる。水溶性で非揮発性の元素の循環は、基本的に、リンの循環と同じである。

## 第13節　生物濃縮

非必須元素（生物にとっての価値が知られていないもの）も、必須元素と同様に生物と環境の間を循環する。その循環のタイプは、沈積型のものが多い。

非必須元素の中には、生命を支える特殊な元素と化学的に類似しているものがある。例えば、ストロンチウム（Sr）とカルシウム（Ca）は化学的性質が極めてよく似ている。すなわち、Srは、Caと同様に、アルカリ土類金属に属し、2価のカチオンである。そのため、環境中において、Caと同じ沈積型循環をする。Caの循環は、土壌から河川などに洗い流された後、石灰岩として海底に沈殿する。それらは、長い年月を経て、いつの日か隆起して山となり、再循環する。河川に流れ込むすべての沈殿物質の約7％をCaが占めている。リンはCaの約1％に過ぎない。Srは、Ca原子1,000個に対して、2.4個の割合で移動するといわれている。Srが注目されるようになったのは、核実験において、ウラン（U）の核分裂により、放射性Sr（$^{90}$Sr）が生じたことによる。半減期が27.7年の$^{90}$Srが、Caと同じように骨（硬組織）に輸送されると、その放射線（$\beta$線）によって造血組織を阻害する。

同様に、核分裂で生まれる半減期30.2年の放射性セシウム（$^{137}$Cs）は、カリウム（K）と化学的性質が類似しており、筋肉中のKと置き換わる。

生物は、選択的に元素を取り込む。例えば、生命の維持、成長に必要な元素、例えば、P、C、N、Feなどを積極的に取り込み、濃縮する傾向にある。一方、不必要なもの、例えば、ナトリウム（Na）、塩素（Cl）などは、環境中に大量に存在していても積極的には取り込まない。しかし、生物の好むと好まざるにかか

わらず、生物体内に蓄積されやすい物質もある。

　ベンゼンヘキサクロライド（BHC）、p, p-ジクロロジフェニルトリクロロエタン（DDT）、ポリ塩化ビフェニール（PCB）などの有機塩素化合物は、脂溶性であるため、体内脂肪に溶け込み、脂肪の多い組織に蓄積する。メチル水銀（$CH_3-Hg$）、カドミウム（Cd）、鉛（Pb）などの重金属は、タンパク質のチオール（SH）基と特異的に結合する。さらに、前述した$^{90}Sr$、$^{137}Cs$などは、それぞれ、生体の主要な構成元素であるCa、Pと生理活性が類似していることから、体内に侵入して蓄積しやすい。

　一般に、生物による濃縮の程度を表す指標として濃縮係数（concentration factor）という概念が用いられる。濃縮係数（R）は、ある物質の生物体内濃度（$C_B$）と、その生物の生育環境中でのその物質の濃度（$C_A$）との比として、次式によって算出される。

$$k = C_B / C_A$$

　水生生物の場合には、$C_A$は、環境水の物質濃度となる。この概念は、もともと放射性物質について考え出されたものであるが、今では、様々な物質についても利用されている。

　水生生物に放射性物質が蓄積されていくプロセスモデルを以下に示す（図3-12）。

① 環境水中の放射性物質濃度が一定。
② 生物体内への放射性物質の取り込み率が一定。
③ 体外への放射性物質の排出量は、体内蓄積量に比例する。

とすると、①、②から、単位時間に取り込まれる放射性物質量は一定である。一方、③から、単位時間に体外に排出される物質量は、その時の体内蓄積量に比例して増大する。やがて、排出量と取り込み量が等しくなるが、その時点で、体内蓄積量が一定（平衡状態）となる。

　水圏環境中での生物濃縮には、食物連鎖、食物網を介して間接的に濃縮する経路と、鰓や細胞上皮を通して、直接、濃縮する経路がある。

　鳥類を含む陸上動物の生物濃縮の場合、食物を通ずる経路が圧倒的であるが、

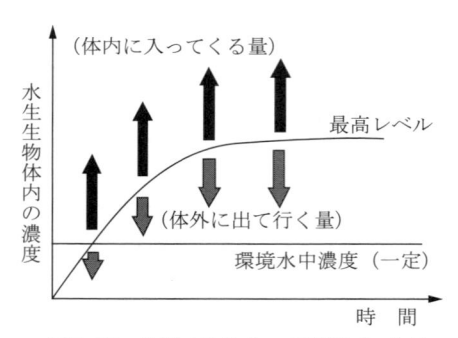

図3-12 物質の生体内への蓄積プロセス
（出典：山県登編著『生物濃縮』1978, p.28 ）

肺胞や体表を通じて直接取り込む経路もある。例えば、Hg、Cd、Pbなどは、動物の肺臓から体内へ吸収される。また、Hg、6価クロム（Cr（VI））、コバルト（Co）、Cdなどは、経皮吸収される場合がある。Cd、アルキル水銀などは胎盤透過性があり、母体から胎児に輸送される。

　実際に、濃縮係数を求める方法は、2通りある。1つは、飼育実験によって実験室レベルで求める方法である。この方法のメリットは、実験室で行うため、飼育実験の条件設定が行いやすい点である。しかし、人工的な環境で得られた値を自然の場に適用することの難点がある。また、実験期間の制約を受けるため、寿命の長い生物では、水と生物との平衡関係が達成されない場合がある。

　もう1つは、野外調査に基づく方法である。例えば、生物中の濃度と、その生物の棲む海水中の濃度をそれぞれ分析し、その比を求める。この方法は、生体中の構成成分が、その棲息環境と平衡状態にあると考えられるので、得られた値を標準的な値と見なしうる。すなわち、生物がその生活史全般を通して、恒常的な環境中に生活していると考えられる。しかし、環境中で検出されないほど濃度が低い物質でも、生物体内にその物質が高濃度で検出される場合がある。この場合には、環境中の濃度の信頼性が乏しいため、得られる濃縮係数の信頼性がない。

　一般的に、フィールドで得られた濃縮係数の方が実験室で得られる値に比べて大きい傾向にある。

　実際の濃縮係数の値としては、多くの場合、$10^3$〜$10^5$程度である。濃縮係数

の範囲が広い原因としては、濃縮の程度が生物によって異なること、あるいは、同一生物種であっても身体の部分、臓器、器官によって取り込み量が異なることが考えられる。

Hgを例として、各栄養段階における濃縮係数の推移を表3-3に示す。この表から栄養段階が上がるにつれて濃縮係数のオーダーが大きくなることがわかる。

海洋プランクトンのP、N、Cの濃縮係数は、それぞれ、$10^5$、$10^5$、$10^4$程度である。それに対して、重金属の濃縮係数は、$10^2 \sim 10^5$程度と幅が広い。

表3-3 各栄養段階におけるHgの濃縮係数の推移

| 水　　銀 | 濃度（ppm） | 濃縮係数（$k$） |
|---|---|---|
| 海水 | 0.0001 | — |
| 植物プランクトン（生産者） | 0.01～0.02 | $1\sim2\times10^2$ |
| 動物プランクトン（一次消費者） | 0.02～0.05 | $2\sim5\times10^2$ |
| 小魚類（二次消費者） | 0.1～0.3 | $1\sim3\times10^3$ |
| 肉食性の魚類（三次消費者） | 1～2 | $1\sim2\times10^4$ |

（出典：早津編『生体濃縮』講談社、1975、p.8.）

## 第14節　種の多様性の危機

近年、生態系のエネルギー及び物質循環の出発点である生物生産を担う森林の衰退が危惧されている。現在の地球の陸地面積（約149億ha）は、地球表面積の約30％を占めている。森林面積は、時代とともにどんどん変わっているが、約1万年前の森林（閉鎖森林および疎林）面積は、62億ha（陸地面積の約40％）程度だったと推定されている。そして、1990年初頭におけるその面積は、約36億haと報告されている〔World Resources (1992-93)〕。

生物気温（0℃以上、30℃以下を有効温度としたときの平均積算温度）で森林を分類すれば、亜寒帯針葉樹林（トドマツ帯、シラビソ帯）、ブナ帯を代表とする冷温帯落葉広葉樹林、暖温帯広葉樹林（シイータブ帯、カシ帯）、ヤシ、ガジュマロ、アコウなどを代表樹種とする熱帯および亜熱帯林に分けられる

〔Holdridge L.R., 1967〕。

　森林衰退の原因は、いろいろ取沙汰されているが、ヨーロッパや北米では、酸性降下物（酸性雨、酸性霧など）があげられている。

　一方、熱帯林の面積は、1990年の時点で約18億haであり、世界の森林面積の半分を占めているが、1980年の面積に比べると1億ha近くが減少した（年平均減少率0.8％）。熱帯林減少の原因としては、焼畑耕作、過放牧、過度の薪炭材採取や用材伐採などが指摘されている。その背景として、熱帯諸国における急激な人口増加や貧困などの問題が考えられる。

　焼畑農業は、熱帯を中心に古くから行われてきた。土地にゆとりがあり、休耕期間を長くとることができれば、環境を著しく損なうものではない。人口の増加が休耕期間の短縮を引き起こし、環境へのインパクトの増大につながっている。

　建築などの用材は、良質の大きな樹木を必要とする。このような樹木の伐採は、周辺の多くの樹木を損傷するとともに、運搬道路として森林面積の14％を占有するともいわれている。さらに、運搬道路の造成は、結果的に、焼畑農民を熱帯林の奥に侵入させることになる。

　熱帯林の減少は、木材の輸入国よりも原住民に与える影響の方がはるかに大きい。林業は、もともと再生可能な資源の利用であるが、不適切な管理は、永続的な利益を喪失させる。また、森林の有する環境保全機能の破壊は、土壌浸食を助長し、洪水を誘発することになる。樹木は、大量の水蒸気を発散するので、森林は、ある程度、それ自身の気候を作り出す。

　さらに、森林の伐採がもたらす二酸化炭素の放出量（10億〜26億t）は、化石燃料からの放出量の20〜50％に相当するともいわれ、その大部分が熱帯から放出されている。

　伐採された天然林の再生には、100年単位の時間を要するといわれる。熱帯地方では、土壌中の有機物の分解速度が速いため、栄養塩の多くは植物体内に蓄積されやすい。このため、土壌の養分は意外に貧弱であり、このことが熱帯林の再生が困難な原因の1つとなっている。

　前述したように、地球上の生物の種は500万〜1,000万種と推定されている。

すなわち、地球の生態系は、このような生物的（遺伝子的）多様性によって維持されている。地球上の種の絶滅は、進化のプロセスの中で絶えず繰り返されてきたが、20世紀後半から今日における絶滅速度は急激に加速されている。

特に、地表の7％を占める熱帯雨林の消失は、多様な生物種の絶滅を引き起こす。IUCN（国際自然保護連合）は、1966年から、絶滅の恐れのある生物種の生育状態をまとめたレッド・データ・ブックを刊行している。IUCNの調査資料（1986）によると、「絶滅の危機」の要因のトップは、熱帯林、サンゴ礁、湿地などの生息環境の破壊で、次いで、人間による乱獲である（表3-4）。

我々にとって、野生生物は、食用・薬用・観賞用などに利用される重要な資源でもある。さらに、バイオ技術の発展に伴い遺伝子資源としての価値も高まっている。したがって、長期的にとらえれば、種の絶滅は、優れた経済的価値を有する潜在的遺伝子資源の消失を意味する。そのような観点から、アメリカでは、「種子銀行」などの野生生物が持つ遺伝子資源の保存事業が行われている。しかし、実際に保存できる部分は、遺伝子多様性のごく一部に過ぎないと思われる。

他方、急激でかつ持続的な種の多様性の減少は、生態系そのものの不安定さを増大させる。生物間の種間関係は極めて複雑である。また、個々の種の絶滅が与える影響を特定することも極めて困難である。しかし、種の多様性が減少することによって、害虫や病原菌が異常発生することが確認されている。農作

表3-4 「絶滅の危機」の要因とその内訳（IUCN）

| 要因 | 生息環境の破壊悪化 | | 乱　獲 | | 侵入者の影響 | | 食物不足 | | 作物、家畜の加害者としての殺害 | | 偶発的な捕獲 | |
|---|---|---|---|---|---|---|---|---|---|---|---|---|
| | 種類 | % | 種類 | % | 種類 | % | 種類 | % | 種類 | % | 種類 | % |
| 魚　類 | 127 | | 19 | | 64 | | 2 | | − | | 1 | |
| 両生類 | 27 | | 10 | | 5 | | 1 | | − | | − | |
| 爬虫類 | 40 | | 47 | | 13 | | 1 | | 2 | | 4 | |
| 鳥　類 | 102 | | 53 | | 49 | | 1 | | 2 | | − | |
| 哺乳類 | 153 | | 121 | | 14 | | 20 | | 17 | | 7 | |
| 合　計 | 449 | 67 | 250 | 37 | 127 | 19 | 25 | 4 | 21 | 3 | 12 | 2 |

合計欄の％＝（当該要因により「絶滅の危機」にある種類数／「絶滅の危機」にある全種類数）×100
1つの種類について複数の要因があるため、合計は100％にはならない。

物の単一栽培が害虫に弱いことは明らかで、生物種の少ない生態系ほど、生態学的な安定度合いは低い。

また、野生生物は、人類の文化の発展を支える重要な基盤の1つと考えられる。特に、生物学の発展のためには必要不可欠な存在である。生け花、俳句、絵画、写真といった様々なジャンルの芸術の分野においてもそれらの存在は不可欠な素材となっている。学校教育にとっても同様である。情操教育には、身近な環境に多様な生物が存在することが必要である。

日本は、木材輸入の大部分を熱帯林に依存している。熱帯広葉樹丸太の輸入量は世界全体の半数を占めている。熱帯における森林回復事業に努力を払っているものの、その消費量、国際的立場から見ると、極めて不十分といわざるを得ない。

また、日本は、野生生物の消費大国でもある。服装、装飾品、漢方薬などの原料として、また、愛玩用ペット、園芸用鑑賞植物として、野生生物の大量輸入が行われている。

1973年、81か国が参加して行われたアメリカのワシントンでの会議において、「絶滅の恐れのある野生動植物の種の国際取引に関する条約（ワシントン条約、CITES）」が採択され、1975年に発効された。国際取引の対象となっている品目として、生きている個体以外に、剥製、毛皮、牙や爪、それを素材とした製品まで含めている。

日本は、この条約に1980年に加盟したが、規制のための国内法の整備に手間取り、1987年に至ってようやく発効した。その間、条約に違反した商取引がしばしば行われ、国際的批判が絶えなかった。

そのほか、1971年に、イギリスに本部がある国際水禽調査局が提唱し、イランのラムサールで開催された会議で採択された「特に、水鳥の生息地として国際的に重要な湿地に関する条約（ラムサール条約）」がある。日本は、1980年に、この国際湿地条約を批准した。その年に、北海道の釧路湿原が登録され、85年に宮城県の伊豆沼・内沼が、89年にはクッチャロ湖（北海道）が登録された。その後、ウトナイ湖（北海道）、谷津干潟（千葉県）、佐潟（新潟県）などが相次いで登録されている。

多様性の保護対策としては、開発や乱獲に対する規制の強化などが必要である。種の絶滅の問題に対する認識は、地球温暖化などの問題に比べて不十分といわざるをえない。

## 第15節　生態系の構造・機能に対するストレスの影響[5]

　ストレス（stress）とは、生物の潜在的生産力を低下させる方向に働く物理的、化学的、生物的な力であり、観測可能な生態学的損失を引き起こしうるようなあらゆる環境影響と考えられる。生態系に及ぼすストレスの度合いは、空間および時間軸の中で絶えず変動している。

　ストレスとして、汚染などによる急性的なストレスと、気候的な要因等による慢性的なストレスが存在する。生態系は、日常的に、急性的ストレスに対して、単に、"シンク（sink）"として働き、目に見える変化が顕在化しないうちに、そのストレスを吸収している。しかし、ストレスが、その限界を超えれば、生態系の構造と機能に対して、かなりの環境破壊が引き起こされる〔Bormann, 1982〕。この場合には、通常、生態系のタイプとかストレスの性質にほとんど無関係に観測される。ストレスの強さに応じて、生態系のアンバランスの度合いは大きく変わるが、栄養塩循環における栄養塩の保存が困難となり、"leaky"な状態となる。種の構成や生物の従来の生態学的戦略が変わるかもしれない。そして、一般的に系は不安定となり、単純になっていく。

　ストレスを受けた場合に予測される生態系の変化について、まず、エネルギー的側面から考えると、①群集の呼吸量が増加し、②総生産速度（P）と呼吸速度（R）の比（P/R）が崩れて、1よりも大きくなったり小さくなったりする。通常、成熟した生態系では、P/Rは1に近い。また、③生態系が成熟していくと、P/B（生物量）やR/Bの値が減少していくが、ストレスを受けると逆に大きくなる。さらに、④補助エネルギー（生態系の内的自己維持率を減らし、その分、生産量に変換し得るエネルギーを大きくすることのできるエネルギー）の重要性が増大してくる。そして、⑤外部に搬出されたり、利用されない一次生産が増加してくる。

栄養塩循環の面では、⑥栄養塩のターンオーバー（循環率）が増大し、⑦栄養塩の平面的な輸送が増大し、立体的な栄養塩循環が減少する。そして、⑧系が"leaky"となるため、栄養塩の損失が増大する。

群集の構造としては、⑨ $r$ 戦略（多数の子孫を残す戦略）の比率が低下し、$K$ 戦略（少数でも適応力に優れた子孫を残そうとする戦略）が台頭する。したがって、⑩個体群サイズは小さくなり、⑪生物の寿命が短くなる。また、⑫肉食者のストレスに対する感度が高いため、より高次の栄養段階でのエネルギーの流れが小さくなり、その分、食物連鎖が短くなる。結果的に、⑬種の多様性が減少し、優先種が増大するようになる。

全体的な系のレベルで見られる変化としては、⑭系の内部における物質循環が減少するにつれ、物質の出入りが重要となる。すなわち、生態系は開放的になる。そして、⑮資源の利用効率が悪くなる。また、⑯寄生状態やその他の負の相互作用が増加し、共生的相互作用は減少する。⑰機能的な性質が、種の構成や他の構造的性質に比べ、より活発になる。これは、生物が、ストレスを与えるものに対して、神経とホルモンによるフィードバック的な生理機構によって、抵抗を示すためである。

汚染あるいは他の何らかの擾乱によって生態系がダメージを受けた場合、それらを軽減することによって、その生態系は回復してくる。回復の初期段階やその移り変わり時に見られる現象として、次のようなことが観察できる。まず、植物の成長に伴い、バイオマスや栄養塩が蓄積されてくる。そして、生物の種の構成が変化してくるが、同時に、特定の種が異常に増殖するといった現象が付随する。やがて、栄養塩循環が確立され、生態系の構造および機能における多くの変化が追随する。

人為的ストレスによると思われる生態学的変化の兆候が現れた場合には、その問題に対する抜本的な答を見いだすための持続的な研究や政策的な陳情運動などを粘り強く続ける努力が必要である。その間、とりあえず、次のような暫定的措置を講ずることも必要である。

① 何らかの原因で湖沼などが酸性化していることが判明した場合、その原因を解消するためのプログラムが実践されるまでの間、そこに生息する魚

などを生存させるために、酸性表層水への周期的な石灰散布を行う。
　②　トウヒなどの害虫がはびこった森林に対して、経済的資源としての活用
　　を維持するために、一時的な殺虫剤の散布を行う。
　③　地球規模での軍縮が行われるまでの間、通常兵器、化学兵器、核兵器な
　　どのリストの管理、あるいは削減に向けた粘り強い国際的な交渉を続ける。
　我々は、社会的戦略の中に、長期間にわたって持続可能でかつ非破壊な方法により、人口増加の抑制や生態学的資源の適切な管理などを組み込む必要がある。また、我々は、自然の部分的管理あるいは開発行為に伴う直接的・間接的な影響や、その他の人間活動に伴って、二次的に環境崩壊が引き起こされることを知る必要がある。そして、このような知識と正しい戦略を組み合わせることによって、このようなインパクトを極力低減させることが、我々の種（ホモ・サピエンス）の持続可能な繁栄を維持するための条件となると思われる。

## 【参考文献】

1）『岩波生物学辞典』（第4版）1996、p.255, 814.
2）『平凡社大百科事典8』1985、p.420.
3）槌田敦『資源物理学入門』NHKブックス、日本放送協会、1982、pp.159-165.
4）オダム、三島訳『生態学の基礎』培風館、1991、p. 138.
5）B. Freedman, Environmental Ecology, Academic Press, 1988. p. 321.

# 第4章 化学物質と環境問題

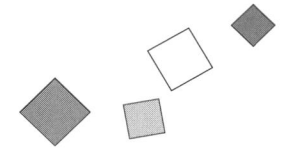

　生態系は、火山爆発、地震、津波、台風といった突発的な厳しい自然的ストレスをしばしば受けるが、他方において、人間活動がもたらす化学物質が絡んだ人為的ストレスを恒常的に受けている。ここでは、主に、後者について取り上げる。すなわち、体重が40kg以上の生きものの中で、異常な個体数（70数億人）を有するホモ・サピエンス（homo sapience）が引き起こしている「地球環境問題」にスポットを当てながら、化学物質と生態系との関わりについて考えてみよう。

## 第1節　ホモ・サピエンスの異常増殖[1]

　現在の人口爆発がこのまま続けば、それによって環境のクライシス（危機）が引き起こされるといった議論が続いている。生態系に与える人為的なインパクトは、人口サイズと、1人当たりの環境に与えるインパクトとの関数として与えられる。後者は、国の内部でも国家間においても大きく変わるとともに、自然や産業の発展度にも大きく依存するものと考えられる。

　21世紀初頭における地球人口は、約61億人であった。1950年からの50年間で、25億人が増加した。そして、2050年までに、さらに28億人が増加して89億人に達すると予測されている〔United Nations, World Population Prospects:

第4章　化学物質と環境問題　189

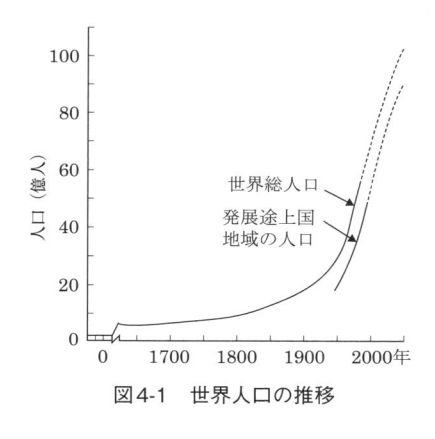

図4-1　世界人口の推移

The 1998 Revision (New York: Dec, 1998)〕。

世界の人口の半数以上はアジアに住んでいる。2012年における国別ランキングをみると、中国が13.5億人、インドが12.2億人と断然多い。次いで、アメリカの3億1,000万人、インドネシアの2億4,000万人と続いている。日本は、約1億2,800万人で、世界第10位である。

ホモ・サピエンスの個体数の時系列変化（図4-1）を眺めると、1760年代にイギリスで始まった産業革命をきっかけに飛躍的に増大を開始した。狩猟社会から農耕社会に移行する約1万年前の人口は、1,000万人程度と推定されている。紀元元年頃には3億人となり、1800年頃には10億人に到達した。20世紀末には58億人を超え、現在も急勾配で増大しつつあるが、その90％は開発途上国で増大している。インドでの人口は、1950年から3倍に増加した。1億5,000万人の人口（2013年時点）をかかえるパキスタンは、2050年には3億4,500万人に増えると予測されている。また、地域別に人口増加率の最も大きいアフリカのエチオピアでは3倍に、ナイジェリアで2倍に増加すると予測されている。先進国での人口増加がいずれも頭打ちであることを考慮すると、発展途上国での人口増加の最大要因は、貧困に起因していると考えられる。発展途上国においては、子どもは、歴然とした家族経済の重要な労働力であると同時に、老後の生活保障のためにも必要不可欠である。しかも、乳幼児死亡率が高い。そこには、たくさんの子どもを産む必然性が存在している。持続可能な発展を進めるためには、まず、発展途上国の貧困を解消する道を探らなければならない。1994年9月に、カイロで開催された国際人口開発会議において、女性の社会参加、貧困の軽減、および教育、保健、経済的機会へのアクセスの拡大を図るための努力を求めている。

ところで、この地球上にどの程度のホモ・サピエンスが住めるのだろう。ホ

モ・サピエンスに対する地球の収納能力を推定する1つの試みとして、加藤三郎らの「食空間と住空間」からのアプローチがある。彼らは、まず、地球上で、ホモ・サピエンスが生活できる全空間を約32億haと推定し、現時点の世界の1人当たりの平均食空間を35a、平均住空間を5aと考えた。最小限食空間は、「耕地面積（作付け面積）/収容人員」から求め、最小限住空間は、「人口集中地区総面積/そこに居住する人の数」から求めている。これから、単純に計算すると、地球の収納能力は約80億人となる。食空間や住空間は、どの程度の生活レベルを想定するかによって大きく異なることはいうまでもないが、20世紀後半の人口増加率である9,000万人/年を用い、80億人を許容限度として計算すると、2020年頃に、地球は、ほぼ満員状態となる。

他方、現在、人口サイズの正確な将来予測を行うことは不可能であるが、100億人に到達する頃（2100年頃）には、世界人口が安定するとの説もある〔Peterson, 1984; WRI, 1986, 1987〕。

## 第2節　エネルギーおよび食糧問題[2]

地球には、石炭、石油、天然ガスといった化石燃料が豊富に存在する。1996年時点で、世界中で消費されたエネルギー量（非商業用エネルギーも含む）は、約95億TOE（石油換算トン）と報告されている。その内訳を見ると、石油が36％、石炭が24％、天然ガスが20％である。それらの地域別消費比率は、アメリカ25.2％、EU 15.9％、日本・オセアニア6.7％で、先進国が半分近くを占めている。開発途上国の消費割合は31.3％であるが、その消費の伸び率は5.3％と目覚ましい。

1人当たりのGDP（国内総生産）とエネルギー消費の関係は比例関係にある〔世界銀行「世界開発報告」〕ことから、発展途上国のGDP/人が増大すると、膨大なエネルギー消費が発生することになる。大量の化石燃料エネルギーの消費は、莫大な汚染物質量を排出する。したがって、世界は、否応なしに、化石燃料消費型社会からクリーンな太陽エネルギー・水素燃料型のエネルギー社会への転換が求められる。

かつて、世界の人口の5％にすぎないアメリカが世界の資源の40％を消費する最大の消費国といわれていたが、いまや、穀物、肉、化学肥料、鉄鋼、石炭などの基礎品目の消費量では、中国がアメリカを追い抜いた。その人口の大きさを考えると、今後、ますますその消費量は増大するものと考えられる。

毎年、世界人口に追加される8,000万人の人間を養うには、穀物の年間収穫量を2,600万tに拡大する必要がある。しかし、食糧供給の延びは年々鈍化している。食糧の供給が人口増加の割合に追いつかなくなれば、貧富の差がますます拡大し、多くの難民が生まれる。

## 第3節　人口増加がもたらす環境へのインパクト

人口増加は、森林の伐採、野生の動植物の過剰収奪、環境汚染、非生物的資源の大量採掘などを引き起こしている。急速な技術の進歩・革新は、ホモ・サピエンス1人当たりの環境へのインパクトを大きく増大させた（表4-1）。地球全体の1人当たりの経済生産高と燃料消費量が、ともに人口増加よりもはるかに急速に加速している。この傾向は、先進国において顕著にみられる。例えば、1996年当時、世界で最も貧しいといわれていたバングラデシュは、人口1億2,000万人（世界第9位）で、日本の人口とほぼ同じであったが、1人当たりのGNPで比較すると、日本は、バングラデシュの62倍であった。また、地球温暖化の原因物質である$CO_2$の排出量でみると、日本はバングラデシュの63倍であった。すなわち、1人の日本人の地球環境への負荷量は、60人のバングラデシュ人の負荷量に相当していた。

表4-1　1900年、1950年、1986年における世界人口、経済生産高、化石燃料消費量

| 年 | 人口 ($\times 10^9$) | 経済活動 世界総生産（GWP）(1980ドル$\times 10^{12}$) | 経済活動 1人当たりのGWP（ドル$\times 10^3$) | 化石燃料の消費量 ($10^9$トン石炭相当量) 全体 | 化石燃料の消費量 ($10^9$トン石炭相当量) 1人当たり |
|---|---|---|---|---|---|
| 1900 | 1.6 | 0.6 | 0.4 | 1 | 0.6 |
| 1950 | 2.5 | 2.9 | 1.2 | 3 | 1.2 |
| 1986* | 5.0 | 13.1 | 2.6 | 12 | 2.4 |

＊Brown and Postel（1987）から引用して修正。
（出典：Bill Freedman, *Environmental Ecology*, p.4, 1989.）

人口で2割に過ぎない先進国が、資源全体の8割を費やしていたことになる。食糧についても同様である。所得格差は食糧配分の不平等を助長する。そして、途上国の人口増加の進行は、先進国と途上国の貧富の格差をますます拡大することになる。

## 第4節　大気中の二酸化炭素の増加[3,4]

　石炭・石油・天然ガスなどの化石燃料の大量消費は、大気中の$CO_2$濃度の上昇を引き起こす。$CO_2$は、地表面から放射される長波長の光（赤外線）を吸収し、地表付近の気温の上昇を引き起こす。

　1891年の統計開始からの世界の年平均気温の推移を図4-2に示した。1930年〜60年の間の温暖化については定かではないが、1930年以前と1960年以降の温暖化は有意と判定されている。地球の気候に影響を及ぼす外的因子としては、火山爆発に伴う噴煙によるパラソル効果（火山灰によって日射が遮られ、平均気温が低下する現象）、太陽活動の程度、温室効果ガスの濃度などが指摘されている。

　温室効果ガスは、$CO_2$の他に、一酸化炭素（CO）、メタン（$CH_4$）、亜酸化窒素（$N_2O$）、アンモニア（$NH_3$）、オゾン（$O_3$）、水蒸気（$H_2O$）、クロロフルオロカーボン（CFC）などがある。これらのガスは、地球に入射する太陽からの光を透過

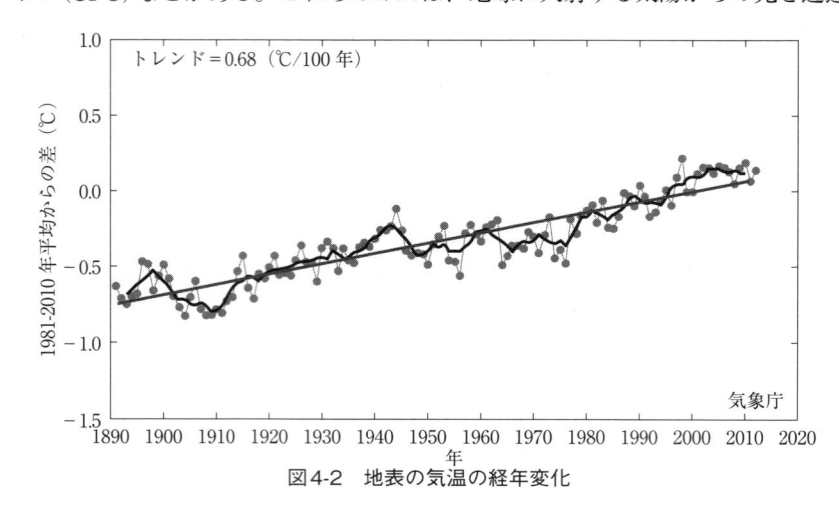

**図4-2　地表の気温の経年変化**

させ、地球から放射される赤外線（熱エネルギー）を吸収し、熱を蓄積する。そのため、温室のように地表付近を暖める役割を演じている。温暖化に寄与するガスの中で、$CO_2$の影響が60％と最も大きい。

ハワイのマウナロア山（標高4,170m）の約3,400m地点に作られた観測所で、1958年から大気中の$CO_2$濃度の連続測定が開始されている。$CO_2$濃度の季節変化をみると、植物が生長する夏季に低下し、冬季に上昇するパターンを示す。観測を始めた1958年の平均$CO_2$濃度は、約315ppmであったが、1997年には363ppmとなった。この間の上昇率は約15％である（図4-3）。

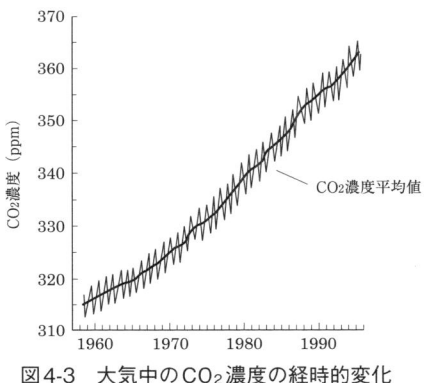

図4-3 大気中の$CO_2$濃度の経時的変化（マウナロア観測所）

一方、南極などの氷の中に閉じ込められている空気中の$CO_2$濃度から推定した1880年代の大気中の$CO_2$濃度は、約200ppmであったが、1980年代の大気では約340ppmであった。参考までに述べると、1kgの氷から約90ccの大気が得られるという。これらの調査結果から、産業革命以前の大気中の$CO_2$濃度は、ほぼ横ばい状態にあったと推定されている。

1995年に出された気候変動に関する政府間パネル＊（IPCC；International Panel on Climate Change）の第2次レポートによると、2100年までに、気温が1〜3.5℃上昇し、海面水位が15〜85cm上昇すると予測していた。それに伴い、沿岸地域で洪水や高潮の被害が増大し、気温の上昇でマラリア蚊などの生息地域が拡大するなど、生態系が大きな影響を受けると予想した。我が国でも、西日本一帯がマラリア蚊の生息地域となるとの予測がなされた。

2007年に出されたIPCCの第4次レポートでは、21世紀末の平均気温は、1980年〜99年に比べて1.8℃〜4.0℃上昇し、海面水位は18cm〜59cm上昇すると予測している。そして、20世紀半ば以降に観測された世界平均気温の上昇については、90％以上の確率で、人間の活動に由来する温室効果ガスの増加が原

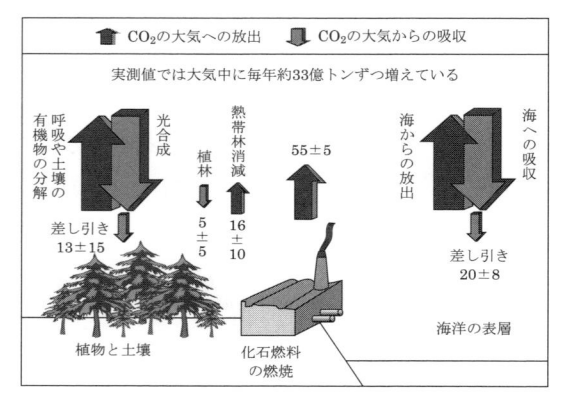

図4-4　大気とのCO₂のやりとり（単位＝億t（炭素換算）/年）
（出典：IPCCのレポート）

因だといえるとしている。

　1995年のIPPCのレポートに記載されている大気とのCO₂のやりとりを図4-4に示した。大気と地球表面との間でやりとりされるCO₂の量が1,000数百億t・$y^{-1}$、大気と森林とのやりとりが、600億t・$y^{-1}$以上と見積もられた。植物は、CO₂を、枯れて分解すると放出し、葉が茂ると吸収する。海は、季節や温度によってCO₂を放出したり、吸収したりしている。

　前述したように産業革命以前、約1万年の間は、大気中のCO₂濃度は、ほぼ一定と考えられている。その時代では、大気中に供給されるCO₂量と、大気中から除去されるCO₂量とのバランスが保たれていたと考えられる。

　産業革命以降、化石燃料の燃焼や熱帯林の開発に伴って放出されるCO₂量は、年間、71億t程度（1980年代の平均値）と見積もられていた（図4-4）。大気中に蓄積するCO₂量が、約33億t・$y^{-1}$、海によって吸収されるCO₂量が、約20億t・$y^{-1}$とすると、約20億tのCO₂がどこかに消えていることになるが、その点に関しては今のところ定かでない。これをミッシング・シンク（missing sink）とよんでいる。ミッシング・シンクとしては、北半球の森林による吸収などが考えられているが、その調査研究が進められている。

　一方、地球温暖化がこのまま進行すると、北大西洋の大規模な海水循環がストップし、急激な気候変動が起こるとの指摘もある。現在、北大西洋の大規模

な海水循環によって南の海から北の海へ大量の熱が輸送されている。温暖化が進行すると、北半球の高緯度地方が多雨化してくる。その結果、密度の小さい淡水が大量に海へ流れ込む。そして、深海へ冷たい海水が沈降して南に戻る循環が阻害され、南の海から北の海への大量の熱輸送がストップする。その結果、氷河期の突然の襲来を招くおそれがある〔R. B. Alley、日経サイエンス、35(2)、2005、p.34〕。

地球温暖化防止に向けた国際的な取り組みとしては、1988年11月に、IPCCが開催され、①温暖化についての科学的な調査・研究、②温暖化が環境・社会・経済に与える影響、③温暖化防止対策の3部会が立ち上げられた。そして、1997年12月には、日本が議長国となり、気候変動枠組条約第3回締約国会議（COP 3）が京都で開催され、各国の温室効果ガスの削減目標（EU：8％、アメリカ：7％、日本：6％）を定めた議定書（京都議定書）が採択された。しかし、翌年、アメリカの大統領選挙でブッシュ政権が誕生すると、アメリカは発展途上国の削減が行われない状況の中で先進国が努力しても意味がないといって、この議定書の締結に加わらないとの意思を表明した。

しかし、2004年10月27日に、ロシアがこの議定書に加わることを表明し、2005年2月16日に、最大の$CO_2$排出国であるアメリカが加わらないまま、温暖化防止に向けて具体的な行動計画が動き始めた。

一口で言えば、「地球温暖化問題」は、急増するホモ・サピエンスによってもたらされる森林伐採などで減少しつつある自然界の$CO_2$のシンクの大きさ以上に、エネルギー源としての化石燃料の燃焼に伴う大気中への$CO_2$のインプットの増加がもたらした問題にほかならない。

　　＊国連環境計画（UNEP）と世界気象機関（WMO）の呼びかけで、1988年に設置された国連の組織の1つ。

## 第5節　フルオロカーボンとオゾン層[5, 6]

生物が陸上で生活できるようになったのは、おおむね、次のように考えられている。地球に生命が誕生して、やがて、光合成の機能を獲得した原始的藻類が生

まれた。その結果、水が還元されて酸素（$O_2$）が生成され、大気中に$O_2$が徐々に蓄積されていった。$O_2$は、上空に昇り、太陽からやってくる短波長の紫外線を受けてオゾン（$O_3$）が生成した。そして、成層圏にオゾン層が形成され、地表に到達する太陽光の中の、生きものにとって有害な紫外線がカットされるようになった。それを機に、一部の生物が海から陸上に生息場所を移すことに成功した。

　我々の目がキャッチできる光（可視光線）は、波長が380（紫色）〜780（赤色）nmの光（電磁波）である。波長が380nm以下の光は、人間の目では見えないが、紫色の外側の光ということで紫外線（UV：ultra violet）と名づけられている。他方、波長が780nm以上の光は、赤色の外側の光ということで赤外線（IR；infra red）と名づけられている。地球にやってくるUVは、主として、太陽起源である。現在用いられているUVの区分を図4-5に示す。UVの中で、380〜320nm程度の波長を持つもの（UV-A）は、肌の日焼けの原因となる。320〜280nm程度の波長を持つもの（UV-B）は、肌の水脹れの原因となる。280nm以下の波長を持つもの（UV-C）は、オゾン層で吸収されるため地表に到達しない。290〜242nmの波長のUVは、細胞内のDNAに強く吸収されて遺伝子の変異を引き起こすといわれる。タンパク質が吸収すると、その立体構造が変わる。したがって、UVは、日焼けやしみの形成にとどまらず、皮膚ガンや白内障を引き起こす。

　オゾン層は、対流圏の上に広がる成層圏の25km付近を中心にして、上下約20kmの範囲を指す。そこに存在する$O_3$量は、標準状態（0℃、1気圧）に換算すると、約3mmの厚さで地表を覆う程度である。これらの$O_3$が太陽からの有害な紫外線（320〜220nm）を吸収している。

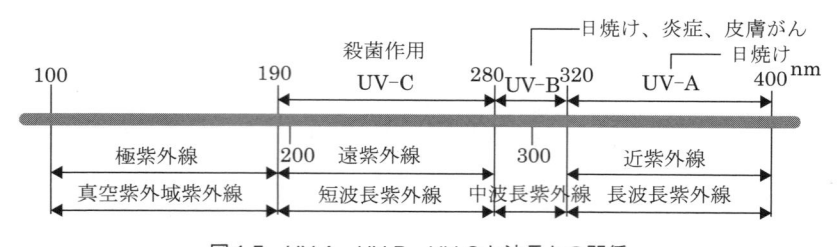

図4-5　UV-A、UV-B、UV-Cと波長との関係

1974年、ローランド(米)博士によって、成層圏のオゾン層がフロンガスによって破壊されているとの警告が発せられた。オゾン層の減少は、極地付近において顕著に観察され、南極上空で、春先に極端にオゾンの少ない現象が起きる。それを「オゾンホール」とよんでいる。

フロンとは、塩素とフッ素を持った炭化水素、クロロフルオロカーボン（CFC, chlorofluorocarbon）の日本における通称の呼び方である。1928年に、アメリカのGM社で、冷媒用として開発された完全なる人為的合成物である。CFCは、化学的に極めて安定であるため、引火・爆発の危険性が無く、金属や他の物質と反応しない。しかも、毒性が無いといった優れもので、1931年、デュポン社から「フレオン」という商品名で発売が開始された。そして、エアコン用冷媒、噴霧剤、半導体の洗浄剤として、幅広く利用された。その結果、大気中に放出されたCFCは、ゆっくりと成層圏付近まで拡散した。そして、成層圏に到達したCFCは、強いエネルギーを持ったUVによる光化学作用で、塩素原子(Cl)を遊離する。遊離塩素(Cl·)は、遊離酸素(O·)と反応し、一酸化塩素(ClO)を生成する。ClOは、光化学作用で、再び、Cl·を遊離する。これらの一連のプロセスで、$O_3$の生成が阻害されて$O_3$が減少する。

オゾン層の破壊により、有害なUVが地表に到達すると、生態系に深刻な問題を引き起こす。アメリカの環境保護庁(EPA)の予測では、オゾンが10％減少すると、地表に到達するUVが20％弱増加し、皮膚ガン患者が30〜50％増加するという。

フロンによるオゾン層破壊の指摘がなされて10年後の1985年に至り、オゾン層破壊防止のための国際的な取り組みが始まり、1992年に、極めて寿命の長い5種類の特定フロン*（フロン11[1]、フロン12[2]、フロン113[3]、フロン114[4]、フロン115[5]）の生産を1995年までにすべて止めることが決議された。そ

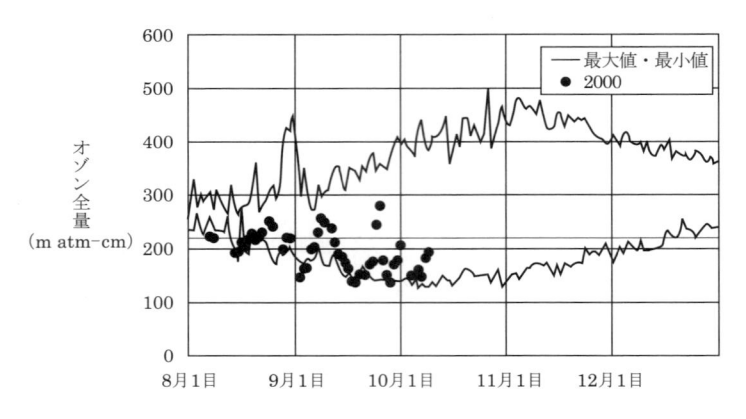

**図4-6　南極昭和基地におけるオゾン全量の変化**
（出典：2000年10月9日；気象庁データ）

の後の見直しで、四塩化炭素（$CCl_4$）やトリクロロエタン（$CH_3CCl_3$）が規制の対象に加えられ、また、フロンよりオゾン層破壊率の高いハロン（BCFC、bromochlorofluorocarbon）も全廃されることになった。そして、先進国でのこれらのフロン等の生産が中止され、それらの使用量は大きく減少した。しかし、昭和基地において観測された2000年の南極上空のオゾン層の破壊は、依然として改善されて

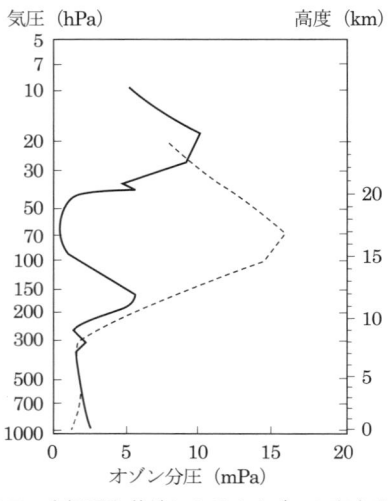

**図4-7　南極昭和基地におけるオゾンの高度分布**
（出典：2000年10月9日；気象庁データ）

いない（図4-6）。そして、15～19km上空のオゾン層は破壊されたままである（図4-7）。

　このような「オゾン層破壊の問題」は、人為的に合成された長寿命のCFCが引き起こした問題である。

＊フロンに付けられた数字は、1の位はFの数、10の位はH+1の数、100の位はC-1の数を示す。

## 第6節　酸性雨[7]

　地表に降る通常の雨のpHは、5.7程度ある。これは、上空で生成された雨滴が降下中に大気中の$CO_2$を吸収することによる。雨滴中に炭酸（$H_2CO_3$）が生成するが、その生成量は次の気液平衡に依存する。

$$CO_2 + H_2O \Leftrightarrow H_2CO_3, \quad [H_2CO_3](\text{mol}\cdot\ell^{-1})/p_{CO_2}(\text{atm}) = 10^{-1.5} \quad (1)$$

ここで、$[H_2CO_3]$は$H_2CO_3$の濃度を、$p_{CO_2}$は$CO_2$の分圧を、それぞれ表す。
　生成した$H_2CO_3$は、電離し、次の電離平衡が成立する。

$$H_2CO_3 \Leftrightarrow H^+ + HCO_3^-, \quad [H^+][HCO_3^-]/[H_2CO_3](\text{mol/l}) = 10^{-6.34} \quad (2)$$

大気中の$CO_2$濃度が350ppmとすると、

$$p_{CO_2} = 0.350 \times 10^{-3} = 10^{-3.46}$$

であるから、これを式(1)に代入して、$[H_2CO_3]$を求めると、$10^{-4.96}$となる。式(2)の$[H^+]$は$[HCO_3^-]$と等しいから、$[H^+]$が求まる（$10^{-5.7}$）。したがって、pH5.7が得られる。そのため、pHが5.6以下の雨を酸性雨と呼ぶことにしている。
　しかし、雨滴には、他のガスや土壌由来のカチオン（$Ca^{2+}$、$Mg^{2+}$など）が溶け込むため、pH＞5.7の場合もある。また、天然由来の酸性物質が溶け込み、人為的汚染の影響がなくてもpH＜5.7の場合もある。
　雨水の成分を分析すると、$H^+$はもとより、$NH_4^+$、$Ca^{2+}$、$Mg^{2+}$、$Na^+$などのカチオン、$SO_4^{2-}$、$Cl^-$、$NO_3^-$、などのアニオンが検出される。そのほかにも、数種類の微量成分も検出される。
　酸性雨の生成機構としては、おおむね、図4-8のように考えられる。産業活動や自動車排ガスから大気中に放出される二酸化硫黄（$SO_2$）や窒素酸化物（$NO_x$）などの酸性ガスが、大気中の$O_3$から生成されるヒドロキシラジカル（$HO\cdot$）によ

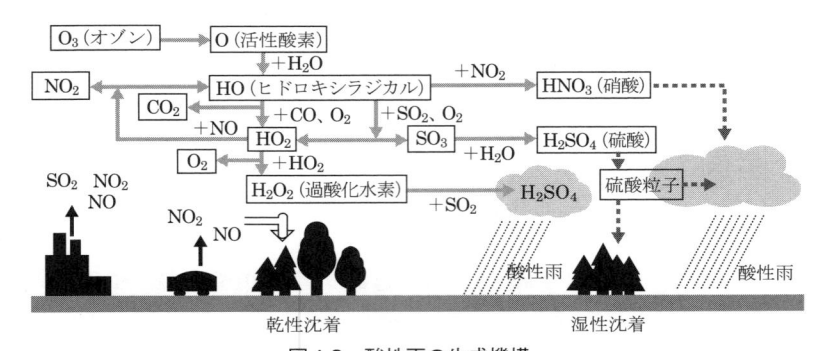

**図4-8 酸性雨の生成機構**
(出典：V. Mohnen, *Scientific American*(1988))

り、硫酸（$H_2SO_4$）や硝酸（$HNO_3$）に変換される。また、$SO_2$とHO・との反応で生成するヒドロペルオキシラジカル（HOO・）から生れる過酸化水素（$H_2O_2$）を介して生成される$H_2SO_4$もある。これらの酸が雨に溶け込むと、そのpHは4付近まで低下する。

大気中への$SO_2$の人為的供給は、主に、化石燃料の燃焼に起因する。$NO_X$については、化石燃料の燃焼以外に空気の高温燃焼からも生成する。酸性雨は、このような酸性物質が長距離輸送される過程で生成されると考えられ、発生源から離れた場所に現れることになる。

1950年代に、北欧やカナダ・アメリカ東部で、マツやトウヒなどの森林被害が発生し、その原因が酸性雨によるとの指摘がなされた。

酸性雨によって土壌のpHが5以下に下がると、土壌中の炭酸塩、ケイ酸塩が溶解して中和される。つまり、$H^+$が$Ca^{2+}$、$Mg^{2+}$、$K^+$などのカチオンと入れ替わる（陽イオン交換作用）。しかし、酸性雨に連続的に暴露されると、その交換能力が低下し、土壌の酸性化が進行する。土壌のpHが4.2以下になると、有機物を分解する微生物活動の低下、菌根菌類の減少、CaやMgなどの無機養分の溶脱、樹木の根を損傷する遊離アルミニウム（$Al^{3+}$）の溶出などが起こる。トウヒ、モミ、カラマツなどの針葉樹は、広葉樹に比べて、酸性雨に対する感受性は高い。

また、当時、スウェーデン、ノルウェー、カナダの多くの湖沼で、酸性雨の影響による酸性化が進行し、魚類に被害が発生したとの報告もある。

pH＜6で、湖底からAl$^{3+}$や重金属イオンが溶出する。pH＜5になると、緑藻類が減少し、それを餌とする動物プランクトンが減少する。その結果、魚が減少し、耐酸性の水生植物が繁茂する。pH＜4.5では、魚の卵の孵化が損なわれ、生魚の鰓の損傷を引き起こす。また、酸性雨は、大理石などの建造物や石像、また、銅像などにも被害をもたらす。

「酸性雨の問題」は、人間活動によって大気中に放出された酸性ガス（SO$_x$、NO$_x$など）が光化学反応により強酸に変化し、それらが雨水に溶け込んだ結果として発生した。

## 第7節　閉鎖性水域の富栄養化[8]

人口が密集した都市の排水には、窒素（N）、リン（P）が含まれており、それらが閉鎖系水域に蓄積すると、植物プランクトンの増殖を引き起こす。そして、黄褐色あるいは緑青色の水の濁りが進行する。それらのプランクトンが死んで、その遺体が水中の微生物によって分解される際、溶存酸素（DO）が消費され、結果的に、DOの低下を招く。このように、水中の植物の増加を出発点として、連鎖反応的に起こる水域生態系の全般的変化を「富栄養化（eutrophication）」と呼んでいる。

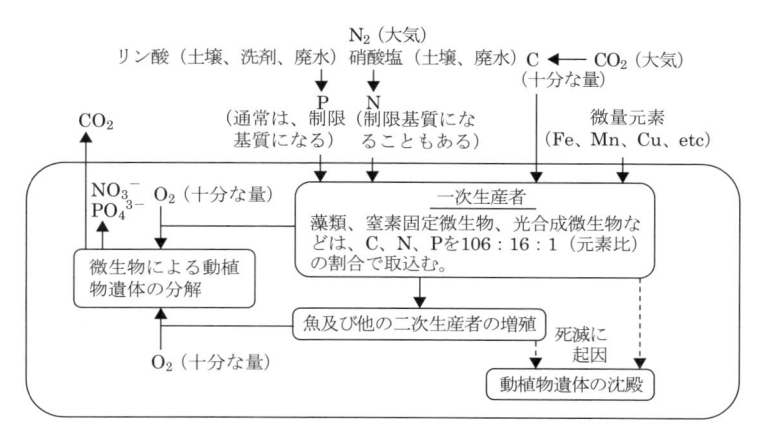

図4-9　閉鎖系水域における植物構成基本元素の需要と供給のバランス

一般の自然水域のNとPの濃度は、植物プランクトンが増殖できるほど高くはない。閉鎖系水域における植物基本元素の需要と供給のバランスを図4-9に示す。一般に、水生生物の増殖に必要な炭素（C）、窒素、リンの栄養バランスは、次の関係にある（レッドフィールド比）。

　　C：N：P = 106：16：1

　閉鎖性水域において、富栄養化が進行するかどうかは、水生生物の増加速度と、それらの分解速度（微生物などによる）によって決まる。仮に、植物プランクトンの増殖が可能であっても、増加速度と分解速度が同じであれば、水底への沈殿物はほとんど生じない。

　植物体の基本的な構成元素と、自然水のそれらの濃度との比をとると、NとPの濃縮係数が高い。そのため、淡水中で、植物生育の制限要因となる成分は、NとPであることがわかる。

表4-2　植物体の基本的構成元素の濃縮係数

| 元素 | 植物体の濃度 (%) | 水中の濃度 (%) | 植物体と水との比 (概算) |
|---|---|---|---|
| C  | 6.5  | 0.0012    | 5000  |
| Si | 1.3  | 0.00065   | 2000  |
| N  | 0.7  | 0.000023  | 30000 |
| K  | 0.3  | 0.00023   | 1300  |
| P  | 0.08 | 0.000001  | 80000 |

（出典：B. Freedman, *Environmental Ecology*, p.160, 1989）

　人間活動が原因で引き起こされる富栄養化（人為的富栄養化）は、短年月で急速に進行する。富栄養化は、1960年代中頃から、日本のみならず、世界的に重大な社会問題を引き起こした。そして、現在、世界各国の湖沼・沿岸海域において富栄養化は進行している。

　なお、陸水学でも、湖沼生態系の自然的・漸進的変化である「湖沼遷移」の初期段階における変化に対して、富栄養化という言葉が使われている。生物生産が低い「貧栄養湖」が、肥沃で生物生産が高い「富栄養湖」へ自然に変化するには、数百年から数万年といった年月を要する。貧栄養の湖沼の夏季の透明

度が10m以上であるのに対して、富栄養化状態にある湖沼の夏季の透明度が2mに満たない。

　湖沼や海域において、生物がリンを利用できるかどうかは、外部から流入するリン量、底質（堆積物）からのリンの移動速度に依存する。魚や藻類が死に底に沈むと、その死骸中のリンは底質に、一時的に移動する。$Ca^{2+}$や$Fe^{2+}$は、不溶性のリン化合物を作り沈殿する。底質中のリン化合物から溶出するリン酸（$PO_4^{3-}$）量は、水温が上昇したり、pHが低下すると大きくなる。また、溶存酸素（DO）が不足状態になると、$Fe^{3+}$が$Fe^{2+}$に還元されて、リン酸第二鉄がリン酸第一鉄に変わり、リンの溶出が起こる。

　北半球では、光合成活動が活発になる6～9月の間、日中に光の強い照射があると、表層水のpHが、しばしば10を超える。これは、藻類による表層水中の遊離炭酸（$CO_2$）の急激な消費によるもので、その平衡を保つために、次式のような反応により、水中の重炭酸塩（$HCO_3^-$）が分解して$CO_2$を供給しようとする。

$$HCO_3^- \rightarrow CO_2 + OH^-$$

このとき、水酸化物イオン（$OH^-$）が生成するため、pHの上昇が起こる。しかし、夜になると光合成活動が停止し、微生物などの呼吸や有機物の分解によって$CO_2$が水中に放出されて、次式の反応が起こり、pHはもとの状態に戻る。

$$CO_2 + H_2O \rightarrow H_2CO_3, \quad H_2CO_3 \rightarrow H^+ + HCO_3^-$$

　pHの高いとき、リンの存在形態は$HPO_4^{2-}$または$PO_4^{3-}$の形をとる。この形態のリンは、植物プランクトンにとって最も摂取しやすい。したがって、十分な窒素があれば、リンの消費速度が速くなる。

　湖沼において、植物プランクトンの増殖による水質の汚濁化や悪臭の発生は、その観光価値を確実に低下させる。水道水源湖の場合には、植物プランクトンの増殖は浄水場のろ材の目詰まりを起こしやすくなると同時に、浄水に異臭味を付加する。また,富栄養化は、深層水中のDOを減少させるため、サケ、マスなどの冷水性遊泳魚の生息を阻害するようになる。

　「閉鎖性水域の富栄養化問題」は、河川等への窒素、リンなどの栄養塩の過剰

供給に伴い、植物プランクトンの異常増殖がもたらした現象である。

## 第8節　油汚染の生態学的考察[9]

　オイルタンカーの偶発的事故によって、大量のオイル（原油など）が環境中に流出するパターンは暇がない。海洋に流出したオイルの運命について考えてみよう。

　海面に流出されたオイルは、まず、水面に薄い膜を形成しながら急速に分散していく。分散の程度は、粘性、環境条件（風、乱流、氷の存在など）によって支配される。一例をあげると、中東産の原油1m³の拡散は、10分後に、厚さ0.5mm、直径48mに広がる。100分後には,厚さ0.1mm、直径100mとなるといわれる。

　流出の初期段階においては、低沸点炭化水素の大気中への散逸が顕著にみられる。揮散の割合は、成分によって異なる。ガソリンであれば100％、燃料オイルでは75％、原油では30〜50％といわれる。C重油での10％程度が揮散する。低分子の炭化水素が揮散すると、高分子の炭化水素が濃縮される。例えば、1989年のアラスカ沖での流出の場合、34％から50％以上に濃縮されたといわれる。

　一方、流出付近において、水質汚染が引き起こされる。北海での流出事故では、油膜の下2m地点の海水の炭化水素濃度が4,000mg・m⁻³に達した。汚染されていない海水中の濃度が1mg・m⁻³程度であるから4,000倍ということになる。通常、重い炭化水素画分よりも軽い画分が、また、脂肪族炭化水素よりも芳香族炭化水素が溶けやすい。

　淡水の場合、$C_1$〜$C_4$の気体状炭化水素の溶解度は、24〜62g・m⁻³、$C_5$〜$C_9$の液状炭化水素の溶解度は、0.09〜39g・m⁻³、$C_{10}$〜$C_{17}$（ケロシン）の溶解度は、$1\sim 2\times 10^{-4}$g・m⁻³、C16〜C25（軽油）の溶解度は、$6\times 10^{-4}\sim 10^{-8}$g・m⁻³である。一方、芳香族炭化水素の溶解度は、ベンゼンで1780g・m⁻³、トルエンで515g・m⁻³、ナフタレンで31g・m⁻³と、脂肪族炭化水素に比べて大きい。

　揮散も溶解もしない残留物は、水と油のエマルジョン（70〜80％の水を含む）

を形成する。このエマルジョンは、チョコレート色をしたムースのような状態にあるため、「チョコレートムース」と呼ばれる。沖合いで流出したオイルの海岸への影響の主役は、この部分的風化産物である。さらに、生物的・光化学的酸化を受けて高密度化したアスファルト状になると、「タールボール」とよばれ、海洋の慢性的汚染源となる。そして、オイルタンクの洗浄作業がタールボールの主な発生源となっている。

水環境における炭化水素の生物濃縮は、植物、無脊椎動物、鳥類の順に増幅される。生態系に及ぼす毒性の程度には、様々な因子が影響してくるものと考えられる。例えば、①暴露量、②炭化水素組成、③暴露回数とその時期、④油膜の厚さ、エマルジョンの性質および風化の程度、⑤環境要因（天候、酸素の状態、他の物質との共存状態）、⑥分散剤の使用の有無、⑦生態系の感受性などが挙げられる。

水溶性画分の急性毒性試験を用いて、種の感受性を比較すると、次のような順になる。

魚＜軟体動物（貝類）＜棘皮動物（ウニ、ヒトデ）＜甲殻類（エビ）

多毛類（ゴカイなど）の感受性については、急速に死滅するものから抗毒性を有するものまで様々である、と報告されている。

ライフサイクルによる感受性をみると、生殖・発生過程で高く、成長過程では低い傾向にある。また、晩年・老年段階に比べて若年段階において高い。

生息地による感受性の比較では、生物生産の低い地域よりも高い地域において感受性が高い傾向にある。一般的に、海面、潮間帯（満潮と干潮の間の場所）、水と堆積物との界面での生物影響が大きい。

極地などの低温の海面にオイルが流出すると、オイルの粘性が増大し、水と混合し難くなる。さらに、揮散が抑制されるため、残留性が高く、汚染状態が長く続く。このため、潮間帯の海面で固まり、海面下に液体状態で蓄積する。この液状オイルは沖合いに移動し汚染源となる。種の多様性が貧しい極地では、海鳥の犠牲が顕著である。

一方、マングローブの林が茂る熱帯地方の海面にオイルが流出すると、マン

グローブの気根が強い感受性を示し、葉を落とし、その回復には数年を要するといわれる。潮間帯に生育するマングローブ林の生産力は、その沿岸の75％を占めている。さらに、海岸線の保護機能を有し、豊かな生態系の保護に貢献している。オイル汚染によって、新芽や若木は急速に枯れることがあり、その場合には、海岸線が著しく侵食される。また、オイル汚染は、サンゴ礁を破壊し、その再生を阻害することもある。

温帯地方や熱帯地方の肥沃な土壌に原油が漏出した場合、その分解に要する時間は、2～6か月程度といわれる。それに対して、砂漠や砂浜のやせた土地、寒冷な気候地帯へ原油が漏出した場合には、その分解に年単位を要するといわれる。この分解に要する時間の違いは、油の分解に生物活動が関与していることを示唆する。すなわち、寒冷地では、低沸点画分の揮散速度が遅いことと、微生物活動が不活発なことが原因で、油の分解が進まないものと考えられる。原油の分解は、土壌中のカビ、酵母、細菌などの共同作業で進むと考えられ、生態系が豊かな場所ほど速く分解が進む。

このことから、海に流出したオイルの分解にも微生物活動が関与していることが考えられる。すなわち、海洋細菌・糸状菌などによって油の酸化分解が考えられる。ただし、酸化速度は、必須無機塩類（硝酸塩、リン酸塩など）の存在割合に依存するといわれる。また、ムースが形成されると微生物分解を受け難くなる。なお、油の分解は、酸化分解が主体であり、嫌気状態での分解に関する知見は得られていない。

「油汚染」も産油国から先進国への油の海上輸送の過程で引き起こされる問題である。

## 第9節　殺虫剤のインパクト[10～12]

現在では、使用されなくなった $p, p'$-ジクロロジフェニルトリクロロエタン（DDT）[6]、1, 2, 3, 4, 5, 6-ヘキサクロロシクロヘキサン（BHC）[7]、ドリン剤（ディルドリン[8]、アルドリン[9]、ヘプタクロル[10]など）などの有機塩素系殺虫剤は、化学的に安定な物質であるため、自然環境や生物体内にインプット

されると高い残留性を示す。したがって、食物連鎖によって生物濃縮される。人畜に対する急性毒性は、比較的弱いものの、動物実験による発ガン性が指摘されている。

散布された殺虫剤が植物体に付着する割合は、10％程度といわれる。残りは、大気中に揮散したり、土壌表面に落下する。やがて、降雨などにより水界に移行する。揮発性の高いヘプタクロルなどは大気中に逃げやすい。

脂溶性のDDTは、植物表皮のワックス層に溶け込みやすく、降雨による流出は少ない。そして、徐々に植物組織内の脂質の多い部位に移行していく。例えば、玄米中のDDTをみると、米糠部分に約70％、精米部分に30％が分布する。リンゴの果実の場合、果皮に97％、果肉部分に3％が分布する。

水への溶解度が比較的高いγ-BHC（8個ある立体異性体の1つ）は、降雨によって消失しやすいが、植物組織内へも浸透しやすい。例えば、玄米の場合、米糠に40％、白米に60％が分布する。

散布により、植物の表皮に付着した殺虫剤は、大気中への揮散、UVによる光分解、降雨による流出などで速やかに減少する。内部組織に浸透した殺虫剤は、気孔からの揮散や酵素による分解などで減少するため、その減少速度は緩慢である。なお、土壌に浸透した殺虫剤の根からの吸収は、人参、大根、馬鈴薯などの地下部を可食する植物において相対的に高いといわれる。

土壌に散布された各種殺虫剤の1年後の残存率を比較すると、DDTが80％、ディルドリンが75％と高く、次いで、γ-BHCが60％、アルドリンが26％の順となり、低揮発性のものほど残存率が高い結果となった。なお、ディルドリンの残存試験で、土壌を殺菌した場合としない場合で比較した結果、殺菌した土壌では、4か月後に殺菌しなかった土壌の2倍以上の残存率を示した。この結果

は、殺虫剤の除去に土壌微生物が関与していることを示唆する。

　通常、1 haの土壌に3万匹のミミズが生息し、年間25 tの土壌がその消化管を通過するといわれている (0.8kg/匹/年)。殺虫剤の多くは、表層土壌に残留する。表層土壌に棲息する小型種のミミズが殺虫剤による汚染を受けやすい。この汚染ミミズを野鳥は捕捉して餌とする。

　有機塩素系殺虫剤を蓄積した野鳥は、死亡率の増加を来すばかりでなく、繁殖率が低下する。例として、カナダのニューブルンスビックの原生林で害虫防除のためにDDTが空中散布されたことがある。そのとき、使用されたDDTの量とヤマシギの繁殖率との間には強い負の相関 ($-0.88$) が見られた。散布されたDDTは、まず、ミミズに蓄積され、ミミズを主食とするヤマシギに移動した。その結果として、繁殖率が低下したと考えられている。

　食物連鎖による殺虫剤の生物濃縮は、殺虫剤の散布されていない湖での水鳥の死を引き起こす。有機塩素系殺虫剤を脂肪組織に蓄積した野鳥は、抱卵期や育雛期、渡りの季節、悪天候、餌不足状態などで体内脂肪を急速に消費すると、そこに蓄積していた殺虫剤が一気に血液中に放出される。その結果、致命的なダメージを受けて中毒死する。

　世界各国で猛禽類の個体数が激減しているのも、有機塩素系殺虫剤が卵殻の厚さを薄くしていることによるとの指摘がある。ラットを用いた実験で、有機塩素系殺虫剤は、肝臓で薬物代謝酵素を活性化させるとともに、体内の性ホルモンを分解させる。結果的に、残留性の高い殺虫剤を蓄積すると、性ホルモンの不足状態を引き起こす。繁殖期の雌鳥は、性ホルモン（エストロゲン）の働きで体内にカルシウムを蓄積し、そのカルシウムを用いて卵殻の形成を行うが、エストロゲンの不足は、繁殖期を遅延させたり、産卵数を減少させたり、抱卵行動に変調を来す。

アメリカ人の体の脂肪組織にもDDTが蓄積されていた。日本では、BHCの蓄積が顕著であった。これらの人体への進入ルートは、主に食品（食物連鎖）であり、飲料水や呼吸などによるルートは少ない。脂溶性のDDTの体内分布は、血液、脳、肝臓、脂肪組織の順に増大し、その比は、それぞれ、1：4：30：300であり、脂肪組織に最も蓄積されやすい。母体の脂肪組織に蓄積された有機塩素系化合物の排出ルートの1つに母乳（脂肪性分泌物）がある。したがって、母乳中のDDT濃度を測定することによって脂肪組織中のDDT蓄積量を推定することができる。

ヒトの場合、DDTの進入に対して、肝臓細胞が薬物代謝酵素を増産し、その代謝・分解（水酸基の付加、脱塩素化）を試みる。その代謝産物にグルクロン酸などが付加し（グルクロン酸抱合）、水溶性の物質に変わり、体外に排出される。DDTの中間代謝産物であるDDE[11]も、その毒性はDDTとほぼ同じで、長期間、体内に残留する。

低濃度のBHCをマウスに暴露した場合には、肝臓細胞でBHCに対する代謝・解毒作用の上昇が見られたが、高濃度暴露では、肝臓細胞の核やミトコンドリアなどの変性が起こる。そして、マクロファージが増殖して、それらを取り込んで消化しようとするが、やがて細胞の壊死が始まる。

有機塩素系殺虫剤とは別に、パラチオン[12]、マラチオン[13]、フェニトロチオン（スミチオン）[14]、ダイアジノンなどの有機リン系殺虫剤が作られた。これらは、昆虫の神経障害を誘発し、即効的効果を発揮する。人体に対する急性毒性は強いが、環境中では、有機塩素系に比べて分解されやすい。そのため、作物残留性や体内蓄積性は低い。しかし、事故が相次いだため、パラチオンなどの強毒性の有機リン剤は、使用が禁止された。

有機リン系殺虫剤の作用機序は、概ね次のように考えられている。昆虫が、情報伝達を行う際、神経細胞からアセチルコリン（神経伝達物質）が放出される。このアセチルコリンは、コリンエステラーゼによって分解される。有機リン剤は、コリンエステラーゼに結合してその活性を阻害する。そのため、アセチルコリンが分解されずに過剰蓄積し、神経や筋細胞の興奮状態が続き、やがて神経性の麻痺を引き起こす。

単一の作物を栽培すると、その耕地の生物相が単純化してくる。すなわち、その作物にとって害を及ぼす特定の生物種（害虫）のみが増加する。そのため、それらを退治するする殺虫剤の大量散布を余儀なくさせられる。その結果として、害虫の天敵となる生物がいなくなり、逆に、害虫の個体数を増やすことになる。殺虫剤が害虫よりも天敵にダメージを与えやすい理由としては、以下のようなことが考えられる。植物は、進化の過程で、害虫による食害を防ぐために細胞内に防虫成分を合成する代謝系を獲得してきた。それに対して、害虫側は、その防虫成分を分解する酵素の獲得に努めてきた。その分解酵素は、殺虫剤に対しても、ある程度の分解を可能としている。また、薬剤耐性を獲得しやすいシステムを備えている。一方、天敵はそのような備えは有していないため、ダメージを受けやすい。

　1954年頃、DDT抵抗性を獲得したアカイエカが登場した。それをきっかけに、1968年には、世界で224種もの害虫が薬剤耐性を獲得しているとの報告が出された。薬剤耐性のメカニズムは、いくつか考えられている。例えば、イエバエのピレトリン抵抗性は、ピレトリン（ジョチュウギクの花に含まれる天然殺虫性物質）の皮膚からの浸透を抑制するものである。ハエ類のディルドリン抵抗性やハダニの有機リン剤抵抗性は、感受性を低下させたことによる。かくして、殺虫剤に弱い個体が淘汰されて強い個体が繁殖するようになった。結果的に、殺虫剤の乱用は、薬剤抵抗性害虫を出現させることになり、新たに強力な殺虫剤の開発を余儀なくさせる。

　最近、不妊化させたオスの害虫の成虫を利用して害虫そのものの繁殖を抑制する試みや、フェロモンなどの誘引剤を利用して配偶行動を攪乱させる試みが研究されるようになった。そして、害虫の発生を最小限度に抑制することのできるこのような物質を「生物農薬」と名づけている。生物農薬は、人畜・魚類に対する安全性が高いばかりでなく、天敵への悪影響も少ない。さらに、環境汚染や残留毒性の心配がない。

## 第10節　重金属の生態毒性[13〜15]

　化学物質が生体に有害な反応を引き起こす能力を持つ場合に、その能力を「毒性（toxcity）」という。毒性を持つ物質によって生体が障害を受けることを「中毒（poisoning）」という。そして、化学物質が毒性を持つかどうかを、生体に現れる有害反応を指標として、明らかにするのが毒性試験である。一般毒性試験には、急性毒性試験と慢性毒性試験がある。

　急性毒性試験は、一定条件下で、試験対象物質を実験動物に何らかの経路（経口、皮下、静脈内、腹腔内、筋肉内など）で１回投与し、発生する症状の種類、程度、持続時間、中毒の状況、死亡の状態などを調べるものである。急性毒性の強さの指標としては、一定期間（通常、７〜14日）内に、試験に用いる個体数の半数が死亡する量を推計学的に算出した$LD_{50}$（50％ lethal dose）が用いられる。よく用いられる方法は、Litchfield Wilcoxon法で、１群当たりの個体数と用量段階の関係は、化学物質の毒性の強さによるが、致死率が０％および100％の各１群、その間に致死率が３段階となる３群の計５つの用量段階からなる実験が効果的である。

　慢性毒性試験は、試験対象物質を連続的に投与しながら、長期間（ラットで２年程度）の変化について観察するものである。

　他方、ある化学物質が少量ずつ反復して生態系に作用したとき、生態系に有害な反応が引き起こされるとすれば、その物質には生態毒性（ecotoxicity）があると考える。ここで、生態系に有害な反応とは、結果的に、ヒトの健康が阻害されるようなすべての反応を含む。ここでは、いくつかの代表的な重金属を取り上げる。

　一般的に、化学物質が生体内へ蓄積される量は、取り込んだ量と排出される量との差ということになる。生体内に取り込まれる方法としては、経口摂取（飲料水、食べ物）、呼吸摂取（空気）、経皮吸収（油溶性物質との接触）、胎盤透過などがある。排出される方法は、糞尿中への排出、気道・表皮・体毛・乳腺による排出などである。

　鉛（Pb）：鉛は、血液中のヘモグロビンが酸素と結合するときに重要な役割を

果たすヘムの合成に関与する生化学的反応を阻害し、δ-アミノデブリン酸（ALA）を生成する。ヘモグロビンが欠乏すると、貧血症状が現れる。血液中の鉛濃度が0.8ppmを超えると、腎機能障害が起こり、脳の損傷を来し、回復不可能な状態に陥る。

水銀（Hg）：水銀の毒性は化学構造に依存する。第一水銀イオンは、1価の正の電荷を持った原子が2個くっついたもので、塩素イオンと反応して不溶性の塩を形成する。胃の中には多量の塩素イオンが存在するため、第一水銀イオンの毒性は低い。第二水銀イオンは、イオウ原子との親和性が高く、タンパク質のイオウ含有アミノ酸と結合するが、生体膜を通過し難いため細胞内には輸送され難い。最も毒性が強いのはメチル水銀で、神経や脳に致命的な損傷を与える。血中濃度が0.5ppm程度に達すると、この症状が現れる。1953年頃に、熊本県の水俣市で発生した水銀中毒事件（水俣病）は、チッソ水俣工場から排出された有機水銀による。同様の事件が、1965年頃に、新潟県の阿賀野川流域で発生した（第二水俣病）。この事件は、河口から上流50km付近に立地していた昭和電工からの排水が原因とされた。

カドミウム（Cd）：1965年頃、富山県の神通川流域で、骨軟化に伴って骨折する病気が多発した。この奇病は、骨折時には激しい痛みを伴うため、患者さんが「痛い痛い」と叫んだことからイタイイタイ病と命名された。患者の肝臓から通常のヒトの10倍以上のCdが検出された。また、患者が多発した地域の水田中のCd濃度が3ppm以上検出され、そこで生産された米のCd量は、他の地域の10倍以上であった。神通川の上流にある亜鉛精錬所から排出される廃液によるCdによる慢性中毒であるとの判決がなされた。しかし、動物実験によるイタイイタイ病の再現はなされていない。

重金属による毒性発現機構は、体内に取り込まれた重金属の蓄積部位が種類によって異なり、さらに、種によって異なるため単純ではない。例えば、メチル水銀は、ヒトの場合には、脳に蓄積し、中枢神経を侵すが、マウスの場合には、腎臓に蓄積する。また、蓄積されやすい部位が必ずしも標的臓器とは限らない。例えば、イタイイタイ病患者の場合、Cdの蓄積量は、骨よりも腎臓や肝臓にはるかに多い。

重金属による毒性は、各臓器・組織での蓄積量と、その感受性との兼ね合いで発現するかどうかが決まる。

## 第11節　塩素系有機化合物の生態毒性[16〜19]

有機塩素化合物は、様々な環境問題を引き起こしてきた。その中には、ダイオキシンのような非意図的生成物質もあるが、生産中止となっているものが多い。ここでは、それらのいくつかについて取り上げる。

① PCB：1968年に北九州を中心に米ぬか油中毒事件（カネミ油症事件）が発生した。米ぬか油の生産工場で、製品にポリ塩化ビフェニール（PCB ［15］）が混入して、その油を摂取した人々に皮膚障害や神経障害が多発した。

PCBとは、ベンゼン環が2個つながったものを基本構造とし、その水素が塩素で置換された化合物の総称である。塩素の置換の仕方によって、多くの異性体が存在する。PCBは、人為的合成物質で、化学的に極めて安定なため、燃え難く、絶縁性に優れている。また、水に溶けないが、有機溶媒、油、プラスチックなどには溶けやすい。このような性質を活かして、PCBは、トランスやコンデンサーの絶縁油、熱触媒、潤滑油、プラスチック製品、接着剤、ワックス、塗料、印刷インク、複写紙など、多方面に用いられた。わが国でも、1954年から生産が行われるようになり、1970年の生産量は1万1,000tに達した。カネミ油症事件を契機として、その毒性のため、1972年に生産・使用・廃棄が禁止された。

PCB汚染は、地球上のあらゆる生物に広がっている。南極のクジラの肉や北極のシロクマの脂肪組織から検出されている。地中海のイルカの皮下脂肪中に3,000ppmのPCBが検出されたという報告がある。海水中に混入した極微量のPCBがプランクトンに吸収され、それを捕食した魚に濃縮され、そして、その魚を食べたイルカの体内に蓄積されたものと考えられる。また、魚や野鳥の脂肪組織からも80〜120ppmのPCBが検出されている。

一般的に、脂溶性の物質が体内に入ると、肝臓の薬物代謝酵素によって水溶性の化合物に変えられて尿中に排出される。水溶性化合物への変換は、まず、酸化・還元・加水分解などの反応により水酸基（-OH）の付加から始まる。次いで、付加された -OH に、グルクロン酸や硫酸などの水溶性原子団が結合する（抱合反応）。

　2～4個の塩素原子が置換したPCBの場合、抱合反応が進行し難いため、胆汁から十二指腸を通り、糞に一部が移行するものの、再吸収されて肝臓にリターンする。特に、2, 3, 4, 3', 4'-ペンタクロロビフェニールは、代謝され難く、長期間、体内に残留するため、毒性が極めて強い。

　PCBの摂取許容量として、動物実験から1日当たり $5 \mu g/kg$（体重）と考えられている。体重が50kgの人であれば、$250 \mu g \cdot day^{-1}$ となるが、カネミ油症事件の被害者の総摂取量は、少なくとも500mg以上と推定されている。

　②　ダイオキシン：かつて、北ベトナム・南ベトナム解放民族戦線とアメリカ・南ベトナム政府との間で、ベトナム戦争（1960～75年）が行われた。ジャングルの存在にてこずった米軍は、「枯葉作戦」と称して大量の枯葉剤（除草剤の一種を）散布した。その散布地域で、死産や奇形児が多発した。その原因として、枯葉剤の中にダイオキシンが混入していたことが指摘され、ダイオキシンの毒性が恐れられた。1976年に、イタリアのセベソで起こった農薬工場の爆発は、周辺地域にダイオキシン汚染を引き起こした。そして、異常出産が増加した。また、1978年に、アメリカ・ニューヨーク州で起きた「ラブ・キャナル事件」もダイオキシンによる土壌・地下水の汚染が原因といわれている。

　ダイオキシンは、2個のベンゼン環が2個の酸素原子で結合したもので、その1, 2, 3, 4と6, 7, 8, 9位に結合する塩素の数と位置によって、75の異性体が存在する。また、関連物質であるジベンゾフランは、2個のベンゼン環が1個の酸素原子で結合したもので、135の異性体が存在する。これらを合わせた210種の物質群をダイオキシン類とよんでいる。このうち、2, 3, 7, 8-四塩化ジベンゾパラダイオキシン（2, 3, 7, 8-TCDD [16]）の毒性が最も強い。

[16]

[17]

また、ジベンゾフランも2,3,7,8-TCDF[17]の毒性が強い。致死量は、10μg/kg（体重）である。急性毒性としては、肝臓障害、免疫抑制などがあげられているが、奇形・発ガンといった生態毒性の方が懸念される。妊娠中のマウスに極微量の2,3,7,8-TCDDを与えると、胎児の腎臓奇形が多発するとの報告がある。

ダイオキシンも、PCB同様、地球のあらゆる生物の体内で検出されている。カナダのシロクマやグリーンランドのアザラシの皮下脂肪には、平均で38.4pg・$g^{-1}$が存在していた。

現在、わが国では、ゴミ焼却炉の排煙・焼却灰中のダイオキシンが社会問題化している。ゴミ焼却炉では、塩化ビニールなどの有機塩素系樹脂を含むプラスチック製品を300℃程度で不完全燃焼させるとダイオキシンが発生するが、700℃以上で燃焼しているときには発生しない。微細な塵を除去するバグフィルター（合成繊維の羽毛状フィルター）で集塵すると、発生したダイオキシンの90％以上が捕捉される。また、焼却灰中のダイオキシンは、水と混合し、400℃、30気圧で、30分間、加熱・加圧すると、97％程度が分解されるという。

また、製紙工場で、パルプを塩素で漂白する過程でダイオキシンが生成するが、廃液を紫外線（UV）照射すると分解するとの報告がある。

## 第12節　その他の化学物質の生態毒性[20, 21]

多くの化学物質がガンを引き起こすことはよく知られている。ヒトのガンの80〜90％は環境要因に起因するとさえ言われている。

1775年に、イギリスの外科医ポット博士が煙突の掃除人に皮膚ガンや陰嚢ガンが多発することを指摘した。その原因が石炭のすすと関係があるとの仮説をもとに、日本の山極博士は、ウサギの耳に1年あまりかけて石炭のタールを塗る実験を行った。そして、1915年、ガンの発生に成功した（実験動物による世界で初めての研究成果）。そして、1933年、イギリスのケンナウェーらが、コールタールから発ガン物質としてベンツピレン（BaP）[18]を分離した。このBaP10μgをアセトンに溶かして、マウスの皮膚に週3回塗り続けると、1年後には皮膚ガンが発生する。BaPをはじめとする多環芳香族炭化水素類（PAHs）は、も

のの燃焼過程で発生する非意図的生成物であり、タバコの煙中にも存在する。

　このような発ガン性の化学物質は、ほかにもいろいろある。染料化学工業の産物である4-ジメチルアミノアゾベンゼン[19]は、0.06％を混ぜた餌をラットに与えると、6か月程度で肝臓ガンが発生する。この物質は、一時、バターイエローという名でマーガリンの着色剤として使用されていた。また、食品保存料としての亜硝酸の添加と関連して注目されたジメチルニトロソアミン[20]も、マウスやラットに肝臓ガンを引き起こすことが知られている。1968年頃から、食品防腐剤として、AF2（ニトロフリルフリルアクリルアマイド）[21]が広く用いられた。その遺伝毒性（遺伝子に作用し悪影響を及ぼすこと）が1978年に証明され、その使用が禁止された。

　ピーナッツにつくカビ（糸状菌）が産出するアフラトキシンB1[22]も、ごく微量で肝臓ガンを発生させる典型的な発ガン物質である。

　地上に存在している発ガン物質を、その出現の時代で分けると、大きく3つの時代に区分できる。①先史時代から存在していたもの（アフラトキシンなどのマイコトキシンの類、サイカシンなどの植物成分）、②人類が火を使うようになって生成されるようになったもの（BaPなどの多環芳香族炭化水素）、③近代的な工業化がもたらした化学物質（アゾ色素など）である。③の化学物質については、今後、ますます増加することが考えられる。そして、実験動物を用いた化学物質の発ガン性試験の結果が出るまでにはかなりの時間がかかるため、それらの結果如何にかかわらず、化学物質との関わり方を日常的に考えなければならない。化学物質による環境問題は、1960年代のppm（100万分の1）レベルの公害

問題から、20世紀末の発ガンに絡むppb（10億分の1）レベルに移行し、21世紀には、次に述べる環境ホルモン問題などのppt（1兆分の1）レベルの世界に入ってきた。

## 第13節　環境ホルモン問題[22～25]

　外因性内分泌攪乱化学物質（通称、環境ホルモン：endocrine disrupting chemicals）に関する環境汚染問題は、1997年に、アメリカの生物学者であるシーア・コルボーンらによる『奪われし未来（The Stolen Future）』という本の出版を契機に世界中に広まった。アメリカ・フロリダ州のアポプカ湖に棲息するアリゲーター（ワニ）のペニスの矮小化、イギリス・イングランド地方の川で捕獲されたローチ（オス）というコイに似た魚の精巣内への卵の存在などが確認されるに至り、野生生物のオスのメス化現象が危惧されるようになった。わが国でも多摩川で捕獲されたオスのコイの精巣異常が確認された。

　若いメスの魚の卵巣などから分泌される天然の女性ホルモン（エストロゲン）の一種、17$\beta$-エストラジオール（E2[23]）は、オスの魚の体内に取り込まれると、細胞内でエストロゲン受容体と結合してDNAに作用し、女性ホルモン作用を引き起こすタンパク質の前駆物質（ビテロジェニン）を合成する。同様に、外部からエストロゲン様物質（エストロゲンと類似の作用を示す化学物質）がオスの体内に取り込まれると、ビテロジェニンの合成が起こり、ひいては女性ホルモン作用が誘発される。

　合成エストロゲンとして、1938年に開発されたジエチルスチルベストロール（DES[24]）は、切迫流産防止剤として広く用いられたが、産まれて来た女の子が成人すると生殖器に腫瘍ができるなどの問題を引き起こした。わが国でも使用が認められている低容量経口避妊薬としてのピルには、エチニルエストラジオール[25]が含まれている。このような物質が環境中に放出され、野生生物の体内に侵入し、個体の成長過程において必要な時期以外に女性ホルモン作用が誘引されると、正常な性ホルモン作用が乱されることになる。

　日本の環境省は、内分泌攪乱化学物質を「動物の体内に取り込まれた場合に、

本来、その生体内で営まれている正常ホルモンの作用に影響を与える外因性の物質」と定義した。そして、環境ホルモンの疑いのある化学物質として、67種をリストアップしたが、それらの環境ホルモン作用の確認作業は容易ではない。ここでは、その中から代表的なものを表4-3にピックアップした。

[23]

[24]

[25]

[26]

ダイオキシンやPCBは、前述した化学物質であるが、体内に侵入すると、細胞質のアリルハイドロカーボン(Ah)受容体と結合して複合体を形成する。そして、核内に入り、DNAと結合すると、チトクロームP-450という酵素を産出する指令を引き出す。この酵素を介してエストロゲンの攪乱が引き起こされる。

DDTの中間代謝物であるDDEなどは、アンドロゲン受容体と結合するが、その複合体はDNAと

表4-3 環境ホルモンといわれている主な物質

| 物質名 | 代表的な用途・概要 |
| --- | --- |
| ダイオキシン | 塩素を含んだゴミを燃やすことにより発生する。催奇形性、発がん性などがある。ベトナム戦争で米軍が使用した枯葉剤に混入していた。 |
| PCB | 電気の絶縁体やノーカーボン紙の材料として生産。ダイオキシンと似た働きをする。1972年に生産中止。1974年に生産・輸入禁止。 |
| ヘキサクロロベンゼン[26] | 殺虫剤。1979年に生産・輸入禁止。 |
| ペンタクロロフェノール | 防腐剤。除草剤。1990年に生産禁止。 |
| クロルデン | 殺虫剤（シロアリ駆除）。1986年に生産・輸入禁止。 |
| DDT | 殺虫剤。1981年生産・輸入禁止。 |
| トリブチルスズ | 船底塗料。生殖障害。1997年3月までに国内生産中止。 |
| ノニルフェノール | 非イオン界面活性剤の原料。女性ホルモン作用を示す。 |
| ビスフェノールA | ポリカーボネート樹脂の原料。女性ホルモン作用を示す。 |
| フタル酸エステル | 塩化ビニルの可塑剤。生殖障害。 |
| スチレンダイマー・トリマー | ポリスチレン樹脂に含有されている。女性ホルモン作用を示す。 |

相互作用をしない。このような物質がアンドロゲン受容体を占拠すると、本来のアンドロゲンがその受容体と結合できないため、男性ホルモン作用が攪乱される。

環境ホルモン問題は、次の特徴を持つ。①環境ホルモンは、pptレベルといった極めて低い濃度で議論される。②そして、食物連鎖により生物濃縮されやすく、体内へ蓄積される。③また、生殖への影響が懸念されるが、その影響の判定が容易でない。④さらに、種類は多い。

また、環境ホルモン問題は、次の新たな問題を提起した。従来、考えられてきた化学物質の安全性は、我々の知識の範囲内における安全性に過ぎないということ、そして、未知の毒性や未知の作用機序については何ら保証するものではないことを知らしめた。

環境ホルモンは、pptレベルの極微量で作用し、生殖に影響を及ぼし、次世代ひいては人類の存在を脅かす。幼児期よりも胎児期に感受性が高く、この時期に受けた影響は不可逆的な障害を残す。したがって、これまで以上に疑わしいものの使用は避けるといった予防安全的な考え方を確立する必要がある。従来の化学物質による環境汚染に対する成人を基準とした安全性の考え方は、もはや、環境ホルモンに対しては当てはまらない。胎児にとってどのようなリスクがあるのかという視点に立って考える必要がある。

環境省は、1997年に、「環境ホルモン戦略計画」に基づき、疑いのある67物質の試験を順次開始した。それから7年が経過した2004年11月に、リストアップされた物質を順番に調べるという従来のやりかたを11物質で終わりにし、個別に必要性を検討して調べていくという方針転換を打ち出した。

しかし、我々は化学物質との付き合い方を考え直す必要に迫られている。我々は生活の利便性のみで化学物質を作り続けて来た。そして、問題が起これば、その代替となる別の化学物質を作り続けてきた。環境ホルモン問題は、化学物質の無秩序な製造、使用、廃棄が自らの存在を危うくする可能性を提起した。化学物質汚染から生態系全体をどのように守るかといった視点が、地球環境そのものを保全するためにも、人間自身の健康を維持するためにも重要である。

## 【参考文献】

1）N. Keyfitz『増え続ける世界の人口』サイエンス19(11)、日経サイエンス社、1989、p.70-80.
2）L. R. Brown、浜中訳『地球白書1998-99』1998、p.20-35.
3）R. Houghton, G. Woodwell『実測データが示す地球温暖化』別冊サイエンス93、日経サイエンス、1989、p.7-17.
4）松野太郎『温室効果ガスの増加による気候変化の推定』科学、59(9)、岩波書店、1989、p.583-892.
5）R. Stolarski『南極のオゾンホール』別冊サイエンス93、日経サイエンス、1989、p.51-59.
6）富永健『クロロフルオロカーボンと成層圏オゾン』科学59(9)、岩波書店、1989、p.602-609.
7）畠山史郎『酸性雨　誰が森林を傷めているのか？』シリーズ地球と人間の環境を考える3、日本評論社、2003.
8）B. Freedman, Environmental Ecology, p.159-179, Academic Press, Inc. 1989.
9）B. Freedman、Environmental Ecology、p.135-158, Academic Press, Inc. 1989.
10）レイチェル・カーソン『沈黙の春』新潮社、1964.
11）B. Freedman、Environmental Ecology、p.180-224, Academic Press, Inc. 1989.
12）深海浩『変わりゆく農薬』化学同人、1998、p.120-126.
13）T. G. Spiro, W. M. Stigliani、正田・小林訳『環境の科学』学会出版センター、1985、p.177-186.
14）西村肇、岡本達明『水俣病の科学』日本評論社、2001.
15）L. Friberg、木村訳『環境中のカドミウム』医歯薬出版、1975.
16）長山淳哉『しのびよるダイオキシン汚染』ブルーバックス、講談社、1994.
17）渡辺雄二『超毒物ダイオキシン』ふたばらいふ新書、双葉社、1998.
18）宮田秀明『ダイオキシン』岩波新書、1999.
19）渡辺正、林俊郎『ダイオキシン　神話の終焉』シリーズ地球と人間の環境を考える2、日本評論社、2003.
20）西岡一『遺伝毒物』ブルーバックス、講談社、1976.
21）杉村隆『発がん物質』中公新書、中央公論社、1982.
22）T. コルボーン、D. ダマノスキ、J. P. マイヤーズ、長尾訳『奪われし未来』翔泳社、1997.
23）D. キャドバリー、古草秀子訳『メス化する自然』集英社、1998.
24）T. コルボーンほか『よくわかる環境ホルモン学』環境新聞社、1998.
25）筏義人著『環境ホルモン』講談社、1998.

# 第5章 土壌(土)と人間環境

## 第1節 はじめに

　土壌は、一般的には土と呼ばれ、固体地球(岩圏)の最表層部をなすものであり、我々人間の生活の場となっている。すなわち、土壌は農耕の場であり、人類は食糧生産の場として古くから利用してきた。また、崖崩れなどの土砂災害の原因や地震や火山の活動による各種災害の原因物質ともなっている。なお、土壌は地球表層部で空気および水と接しているとともに、多くの生物の生息の場でもあることから、地球環境とも密接な相互作用が行われている。その相互作用の例を図5-1に示す。

　本章では、土壌の性質を概説するとともに、土壌に関連する環境問題を取り上げる。さらには、土壌を利用した環境保全についても解説する。

## 第2節 土壌とは何か

### 2-1 土壌の形成

　地表に露出した岩体は、雨水や河川水などの地表水や空気などに晒されることにより、地表部から次第に変質して微細な粒子へと変化していく。この過程

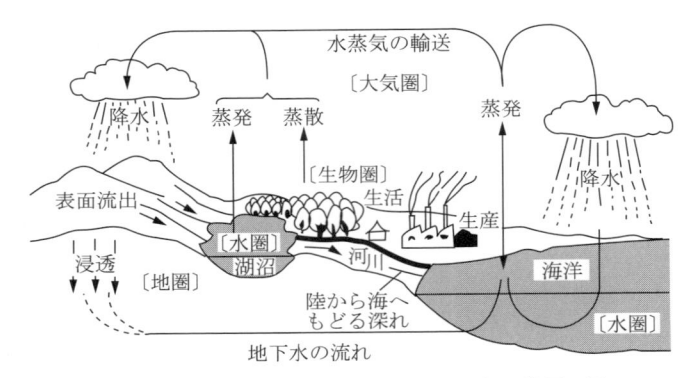

図5-1 大気圏、水圏、生物圏、岩圏の相互作用の例
(出典：岡山ユネスコ協会編『市民のための地球環境科学入門』新版、大学教育出版、1999)

を風化作用と呼ぶ。風化作用は流水の作用や温度変化などにより岩石が細粒化する「物理的風化作用」と、化学反応により岩石中の鉱物が微細な鉱物に変化する「化学的風化作用」で考えられることが多い。もちろん2つの過程は単独に起こるのではなく、両者が互いに反応を助長しながら進行する。物理的風化作用により岩石が細粒化すれば化学反応が起こりやすくなり、微細な鉱物ができると岩石が破砕されやすくなるのである。化学的風化作用では岩石中に含まれる地下深部で生成した造岩鉱物が、空気中の酸素、二酸化炭素、および水と反応して溶解作用、酸化作用、水和作用、炭酸化作用、などを受け、地表付近で安定な微細鉱物である次項に述べる粘土鉱物に変化する。例えば、岩石に最も普通に含まれる長石類からは、化学的風化作用を受けると粘土鉱物の一種であるカオリナイトが生成する。

$$2KAlSi_3O_8 + CO_2 + 2H_2O \rightarrow Al_2Si_2O_5(OH)_4 + 4SiO_2 + K_2CO_3$$
　　カリ長石　　　　　　　　　　　カオリナイト

　風化作用の生成物はその場に留まって表土（風化殻）を形成したり、流水などによって運ばれ低地に堆積して、段丘、扇状地、海岸平野などを形成することになる。さらに、最終的には海に運ばれて地層を形成することになる。なお、岩石を構成する鉱物の種類によって風化作用に対する抵抗性が違うため、土壌中には風化によって生成した微細粒子と未風化のやや大きな鉱物粒子（例えば石英や

第5章　土壌（土）と人間環境　223

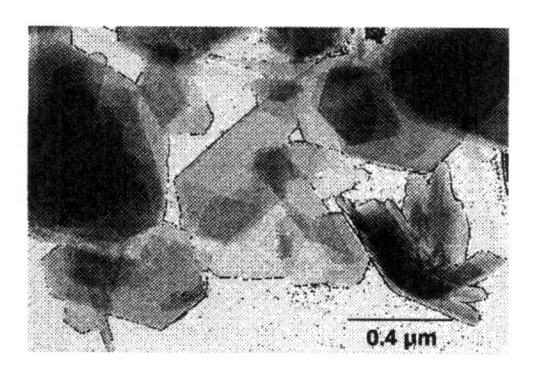

図5-2　カオリナイトの透過電子顕微鏡写真

長石類）が含まれることになる。さらに、多くの場合に堆積の過程で生物体が分解して生成した有機物（腐植物質）が含まれる。

ある場所を掘り下げた場合の断面を土壌断面と呼ぶ。図5-3にその模式図を示す。地表付近では

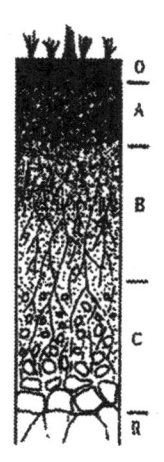

O層：堆積腐植層、
A層：腐植を含む溶脱層、
B層：粘土に富む集積層、
C層：粘土を含む角礫層
R層：弱い風化を受けた岩石

図5-3　土壌断面の模式図
（出典：吉村尚久編著『粘土鉱物と変質作用』地学団体研究会、2001）

腐植質を含む暗色の土壌があり、その下には腐植質の少ない土壌が分布する。深くなるに従って未風化の岩石片が多くなり、最下部では未風化の岩石のみが現れる。


2-2　粘土と粘土鉱物

　土壌を構成する微細な粒子を粘土と呼ぶ。粘土は水を加えると可塑性を示し、赤熱すると固まる（焼結）性質を持っている。粘土の粒径については専門分野により若干異なっているが、普通は0.002mm（2μm）より細かい粒子を指す。粘土を構成する主要な鉱物は粘土鉱物と呼ばれる雲母類と同じような層状構造を持つ結晶質の珪酸塩鉱物である。粘土鉱物は図5-4に示すよう珪素を中心とする正四面体の4つの頂点に酸素が配位して出来るSi－O四面体が平面的に結合した四面体シートと、アルミニウム、鉄、マグネシウムなどを中心とする正八面体の頂点に酸素や水酸基が配位してできる八面体が、平面的に結合してできる

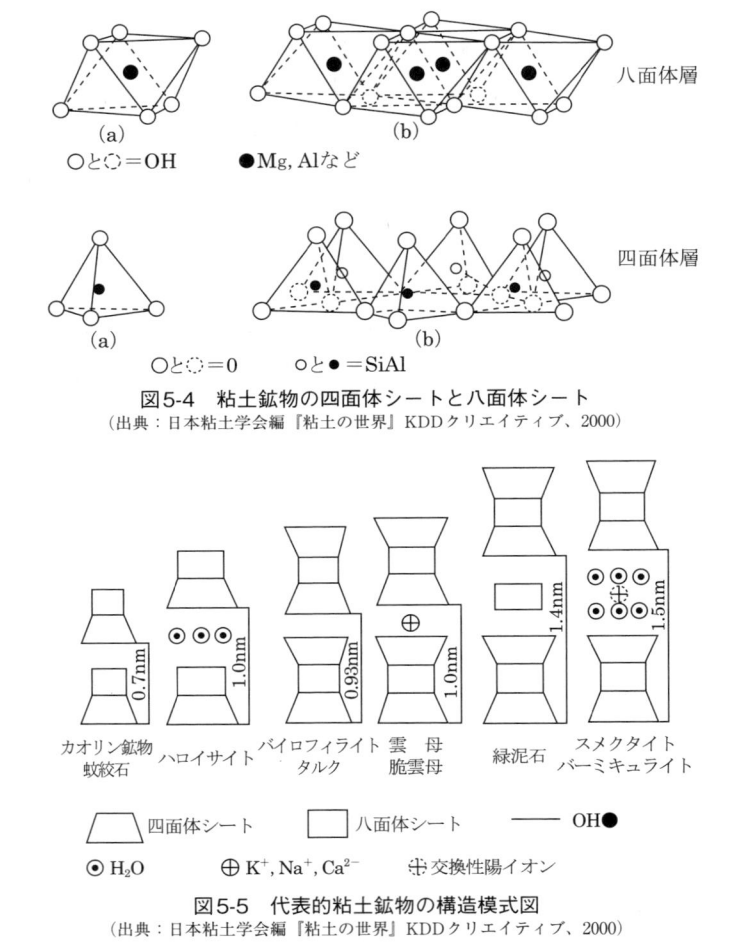

図5-4 粘土鉱物の四面体シートと八面体シート
(出典：日本粘土学会編『粘土の世界』KDDクリエイティブ、2000)

図5-5 代表的粘土鉱物の構造模式図
(出典：日本粘土学会編『粘土の世界』KDDクリエイティブ、2000)

八面体シートが構成単位となっている。実際の粘土鉱物ではこれらのシートが合わさって1つの単位層を構成しており、それらが積み重なって結晶構造が作られている。四面体シートと八面体シートの組み合わせには図5-5に示すようなものがあり、粘土鉱物の分類が行われている。

粘土鉱物を構成する単位層の間を層間と呼び、層間には水分子や各種の陽イオンが含まれる場合がある。層間の陽イオンは簡単に外部のイオンや極性分子と交換するため交換性陽イオンと呼ばれている。

粘土には、粘土鉱物のほかに微細な非結晶質の物質も含まれていることが多い。特に風化作用で生成した地表付近の土壌中には相当量の非結晶質物質が含まれ、主要な構成成分となっている。

## 2-3 腐植質と土壌養分

　土壌中には無機質の鉱物粒子だけでなく多くの生物、特に微生物（細菌、カビなど）が活動している。枯れた植物や動物の遺体などは、土壌中でこれらの微生物により分解されて腐植質（腐植酸）と呼ばれる有機物質へと変化していく。こうして生成した有機物質は、最終的にはアンモニウムイオン（$NH_4^+$）やリン酸二水素イオン（$H_2PO_4^-$）まで分解されて、植物に吸収されその栄養分、すなわち土壌養分となる。したがって、腐植質の多い土壌が肥沃な土壌であり、農耕に適したものといえる。なお、土壌の黒い色はこれらの有機物質によるものである。

　肥沃な土壌では、腐植がセメントの役割をして粘土粒子、砂などの粒子を接着して小さな固まりである団粒を構成している。図5-6に示すように、隣り合う団粒と団粒の間にはやや大きい孔隙があり、土壌の通気性を保つとともに適度な水分を保持している。植物の根の生育には栄養分だけでなく空気と水が必要であり、団粒構造は植物にとって好ましい環境の形成に役立っているのである。腐食質の失われたやせた土壌では次第に団粒構造が消失し、土壌は空気と水分を保つことができなくなる。そして、最終的には土壌流失によって消滅したり、砂漠化により不毛の土地へと変化することになる。

　このように、数十cmから数十mの厚さで地表を覆う土壌層は、生物の遺体を分解し新たな植物の生育に必要な栄養分を供給する場である。土壌および土壌微生物の存在は、農業生産にとって欠くこ

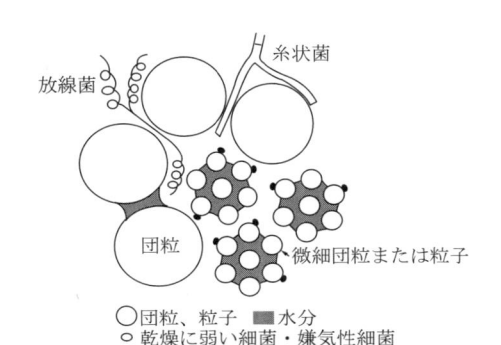

**図5-6　土壌の団粒構造の模式図**
（出典：高井康雄・三好洋『土壌通論』朝倉書店、1997）

とのできない存在であるばかりでなく、気圏、水圏、岩圏、生物圏を結ぶインターフェイスとして、生態系の発達、保存にとって極めて重要な場となっているのである。

## 第3節　土壌流失

### 3-1　土壌浸食と流失

　土壌は、地表の流水や風により絶えず浸食され徐々に移動している。このような土壌の浸食は、土壌が地表に露出している場所では、どこでも必ず発生している通常の物理的過程である。移動運搬された粒子は、低地に堆積して新たな土壌を形成することになる。この場合、浸食されたあとには、新たに生成したり、上流から運搬されてくる土壌が供給されることになる。

　安定した土壌では、生物体の分解によって常に養分に富んだ肥沃な土壌が形成され、土壌の供給と流出とのバランスがとれて長期間土壌が維持される。こうした土壌層により形成された代表的な地形が海岸平野、河岸段丘、扇状地などであり、古くから現在に至るまで農耕の場として人類に食糧を提供してきた。古代エジプトでは、毎年定期的に氾濫するナイル川により上流から肥沃な土壌が運ばれ、これによって農業生産力が維持され国の発展を支えていたといわれている。

　ところが近年、様々な自然条件の変化と活発化した人間活動の影響によって、この肥沃な土壌層の劣化、流失がかなりの速度で進んでいることが明らかとなった。

### 3-2　土壌流失の現状

　土壌の流出・移動の速度が供給量を上回るようになると、肥沃な土壌が減少し、農業生産力の低下を招くことになる、これが土壌流失である。土壌流失は乾燥地帯などの栄養分に乏しい地域で発生するだけでなく、近年では主要な穀物生産国であるアメリカ、旧ソ連、中国などでも顕著な土壌流失が続いている。

このうち中国では毎年50億tの土壌が流失し、約6.67万haの耕地が失われており、土壌浸食総面積は国土面積の37％に上るといわれている。一方、アフリカや南米、東南アジアなどでも土壌流失が進行しており、次節に述べる砂漠化の進行とも相まって、穀物生産量の減少や一部地域での慢性的な飢餓の発生が心配されている。

わが国でも、土壌流出とまではいえないものの、かなりの畑で肥沃な土壌層が薄くなったり、養分の保持力低下している事例が報告されている。ただし、わが国に多い水田では耕作面が水平で水を導入するため、幸いなことに土壌流出は極めて少ない。

## 3-3 土壌流失の原因

前述したように、土壌流失はその地域への土壌の供給量と流出量のアンバランスによって生じるもので、一般的には流出量の増大によって起こるものである。この土壌流出量の増加をもたらす要因とは、地表の流水の流量増加と土壌養分の減少による土壌の水分保持力の低下であろう。前者の原因としては、気候変動などの自然的原因が、後者の原因としては人間活動の増大などの人為的原因が主要なものであると考えられる。

地表水の流量増加は、気候変動に伴う降水量の増加、特に時間当たりの降水量の増加によって生じる。一般に地表に降った雨水は、その一部は地中に浸透し地下水となり、一部は森林の樹木や土壌中の腐食質によって保持される。そして残りが地表面を流れて河川を作り、最終的には海に流れ込む。しかし、短時間に激しい雨が降るようになると、降水量が土中への雨水の浸透力を上回るようになり、大量の水が地表を流れるようになる。これに森林伐採などによる水の保持力の低下が加わると、その影響はさらに大きくなる。このようにして、地表を短時間に大量の水が流れると土壌が浸食され、浸食された大量の土壌が流水によって運び去られることになる。

人口増加による食糧増産の必要性による焼き畑の増大や過耕作など、土壌養分の再生産力を上回る耕作が行われ土壌養分が失われると、それに伴って水分

保持力も低下して農業生産力が急激に低下していく。これに過剰放牧が加わると地表の植生まで失われることになり、地表では乾いた露地が拡大していく。こうなると、雨水はほとんど地中に浸透することなく地表面を流れ、土壌の浸食が進み、これに伴って土壌が失われていく。化学肥料の過剰施肥も土壌保水力の低下の一因となる。このような人為的原因による土壌流失は発展途上国だけで起きている現象ではなく、最近ではこれまで穀倉地帯として農業生産の盛んだった国でも問題となっている。

　気候変動の主要な原因の1つとして、化石燃料消費の増大に伴う地球温暖化が考えられる。地球温暖化の進行により、乾燥化が進む地域と降水量の増加する地域が現れることが考えられる。これまで湿潤で植生の発達していた地域で乾燥化が進むと、植生の衰退により土壌養分が失われ土壌流失を招くことになり、一方、短時間の降水量の増加も前述したように土壌流失を増加させる。したがって、総合的には土壌流失は、次項に述べる砂漠化の進行とともに、食糧増産やエネルギー消費の増大などの人間活動の影響を受けて進行していることになる。適正な土地利用の管理と地球環境保全への総合的取り組みが土壌流失や砂漠化などの土壌環境の悪化を防ぐ手段であるといえよう。

## 第4節　砂漠化の進行

### 4-1　砂漠とは何か

　砂漠とは「大陸の中で、雨量が少なく、植物がほとんど育たない岩や砂ばかりの広大な土地。サハラ・アラビア・ゴビの砂漠など」（学研・国語大辞典）とされている。また国連の環境会議によれば、砂漠化とは土地劣化というもっと広い枠組みで考えるべきであるということから「乾燥地帯、半乾燥地帯、乾燥半湿潤地帯における気候上の変動や人間活動を含む様々な要因による土地の劣化」と定義されている。

　砂漠といってもまったく雨が降らないのではなく、降水量よりも蒸発量が上回るため、降雨が地下に浸透することなく蒸散する地表部の乾燥の著しい地域で

ある。もっとも、地下には水脈の流れる場所もあり、一概に水のまったくない地域というわけではない。わが国は年間平均降水量が約2,000mmもあり、水が豊富であって砂漠化の兆候は見られないが、世界的に見ると、図5-7に示すようにアフリカ、中東、中国、南北アメリカ、オーストラリアを含む広大な乾燥地帯や砂漠が分布している。

## 4-2 砂漠化の進行

1991年の国連環境計画の調査によれば、既存の砂漠を含む世界の乾燥地域は61億haで、全陸地面積の約40％を占めている。図5-8に砂漠化の現状を示す。砂漠化の影響を受けている地域の総面積は36億haであり、地球の陸地面積の約4分の1を占めている。特に放牧地での砂漠化の進行が著しく、世界の人口の6分の1が砂漠化の影響を受けていることになる。

砂漠化の進行および土壌流失により、1973年以降穀物生産量が減少し、アジ

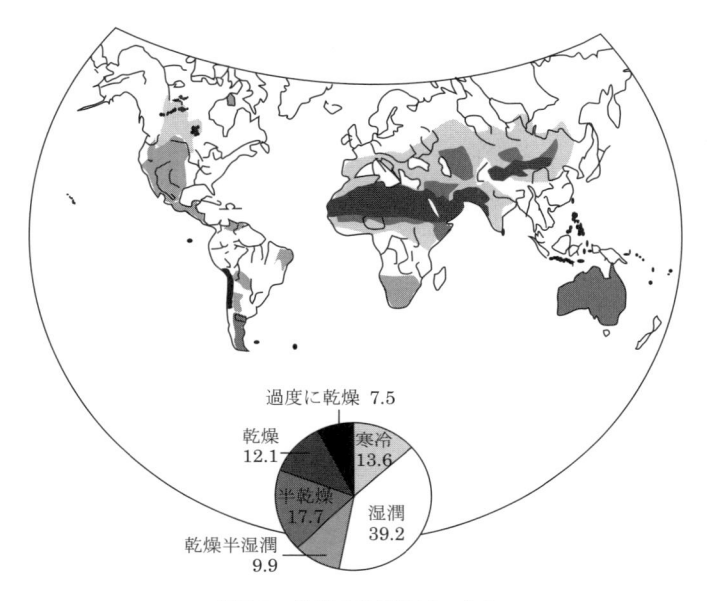

図5-7 世界の乾燥地域の分布
(出典：環境省地球環境部編『地球環境キーワード事典』改訂版、中央法規出版、1993)

●砂漠化の現状

砂漠化の影響を受けている土地の面積: 約36億ヘクタール、地球の全陸地の約4分の1（約149億ha）

砂漠化の影響を受けている人口: 約9億人、世界の人口の約6分の1（約54億人）

耕作可能な乾燥地における砂漠化地域の割合（大陸別）: 南アメリカ 8.6%、北アメリカ 12.9%、ヨーロッパ 2.6%、オーストラリア 10.6%、アジア 36.8%、アメリカ 29.4%

●砂漠化の影響を受けている割合

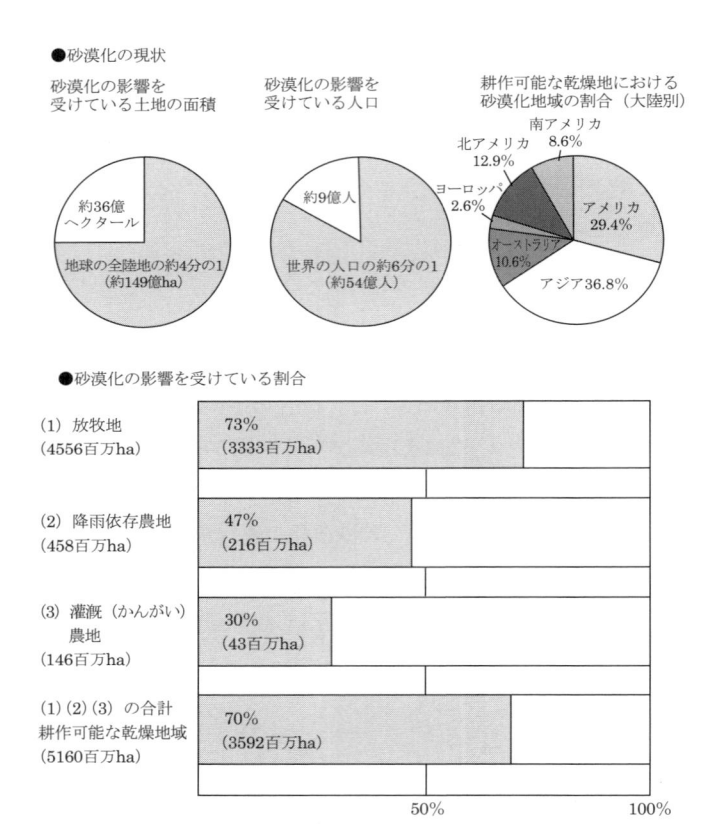

| | 面積 | 影響を受けている割合 |
|---|---|---|
| (1) 放牧地 | 4556百万ha | 73%（3333百万ha） |
| (2) 降雨依存農地 | 458百万ha | 47%（216百万ha） |
| (3) 灌漑（かんがい）農地 | 146百万ha | 30%（43百万ha） |
| (1)(2)(3)の合計 耕作可能な乾燥地域 | 5160百万ha | 70%（3592百万ha） |

図5-8　砂漠化の現状（資料：国連環境計画 1991）
(出典：地球環境研究会編『地球環境キーワード事典』四訂版、中央法規出版、2003)

ア・アフリカを中心とする発展途上国では慢性的な食糧不足が発生し、人口が都市部に集中して難民の増加や国際紛争の原因ともなっている。また、これらの地域では燃料用の木材の不足も深刻な状況となっている。

### 4-3　砂漠化の原因

砂漠化の原因としては、下降気流の発生や降水量の局地的減少などの主として気候の変化による自然的要因と、家畜の過放牧、過耕作、不適切な灌漑による塩類集積、過剰な薪炭材の採取などの人為的要因がある。しかし、現在進行

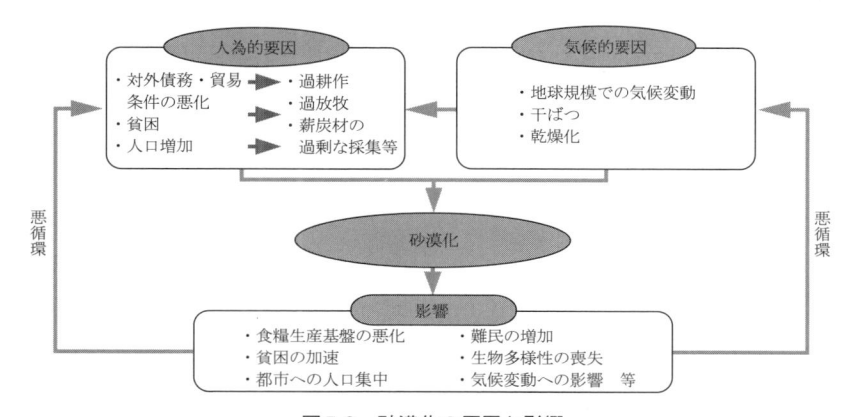

```
       ┌─────────────────────┐           ┌─────────────────────┐
       │    人為的要因       │           │    気候的要因       │
       │ ・対外債務・貿易    │           │ ・地球規模での気候変動│
       │   条件の悪化  ・過耕作│          │ ・干ばつ             │
       │ ・貧困       ・過放牧│          │ ・乾燥化             │
       │ ・人口増加   ・薪炭材の│         │                     │
       │              過剰な採集等│       │                     │
       └─────────────────────┘           └─────────────────────┘
                      │                           │
                      ▼                           ▼
                         ┌──────────────┐
                         │   砂漠化      │
                         └──────────────┘
                                │
                         ┌──────────────┐
                         │   影響        │
                         │ ・食糧生産基盤の悪化  ・難民の増加    │
                         │ ・貧困の加速          ・生物多様性の喪失│
                         │ ・都市への人口集中    ・気候変動への影響 等│
                         └──────────────┘
```

図5-9 砂漠化の原因と影響
（出典：地球環境研究会編『地球環境キーワード事典』四訂版、中央法規出版、2003）

している砂漠化の多くは、人為的要因によって引き起こされていると考えられている。図5-9に砂漠化の原因と影響を示す。

自然的要因とは、地球規模の大気循環の変化に伴う気候変動に起因するものであり、エルニーニョ現象のような海水温の変化によるもの、地球温暖化に伴う大気の含水量の変化などがその原因と考えられている。エルニーニョ現象は太平洋中央部から南米のペルーにかけての海域で海水面温度が平常時より上昇する現象である。これが発生すると、太平洋赤道域での東西の気温差が縮小するため東風が弱まり、太平洋赤道域西部での雲の発達が抑制されるため東南アジアやオーストラリア、インドなどの地域で降水量が減少し、これらの地域を中心に干ばつになる傾向がある。また、わが国では暖冬・冷夏・梅雨寒になるといわれている。エルニーニョ現象はこれまで10年程度の間隔をおいて発生してきたが、近年ではこの間隔が短縮されているように思われる。

人為的要因では過放牧、過耕作、過剰な薪炭材採取など、草地や耕作地の再生能力を超えた過剰利用や、休耕期間を短縮した焼き畑農業による土地の劣化などがある。前項で説明した土壌の流失によっても最終的には砂漠化が進行する。これらの背景には人口増加に伴う食料と燃料の確保が限界を超えて行われていることがある。

また、乾燥地帯での農耕を行うために灌漑が行われるが、地下に浸透し地層

中の塩分を溶かし込んだ灌漑水が地表での活発な蒸散により地表へ逆流し、蒸発することにより塩類が地表部の土壌中に集積する。さらに、塩類濃度の高い地下水による不適切な灌漑によっても塩類集積を招き、土地が劣化する場合も多い。このほか、排水の悪い砂漠に過剰な灌漑を行うことにより灌漑水が地表に溜まり、砂漠が湿地化してしまう場合も見受けられる。

## 第5節 土壌汚染

### 5-1 土壌汚染

　休止した鉱山の廃水、稼働中の工場の排煙や廃棄物処理場からの漏水に含まれる有害粉塵、排水や地中への汚染水の浸透などに由来する化学物質による土壌汚染が大きな問題となってきた。

　汚染された土壌に生育する植物は、その生育が阻害されるだけでなく、汚染物質を吸収し、その葉や実に高濃度に濃縮されることがある。また、汚染土壌中を流れる地下水に汚染物質が溶出することにより井戸水や水道水が汚染される。その結果、それらを口にする人々の健康被害が発生することになる。精錬所の排煙に含まれていたカドミウムにより水田が汚染され、汚染米を食べた住民がイタイイタイ病を発症したのはその一例である。

　近年では工場などで使用される化学物質も極めて多様化し、土壌汚染による健康被害も他種類に及ぶようになってきた。そのため、何らかの対策を講じる必要性が高まってきた。

### 5-2 土壌汚染の対策

　水俣病や四日市喘息などの公害が大きな社会問題となっていた1970年に「農用地の土壌汚染防止法」が制定された。これは田畑の汚染が原因と考えられる農作物の汚染に由来する健康被害を防止しようとするもので、当初はカドミウム、銅、およびヒ素を対象とするものであった。カドミウムおよびヒ素は健康被

害に、銅については作物の生育阻害に基づいて制定されたものである。この法律に基づいて全国の農用地汚染状況の調査が行われ、132の地域、7,200ha余りの土地で基準値以上の汚染物質が検出され、そのうち、68地域、6,275haが汚染地域に指定された。指定地域では汚染防止対策が実施され、2004年度末までに6,000haで対策事業の完了が予定されている。これは進捗率では83％を超える値となっている。

1991年には人の健康を保護し、生活環境を守る上で維持されることが望ましい項目と基準を定めた「土壌の汚染に係る環境基準」が制定されて、現在では六価クロムなどの重金属に加えてテトラクロロエチレンなどの有機物質を含む27物質が指定されている。都道府県などによる汚染事例の調査も行われており、平成16年版環境白書によれば、2001年度にも新たに211件の新たな土壌汚染事例が判明している。事例を汚染物質別に見ると、鉛、ヒ素、六価クロム、総水銀、カドミウムなどの重金属類に加えて脱脂洗浄や溶剤として使われるトリクロロエチレン、テトラクロロエチレンによる事例が多くなっている。

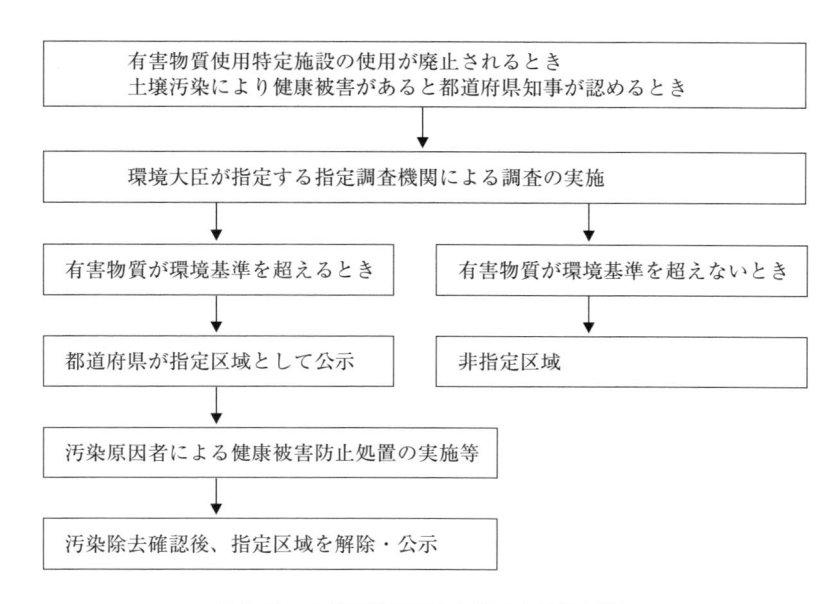

```
┌─────────────────────────────────────┐
│ 有害物質使用特定施設の使用が廃止されるとき      │
│ 土壌汚染により健康被害があると都道府県知事が認めるとき │
└─────────────────────────────────────┘
                    ↓
┌─────────────────────────────────────┐
│ 環境大臣が指定する指定調査機関による調査の実施    │
└─────────────────────────────────────┘
        ↓                           ↓
┌──────────────────┐      ┌──────────────────┐
│ 有害物質が環境基準を超えるとき │    │ 有害物質が環境基準を超えないとき │
└──────────────────┘      └──────────────────┘
        ↓                           ↓
┌──────────────────┐      ┌──────────────────┐
│ 都道府県が指定区域として公示  │    │ 非指定区域          │
└──────────────────┘      └──────────────────┘
        ↓
┌──────────────────────────────┐
│ 汚染原因者による健康被害防止処置の実施等   │
└──────────────────────────────┘
        ↓
┌──────────────────────────────┐
│ 汚染除去確認後、指定区域を解除・公示     │
└──────────────────────────────┘
```

図5-10　土壌汚染対策法に基づく対策の流れ
(出典：環境省『平成16年度版環境白書』ぎょうせい、2004より作成)

このように、近年では企業のリストラなどに伴う工業跡地の再開発・売却、環境管理に伴う自主的な汚染調査や自治体による地下水の常時観測の体制整備に伴って、市街地など都市部での土壌汚染事例が増加している。このような状況から、国民の安全と安心の確保を図るため、土壌汚染の状況の把握、土壌汚染による人の健康被害の防止に関する措置等の土壌汚染対策を実施することを内

表5-1 土壌汚染対策法施行規則に基づく基準

| 項目 | 溶出量基準 | 含有量基準 |
| --- | --- | --- |
| カドミウムおよびその化合物 | 0.01 mg/L以下 | 150 mg/kg以下 |
| 六価クロム | 0.05 mg/L以下 | 250 mg/kg以下 |
| シマジン | 0.003 mg/L以下 | |
| シアン化合物 | 検出されないこと | 50 mg/kg以下（遊離シアン） |
| チオベンカルブ | 0.02 mg/L以下 | |
| 四塩化炭素 | 0.002 mg/L以下 | |
| 1,2-ジクロロエタン | 0.004 mg/L以下 | |
| 1,1-ジクロロエチレン | 0.02 mg/L以下 | |
| シス-1,2-ジクロロエチレン | 0.04 mg/L以下 | |
| 1,3-ジクロロプロパン | 0.002 mg/L以下 | |
| ジクロロメタン | 0.02 mg/L以下 | |
| 水銀およびその化合物 | 0.0005 mg/L以下 | 15 mg/kg以下 |
| セレンおよびその化合物 | 0.01 mg/L以下 | 150 mg/kg以下 |
| テトラクロロエチレン | 0.01 mg/L以下 | |
| チウラム | 0.006 mg/L以下 | |
| 1,1,1-トリクロロエタン | 1 mg/L以下 | |
| 1,1,2-トリクロロエタン | 0.006 mg/L以下 | |
| トリクロロエチレン | 0.03 mg/L以下 | |
| 鉛およびその化合物 | 0.01 mg/L以下 | 150 mg/kg以下 |
| 砒素およびその化合物 | 0.01 mg/L以下 | 150 mg/kg以下 |
| ふっ素およびその化合物 | 0.8 mg/L以下 | 4,000 mg/kg以下 |
| ベンゼン | 0.01 mg/L以下 | |
| ほう素およびその化合物 | 1 mg/L以下 | 4,000 mg/kg以下 |
| ポリ塩化ビフェニル | 検出されないこと | |
| 有機リン化合物 | 検出されないこと | |

溶出量基準：汚染物質が溶出した地下水の飲用に関する基準
含有量基準：汚染土壌の直接摂取に関する基準

容とする「土壌汚染対策法」が2002年5月に定めら、2003年2月に施行された。この法律によると、汚染の可能性のある土地の所有者には図5-10に示すように一定の条件の下で汚染の調査および対策が義務づけられている。従来の「農用地の土壌汚染防止法」が「農用地」の土壌汚染を防止する目的なのに対し、「土壌汚染対策法」は有害物質を扱っていた市街地の「工場跡地など」が対象となっていることが大きな相違点である。また、この法律では汚染除去などの対策の実施を汚染の判明した土地の所有者に求めているのも大きな特徴である。

## 5-3 土壌汚染物質

「農用地の土壌汚染防止法」では、農作物を通じての健康被害を防止することを目的にカドミウム、銅およびヒ素を対象としていた。これに対して、「土壌汚染対策法」では、汚染物質が溶出した地下水の飲用および汚染土壌を直接摂取することによる健康被害を防止することを目的として、表5-1に示すように対象物質（特定有害物質）ならびに基準を定めている。

なお、ダイオキシン類による土壌汚染対策としては、これらとは別にダイオキシン類対策特別措置法（1999年制定）に基づく対策が行われている。

## 第6節　環境保全と粘土

### 6-1　粘土の特性、人間との関わり

粘土および粘土鉱物は、可塑性、焼結性、イオン交換性、吸着性、吸水性、膨張性、遮水性、粘結性、触媒活性、などの様々な特性を持っている。そのため、古代から様々な形で人間生活の中で利用されてきた。

例えば、陶磁器は適度の水分を含む粘土の可塑性を利用して成形を行い、高温で焼成することにより焼結させて、食器やレンガ、タイルなどを作るもので、最も古くから行われてきた粘土の利用である。近年の電子材料やスペースシャトルの外装材としても使用されているセラミックスは、その発展的応用である。

表5-2 地震によって発生した土砂災害の規模・地質・粘土鉱物

| | M | 死者・行方不明者 | 負傷者 | 全壊家屋 | 半壊家屋 | 滑り面の地質 | 粘土鉱物 |
|---|---|---|---|---|---|---|---|
| 今市 (1949) | 6.4, 6.7 | 10 | ? | 290 | 2,994 | 火山灰 | ハロイサイト |
| えびの (1968) | 6.1, 5.7 | 3 | 42 | 498 | 1,278 | シラス | ハロイサイト |
| 十勝沖 (1968) | 7.9 | 52 | 330 | 673 | 3,004 | 軽石 | ハロイサイト |
| 伊豆半島沖 (1974) | 6.9 | 29 | 78 | 46 | 125 | 火山岩 | ハロイサイト |
| 大分県中部 (1975) | 6.4 | 0 | 19 | 31 | 90 | 火山岩 | ハロイサイト、混合層 |
| 伊豆大島近海 (1978) | 7.0 | 25 | 139 | 94 | 539 | 火山灰 | ハロイサイト |
| 長野県西部 (1984) | 6.8 | 29 | 8 | 14 | 73 | 軽石 | ハロイサイト |

M：マグニチュード
(出典：田中耕平「崩壊・地すべりと地すべり粘土」中村三郎編著『地すべり研究の発展と未来』大明堂、1996)

　また、古代のイギリスではある種の粘土を「フーラーズアース」と呼び、毛織物などの布の洗濯に用いていた。これは粘土による油脂やそのほかの汚れを吸着する性質を利用したものである。このほかにも、粘土はセメントなどの建築材料の原料、ボーリング用泥水や止水剤、などとして土木建築分野で、触媒や充填剤として石油化学工業分野で、幅広く利用されている。さらに、身近なところでは胃腸薬や化粧品としても利用されている。

　一方で、粘土は自然災害などの際に人間に災いをもたらす原因ともなっている。例えば土砂崩れや地滑りでは、滑り面に粘土鉱物の一種であるスメクタイトを多く含む層が存在する場合が多いことが指摘されている。スメクタイトは多量の水を含むと膨張して糊状となり、この面より上の地塊が滑り落ちるのである。地震災害や火山活動に伴う土砂災害においても、膨張性粘土鉱物が関わっていることがしばしば指摘されている。地震における土砂災害における例を表5-2に示す。

## 6-2 環境保全と粘土

　粘土の吸着性や遮水性などの特性を利用して、環境保全の分野でも利用が進んでいる。ここでは、産業廃棄物の最終処分場の汚染防止、生活空間の有害物質の除去、放射性廃棄物のバリヤー材としての利用について紹介する。なお、最近では土壌汚染対策法に施行に関連して、汚染土壌の修復と浄化に粘土を利用

しようとする試みも進められている。

## (1) 最終処分場の汚染防止

廃棄物処分場では、廃棄物から出る有害な汚水の漏出防止にゴムや塩化ビニールなどのシートが用いられてきた。しかし、長年の使用により亀裂が生じて有害物質を含んだ汚染水が漏出するなど、安全性が問題視されるようになってきた。汚染水の漏出を防止する目的で、シートを単層ではなく二重にしてその間に水抜き層を設けたり、シートの下に粘土層を施行する複合システムの遮水壁が考案された。さらに、粘土層の代わりに2枚のポリプロ歩連シートの間に粘土を挟み込んだものや、ポリエチレンシートに粘土を接着剤で固めたものも使われるようになってきた。これらに用いられる粘土はベントナイトと呼ばれるスメクタイトを主成分とする粘土で、万一シートに亀裂が生じて汚染水が漏れ出すと、粘土は汚染水を吸収して膨張し亀裂を押し上げて塞ぐとともに、透水性を低下させ汚染水の浸透を遮断する役割を果たしている。このような粘土を利用した遮水壁は、信頼性が高い、施工が容易である、比較的経済性が高い、などの理由によりわが国でもその使用が増加している。

## (2) 生活空間の有害物質の除去

最近、快適な生活空間を確保するために、様々な新しい材料の開発が行われている。その中で、天然の無機材料である粘土を利用して開発されているものをいくつか紹介しよう。

1990年代に入った頃から、建築材料から放出されるホルムアルデヒドなどの揮発性有機化合物（VOC）が原因となってアレルギーを引き起こす、いわゆる「シックハウス症候群」問題が騒がれるようになった。その対策として、粘土を用いてシックハウスを防止する新しいタイプの建材が市販されている。これは建材中に含まれる粘土の一種であるバーミキュライトが、VOCを吸着し触媒作用により分解することを利用したものである。

また、生活空間の有害物質や不快臭などの除去にも粘土が使われている。セピオライトは結晶構造に由来する細孔が存在し大きな比表面積を持つため、水

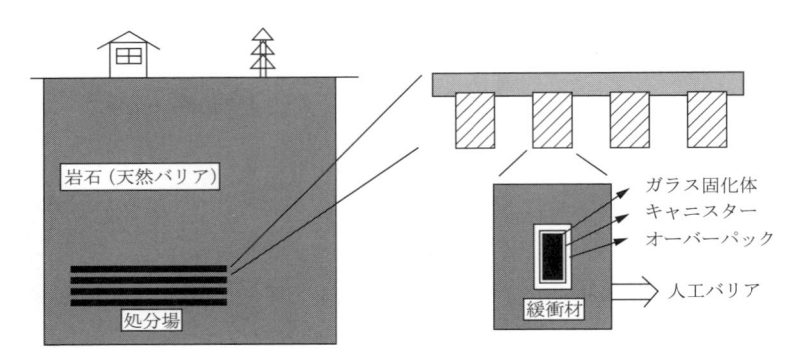

図5-11　高レベル放射性廃棄物地層処分の概念図
(出典：須藤談話会編「粘土科学への招待」2000)

分子やアンモニアに対して非常に大きな吸着能を持っている。このセピオライトを住宅用壁紙や自動車シートのパッキング剤に利用することにより、悪臭の原因となるアンモニアやアルキルアミン類を吸着させて除去使用とする製品も開発されている。さらに、高気密・高断熱住宅の普及から、アロフェンの持つ吸湿・放湿性を利用して室内の湿度を一定に保つことのできる住宅用の調湿性内装材も販売されている。

　このほか、極めて身近な利用としてはペット用のトイレ砂がある。わが国でも家の中で犬や猫などの小動物を飼うようになってきて、そのトイレ用に2～3mm大の粘土が使われるようになってきた。これは、粘土の臭気吸着力と水分により固まる性質を利用したもので、わが国ではベントナイトが、ヨーロッパでは主としてセピオライトが利用されている。

(3) 放射性廃棄物のバリア材

　第2章で述べたように、ウランを原料とする原子力発電所の使用済み核燃料を再処理してウランとプルトニウムを抽出すると、抽出後には高いレベルの放射性を持った廃棄物（高レベル放射性廃棄物）が残される。この放射性廃棄物は数千年にも及ぶような長期間にわたって高い放射能レベルを保つため、その扱いが大きな課題となっている。この放射性廃棄物の処理の1つの方法として計画されているのが地層処分であり、地下深くの岩盤中に処分場を設けて人間生

活圏から隔離しようとするものである。その概念図を図5-11に示す。

　地層処分では、高レベル放射性廃棄物はまずガラス固化体として数十年間冷却のために貯蔵される。その後、金属製のキャニスターに入れられ、鋼鉄製のオーバーパックで覆われ、さらに周囲に緩衝材が充填される。これらの構成を人工バリアと呼び、その緩衝材としてスメクタイトを主成分とする粘土であるベントナイトが用いられる。廃棄物処理場に施工された粘土層と同様に、スメクタイトの高い膨張性による遮水効果を利用しようとするものである。水が処分場に侵入した場合、スメクタイトはその水により膨張し透水性を低下させ、水がガラス固化体へ達しにくくする。また、放射性物質が水に溶けた場合は、スメクタイトの高い吸着能により外部への漏出が防止されることになる。

【参考・引用文献】
1）岡山ユネスコ協会編『新版市民のための地球環境科学入門』大学教育出版、1999.
2）吉村尚久編著『粘土鉱物と変質作用』地学団体研究会、2001.
3）日本粘土学会編『粘土の世界』KDDクリエイティブ、2000.
4）須藤談話会編『粘土科学への招待』三共出版、2000.
5）高井康雄・三好洋『土壌通論』朝倉書店、1997.
6）環境省地球環境部編『地球環境キーワード事典（改訂版）』中央法規出版、1994.
7）地球環境研究会編『地球環境キーワード事典（四訂版）』中央法規出版、2003.
8）環境省『平成16年版環境白書』ぎょうせい、2004.
9）田中耕平「崩壊・地すべりと地すべり粘土」中村三郎編著『地すべり研究の発展と未来』大明堂、pp.105-110、1996.

# 第6章 廃棄物とリサイクル

## 第1節　廃棄物の発生と分類

### 1-1　廃棄物の定義[1]

　廃棄物の定義としては、「廃棄物の処理及び清掃に関する法律（廃棄物処理法）」第2条にて、「ゴミ、粗大ゴミ、燃え殻、汚泥、ふん尿、廃油、廃酸、廃アルカリ、動物の死体その他の汚物又は不要物であって、固形状又は液状のもの」としている。放射性廃棄物に関しては、「特定放射性廃棄物の最終処分に関する法律」第2条にて規定しており、廃棄物処理法の対象外である。廃棄物処理法では、廃棄物はゴミのほかに様々な不要物を含む概念として規定されており、占有者にとって不要となり、また有償で売却することもできないようなものと解釈されている。逆にいうと、原材料として売買される場合には廃棄物といわない。

　廃棄物の定義は法律によっても異なる。「循環型社会形成促進基本法」では、排出される不要物を包括して「廃棄物等」と定義し、その中で有用なものを「循環資源」という新たな用語で説明している。循環資源は「有償もしくは逆有償にかかわらず再生利用できる、もしくは再生利用すべき廃棄物」を意味している。個別リサイクル法では、食品リサイクル法において、「食品循環資源」とい

う新しい用語が使われている。

このように廃棄物の定義には曖昧さが残るため、再生利用する資源と称して廃棄物が野積みされたり、不法投棄されたりする例が少なくない。逆に、リサイクル可能なものが廃棄物とされる場合もある。環境保全の立場からは、できるだけ廃棄物の範疇を広げて規制の範囲を広げるべきであるとする一方、リサイクルを促進する立場からは、効率的なリサイクルを進めるために、限定的で明確な廃棄物の定義を求める意見もある。

## 1-2 廃棄物の分類

廃棄物は、大きく「産業廃棄物」「一般廃棄物」「特別管理廃棄物」に区分される（図6-1）。

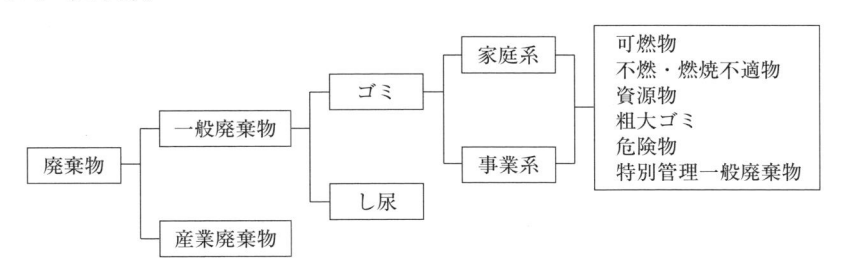

図6-1 廃棄物の分類
(出典：寄本勝美著『リサイクル社会への道』岩波新書、平成15年度、p.19.)

### (1) 産業廃棄物

産業廃棄物とは、産業活動に伴って排出される廃棄物のうち、法律や政令で指定するものである。

廃棄物処理法では、燃え殻、汚泥、廃油、廃酸、廃アルカリ、廃プラスチック等が定義されているが、政令では紙くず、木くず、繊維くず、動植物性残さ、ゴムくず、金属くず、ガラスくず・コンクリートくず（建設廃材を除く）・および陶磁器くず、鉱さい、建設廃材（コンクリート破片それに類するもの）、家畜ふん尿、家畜死体、公害防止施設や焼却施設からのダスト類、産業廃棄物を処

理した後の残さ物の19種類が指定されている。

　産業活動に伴って排出されるすべての廃棄物が、産業廃棄物とは限らない。例えば、紙くずについては、建設業、製紙業、印刷・出版業、などの業種から排出されるものに限定されており、ビルやオフィスから排出される紙くずは産業廃棄物ではない。建設工事から発生する残土は産業廃棄物ではないが、含水率の高い泥状のものは汚泥として産業廃棄物となる。

　産業廃棄物は個別の品目ごとに指定されているため、法律や政令の範疇では想定されていないものが問題となる。廃棄物か否かは、客観的かつ明確な基準がないために、悪質業者がリサイクル可能であると偽り、廃棄物を野積みする例も多い。

(2) 一般廃棄物[3]

　一般廃棄物とは、産業廃棄物を除く廃棄物のことである。法律の区分にはないが、家庭から排出される家庭系一般廃棄物（家庭ゴミ）と、事業活動に伴って排出される事業系一般廃棄物（事業ゴミ）に分けられる。なお、本書ではおおむね、し尿を除く一般廃棄物を「ゴミ」と表記する。

① 紙ゴミ

　紙は家庭用品の様々の用途に使用されており、家庭ゴミの容積比で40％を超え、湿重量比では30％を超える。紙ゴミに占める紙袋、ダンボール箱、牛乳パックなどの容器包装廃棄物の割合は40％以上に達する。そのほかとしては、古新聞、古雑誌、古紙回収されずに捨てられた紙、ティッシュペーパー、紙おむつなどの使い捨て商品、広告紙などである。

② プラスチックゴミ

　プラスチックは、1960年代から家庭ゴミとして捨てられるようになり、当時はゴミ全体の容積比、湿重量比とも1％以下であった。しかし、平成13年度では、容積比では全ゴミ量中最大の約45％を占め、湿重量比でも15％程度まで増加している。世界的に見て、プラスチックがゴミ全体の10％を超える国は非常に少ない。

③ 生ゴミ（厨芥）

　生ゴミ（厨芥）は、家庭ゴミの容積比で10％程度であるが、湿重量比では全ゴミ量中最大の45％程度を占める。厨芥は水分が70〜80％を占めるため、乾燥させた場合、元の重量の10％以下にすることが可能である。厨芥は、野菜くずなど植物性厨芥と肉の食べ残し、魚の骨などの動物性厨芥に分類できる。通常、植物性厨芥が動物性厨芥の5〜7倍程度多く排出される。

(3) 特別管理廃棄物

　特別管理廃棄物とは、廃棄物処理法で「爆発性、毒性、感染性その他人の健康または生活環境に係わる被害を生ずるおそれがある性状を有するものとして政令で定めるもの」と定義される。それぞれ特別管理一般廃棄物、特別管理産業廃棄物が定められている。

　特別管理一般廃棄物としては、エアコン、テレビ、電子レンジなどのPCBを使用する部品、ゴミ処理施設の集塵灰、病院、診療所、老人保健施設等から出る感染性の恐れのあるものがあげられる。

　特別管理産業廃棄物としては、廃油、廃酸、廃アルカリ、PCB汚染物、下水汚泥、鉱さい、産業廃棄物処理残さ、廃石綿、ばいじん等で、有害物質の基準値を超えるものが該当する。

## 第2節　リサイクルの現状

### 2-1　リサイクルとは

　1976（昭和51）年に経済企画庁がとりまとめた「資源リサイクル経済社会システム化の課題と展望」（1976年3月、資源リサイクル経済社会システム調査研究委員会）では、資源リサイクルを、「有価廃棄物を回収して再利用するサイクルとともに、利用価値の少ない廃棄物を最終処分して環境汚染を抑えるサイクルを含むものである」と定義している。そしてリサイクルの体系として、「原点処理」（クローズド・システム）、「再利用」（繰り返し使用）、「再資源化」（原料と

して使用)、「資源転換」(他の有価物に変換)、および「最終処分」(埋立投棄)という5つの経路を示している。最終処分は、「地球へ再還元するサイクル」として位置づけられている。

　この定義に代表されるように、わが国では「リサイクル」は廃棄物の有効利用という曖昧な概念でとらえられてきた。しかし、ドイツの廃棄物回避法では、リユースとリサイクルを明確に区別して、Reduce、Reuse、Recycleという政策の優先順位を規定した。同様の考え方は、わが国の第2次環境基本計画および「循環型社会形成推進基本法」(平成12年法律第110号)で次のように示されている。廃棄物・リサイクル対策の優先順位として、第1に廃棄物の発生抑制(リデュース)、第2に使用済み製品等の適正な再使用(リユース)、第3に回収されたものを原材料として適正に利用する再生利用(マテリアルリサイクル)、第4に熱回収(サーマルリサイクル)を行い、それでもやむを得ず循環利用が行われないものについては、適正な処分を行うとしている。リサイクルを広義にとらえる場合、こうした優先順位が不明確になるおそれがある。このため、少なくとも「リサイクル」とは「再使用できない廃棄物を再生利用すること」と定義すべきであり、「リデュース」・「リユース」と「リサイクル」は明確に区別する必要がある。さらに、再生利用と熱回収が区分されている以上「リサイクル」は、狭義には「原材料として再生利用すること：マテリアルリサイクル」(再資源化)であり、広義には「エネルギーとして積極的に活用すること：サーマルリサイクル」も含むと定義される必要がある。

　リサイクルは、図6-2のように類型化することが可能である。これは、リサイクルの手法や技術的な観点から整理したものである。

　中古品を扱う店を「リサイクルショップ」と呼ぶ様に、一般にはリユースも含めて、不用品を再利用することをリサイクルと呼んでいる。そこで、図では広義のリサイクルの中に、リユースと狭義のリサイクルが含まれていることを示した。

(1) リユース
　「リユース」とは、使用済み製品を修理、洗浄などの工程を経て、繰り返し使

```
広義のリサイクル ─┬─ 狭義のリサイクル ─┬─ マテリアルリサイクル
                │                    │   （最も狭義のリサイクル）
                │                    ├─ ケミカルリサイクル
                │                    └─ サーマルリサイクル
                └─ リ ユ ー ス
```

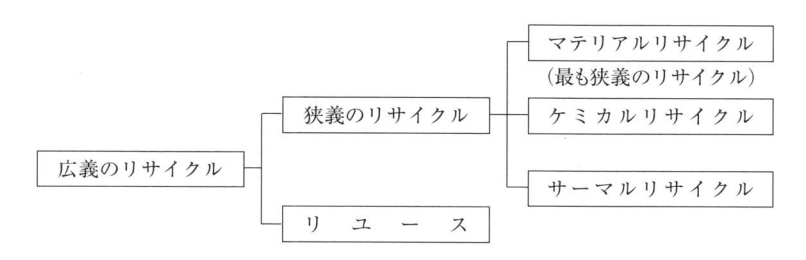

図6-2　リサイクルの類型
(出典：廃棄物学会編『新版　ごみ読本』中央法規出版、2003、p.254.)

用することである。リユースの代表的な例として、ビールびんや1升びんがある。これらの容器は、回収後洗浄されて繰り返し使用される。ビールびんは約30回使用されている。再使用に耐えるために肉厚で頑丈にできているが、逆にそのことが「重い」「運搬コストがかかる」等のデメリットにつながり、使用量が減少し続けている

　資源有効利用促進法では「特定再利用業種」や「特定再利用促進製品」を指定し、部品のリユースを促進するよう義務づけている。

(2) マテリアルリサイクル

　マテリアルリサイクルとは、古紙やカレット、金属スクラップのように、回収したものを新たな製品の原材料として使用することである。プラスチックの場合は、ペットボトルを再生繊維にしたり、発泡スチロールを溶解して日用品に再生したりする方法がこれにあたる。原材料として利用するために、大量に品質のそろったものを回収する必要がある。生ゴミの堆肥化や飼料化もマテリアルリサイクルの一種である。

(3) ケミカルリサイクル

　ケミカルリサイクルとは、分解、合成など化学的な工程を経て、新たな原材料にリサイクルすることである。マテリアルリサイクルの新しい形と位置づけることができる。プラスチックを熱分解して化学原料に戻し、再合成して新たなプラスチックを製造する方法などがこれにあたる。生ゴミを分解してメタンガス

を回収し、工業原料や燃料電池に利用する技術が開発されているが、こうした方法もケミカルリサイクルの一種である。

(4) サーマルリサイクル

　廃棄物の持つ熱エネルギーを積極的に活用する方法である。ゴミの焼却工場の余熱利用もサーマルリサイクルということができるが、焼却工場の場合はあくまで焼却に伴う「余熱」利用であり、単純に焼却の余熱をプールや風呂などで使用する程度ではリサイクルと位置づけることはできない。

　ゴミ発電や固形燃料化（RDF）、廃プラスチックの高炉還元（鉄鉱石を還元するためにコークスの代替として溶鉱炉で燃やす）等がサーマルリサイクルといわれているが、サーマルリサイクルを積極的に推進することは、廃棄物の増大を助長するという意見もあり、サーマルリサイクルの定義や位置づけは、いまだ曖昧である。

　サーマルリサイクルは、廃棄物からのエネルギー回収を意味するが、これを新エネルギーとして位置づけるかどうかについては議論が分かれる。2003（平成15）年4月1日から自然エネルギーの普及を目的として、RPS制度（Renewables Portfolio Standard）が施行された。これは、「電気事業者による新エネルギー等の利用に関する特別措置法」に基づき、電気事業者に対して、販売電力量に応じて一定割合以上の新エネルギーによる電気の利用を義務づける制度である。この中の新エネルギーとしては、風力、太陽光、地熱、水力、バイオマスがあげられているが、ゴミ発電は指定されていない。これは、法律制定の過程で、ゴミ発電を新エネルギーに含めることは自然エネルギーのシェアを押しつぶすという市民団体等からの強い反対があったためである。

　サーマルリサイクルを進めていくためには、適用する廃棄物の種類や条件、どの程度以上の熱回収効率を達成すべきか等の基準を明確にし、制度上の位置づけを与える必要があろう。

## 2-2 紙のリサイクル[4]

紙・板紙の生産量は、年間約3,000万tから3,100万t程度で、うち紙が約1,800万t強、板紙が約1,200万t強という割合で、全体として生産量は微増傾向で推移している。1998年段階では、米国・中国に続く世界3位である。

古紙のリサイクルの指標としては回収率と利用率がある。回収率は紙・板紙の消費量に対する回収量の割合、利用率は製紙原料に占める古紙の割合である。

資源有効利用促進法では紙製造業は特定再利用業種に指定されており、経済産業省令によって2005（平成17）年度までに利用率を60％とするよう定められている。2002（平成14）年の回収率は65.2％、利用率は59.8％（古紙再生促進センター）に達しており、目標はほぼ達成される見込みである。回収率の増加の背景には、家庭からの古紙は集団回収等の民間回収以外に自治体による分別収集が増えたこと、特に東京都のような大都市で分別収集が行われたことがある。また事業系ゴミに対する規制強化によって、オフィス等からの回収が活発に行われるようになったことも要因の1つである。利用率の増大の背景には、古紙利用製品の需要増加と製紙メーカーによる脱墨設備（印刷のインクを除去して古紙パルプを製造する設備）の増強がある[15]。

生産された紙のうち、再利用できないものには、トイレットペーパーなどの衛生用紙やラミネート紙、特殊な加工紙があり、これらの割合は約35％と推計されている。これを除く65％が理論的にはリサイクル可能ということになるが、回収率は理論値を超えていることになる。この理由として、製品輸入に伴う段ボール等の梱包材の発生が増えていることがあげられる。回収率と利用率のギャップは在庫あるいは余剰と考えられるが、このギャップの拡大に伴って輸出が増えるようになった。

古紙リサイクルの課題として、板紙分野での利用率がほぼ限界に達していることがあげられる。段ボールやボール紙などの板紙では、古紙利用率が90％を超えている。これに対して紙はまだ40％に達していない。新聞用紙、印刷情報用紙などでは、原料として使用できる古紙の種類が限定されることや古紙利用が制約される上質系用紙の伸び率が高まってきていることなどが、利用率向上

の制約要因としてあげられる。また、量的に少ない上質古紙が輸出に回されることで、トイレットペーパー等の衛生用紙分野で原料不足の状態が起きるなどの問題も指摘されている。

　このような条件下でリサイクルの向上を図るには、印刷情報用紙などの分野で古紙利用製品の需要を一層高めるとともに、過剰な品質要求によって特定の上質古紙のみに需要が偏らないようにすることも必要である。また、回収量は今後も増加すると予想されるため、古紙の国際競争力の維持も欠くことのできない要件である。

## 2-3　ペットボトル・プラスチックのリサイクル[5]

### (1) ペットボトル

　ペットボトルの用途の約90％以上を占める清涼飲料の生産量は年々増加傾向にあるが、ペットボトル用樹脂生産量の伸び率は安定化している。ペットボトルのリサイクルは、事実上、平成9年4月からの容器包装リサイクル法に基づく市町村による分別収集よってようやく進み始めた。平成9年に9.8％であった回収率は、平成14年には45.6％となり着実に伸びている。また、分別収集を行った市町村の数も、平成9年度の631から平成14年度で2,747（全市町村の84.9％）へと増加した。

　ペットボトルは、再商品化施設でフレーク状に加工され、繊維、シート、射出成形等の原料として利用されている。ただ、こうしてできた製品の多くは再度リサイクルすることはできない。金属やガラスは繰り返しリサイクルされるのに対して、プラスチックのマテリアルリサイクルは1回切りのものが多い。こうした批判に対して、ペットボトルをモノマーに戻して、新しい製品の原料にする、いわゆるケミカルリサイクルによる「PET to PET」の技術も実用化されている。また、清涼飲料メーカー、ペットボトルの製造メーカー等の団体から構成されるPETボトルリサイクル推進協議会では、ペットボトルの軽量化、「ボトルtoボトル」の再生化等の実現に向けた技術開発に取り組んでおり、平成15年度から一部実用化されている。

ペットボトルのリサイクルが始まった当初は、リサイクル施設が不足して回収したものが処理できない事態を招いたこともあったが、その後、全国に施設ができ、能力的には十分な体制が整いつつある。

(2) プラスチック

今日、プラスチック製品は、その化学的安定性、成形性、利便性に優れているゆえに生活用品などの食品包装製品、飲料容器など、また、物流関係製品、耐久消費財などとあらゆる製品に使用されており、生活に不可欠の素材となっている。これに伴い、プラスチックの生産量も年々増加している。プラスチック処理促進協会のデータによると、2002（平成14）年における国内のプラスチック生産量は約1,385万tで、国内での消費量は約1,100万tである。加工工程のロスを除いて1,000万t強が製品として供給され、約930万tが使用済み製品、すなわち廃棄物として排出されている。容器包装リサイクル法で定められたリサイクル手法による処理量が増加しており、産業廃棄物の再生利用や熱回収量を加えた有効利用率は55％、単純焼却18％、埋め立て処理が28％となっている。

プラスチック製容器包装は、平成12年度から新たに容器包装リサイクル法に基づく対象品目となり、市町村による分別収集が始まった。平成14年度の分別収集実績量は、28.3万tであり、量的にはまだ少ないものの伸び率は高く、容器包装リサイクル制度の浸透に伴い分別収集量の増加が見込まれる。平成14年度に分別収集を実施した市町村の数は、1,306（40.4％）である。

産業構造審議会が策定しているリサイクルガイドラインでは、マテリアルリサイクルできるものはそれを推進することとし、発泡スチロール製魚箱や家電製品梱包材のリサイクル率目標を2005（平成17）年までに40％（2000年度34.9％）、塩化ビニル製の管・継手については同じくマテリアルリサイクル率の目標値を80％としている。マテリアルリサイクルの方法としては、単純再生（単一の樹脂を原料とし、時にはバージン樹脂をブレンドとして、加熱溶融し、射出または押し出し成型で最終製品とするもの）、複合再生（混合樹脂を原料として使うもので、物理的・化学的特性を比較的要求されない製品を生産するもの）、油化再生（プラスチックを油化し、液体燃料へ戻す技術）等がある。

一般家庭ゴミの中の廃プラスチックは、複合した素材や種類も多く、選別してマテリアルリサイクルするのは、事実上不可能な場合がある。プラスチックは、もともと化石燃料ら製造されたものであることから、高カロリーの燃料としてサーマルリサイクルが可能である。サーマルリサイクルの方法としては、プラスチックだけを固形燃料化して産業用の燃料として利用する方法があるが、専用の炉でダイオキシン対策や排ガス対策を十分に行う必要があるため、コスト面から見てあまり優位な方法ではない。プラスチック業界はゴミ発電を行うことをサーマルリサイクルと称しているが、この点についてはいたずらにゴミを増やすことにつながるという批判もあり、単純に都市ゴミ焼却炉でのゴミ発電をサーマルリサイクルと呼ぶわけにはいかないだろう。この点については、前述したように何らかの基準が必要である。

その他のプラスチックのリサイクル技術としては、ガス化、高炉還元（溶鉱炉で熱源および鉄鉱石の還元剤として使用する）、コークス炉での熱分解などがある。ガス化は熱分解して水素やアンモニアを回収するもので、まだ開発途上の技術である。処理能力が大きく、すでに実績を積んでいるのが高炉還元とコークス炉での利用である。これらはいずれも既存の生産設備を活用するために新規投資が少なくて済み、また処理規模が大きいことからプラスチックの受け皿として期待されている。

## 2-4　食品廃棄物のリサイクル[6]

食品廃棄物は、食品製造業から発生するものは産業廃棄物に、一般家庭、食品流通業、および飲食店業等から発生するものは一般廃棄物（厨芥）に区分される。平成13年度の前者が411万t、後者が1,778万t（うち一般家庭から発生したもの1,250万t）、合わせて2,189万tが排出されている。

食品リサイクル法によって、大量発生事業所については減量・リサイクルが義務づけられている。また任意に取り組んでいる事業所も増えてきている。食品製造業から発生する食品廃棄物は、必要量の確保が容易なことおよびその組成が一定していることから比較的再生利用しやすく、堆肥化が89万t（22％）、飼

料化が104万t（25％）、油脂の抽出その他が54万t（13％）で合計247万t（60％）が再生利用されている。

また、食品流通業および飲食店業等から発生する食品廃棄物（事業系一般廃棄物）は、堆肥化が35万t（7％）、飼料化が29万t（5％）、油脂の抽出その他が33万t（6％）で合計98万t（19％）が再生利用されている。

一方、一般家庭から発生する食品廃棄物（家庭系一般廃棄物）は、多数の場所から少量ずつ排出され、かつ組成も複雑であることから、14万t（1％）が再生利用されているに過ぎない。

食品廃棄物のリサイクルの方法としては、生ゴミ処理機によって発生源で処理する方法と、食品廃棄物だけを分別収集して堆肥化施設等で処理する方法に大別される。

生ゴミ処理機は家庭用、事業所用があり、家庭用については多くの自治体が補助金を交付して普及に努めている。生ゴミ処理機は、生ゴミ（食品廃棄物）を攪拌しながら発酵させ、発酵熱で水分を蒸発させ、発酵したものを堆肥として使うというものである。堆肥化よりも減量効果を強調し、生ゴミ分解消滅機と称している機器もある。また家庭用では電熱で乾燥するタイプもある。

食品廃棄物の堆肥化は、富良野市や長井市などでゴミ処理の一環として行われてきたが、失敗したところも少なくない。堆肥としての品質の問題や需要が少ないこと、あるいは需要期が偏ること等いろいろな問題がある。また、生ゴミ処理機で処理したものは、完熟させなければ堆肥としては使えない等の問題もある。食品廃棄物の量を考えても、これらを堆肥化しても果たして需要が見込めるかどうかが課題である。

堆肥化以外の方法としては飼料化がある。堆肥化と同様に発酵させたり、破砕して熱処理、乾燥させる方法等がある。飼料の用途としては、魚の養殖、養豚などがある。養豚の方が堆肥化より大量に処理できることや毎日安定的に需要が見込めるというメリットがある。配合飼料に一部混ぜて与える方法で、肉質には問題がないという研究もあるが、安全性など解決すべき課題もある。

## 2-5　再生資源業界の支援・育成

現在、国が行っている、廃棄物・リサイクル対策などを行う再生資源業界の支援・育成、および物質循環に対する支援策について解説する。

第1に、ゴミゼロ型の地域社会づくりに向けて、リサイクル産業の育成を目的とする"エコタウン事業"がある。エコタウン事業は、リサイクルや廃棄物処理産業を集中的に配置し、地域振興を図ることを目的として、1997（平成9）年に創設された国の補助事業である。代表的な例としては、北九州市では自動車、家電、OA機器等のリサイクル事業、川崎市での難再生古紙のリサイクル事業、札幌市では廃プラスチック油化事業等である。

第2に、総合的な静脈物流システムの構築に向けて、都市部における廃棄物のストックヤードや港湾整備事業がある。古紙や鉄屑等のストックヤードは、地価の高騰や周辺環境が宅地化する等の理由で郊外への移転や規模の縮小を余儀なくされている。このことが、物流コストが増大する要因になっており、回収効率の悪化と在庫能力の減少をもたらし、リサイクルの阻害要因となっている。物流コストはリサイクルに要するコストの中でも大きな比重を占めるため、リサイクルの効率化を図るためには静脈物流基盤の整備が必要である。国土交通省では港湾を核とした静脈物流拠点整備を政策として掲げており、2002（平成14）年5月に拠点港を「総合静脈物流拠点港（リサイクルポート）」に指定している（第一次指定：苫小牧港、室蘭港、東京港、神戸港、北九州港）。リサイクルポートは、古紙や鉄屑などを価格競争力のある国際商品として位置づけ、それを支援しようというものである。

第3に、再生資源業界への支援として重要なプラスチック等の新たな物質のリサイクルの受け皿整備について触れる。物質のリサイクルのためには、新たな技術開発、用途開発が必要であることはいうまでもないが、既存の産業技術の応用という点にも、もっと目を向ける必要がある。すでに、プラスチックは高炉還元やコークス炉原料としてのリサイクルが進んでおり、タイヤや下水汚泥はセメント炉で燃料、原料として利用されている。都市ゴミ焼却炉の焼却灰も「エコセメント」としてセメント原料に使われている。重金属を含む焼却飛灰は、精

錬工場で有用金属を回収することができる（山元還元と呼ばれる）。わが国にはすでに様々な産業設備のストックがあり、こうした設備を積極的に活用していく必要がある。そのためには既存産業に対するリサイクル事業進出への支援策や、廃棄物規制の緩和等、制度の見直しも必要となるであろう。

　第4に、再生資源、再生品の品質規格整備があげられる。建設廃棄物や食品廃棄物等、従来はほとんどリサイクルされてこなかったものまでリサイクルが求められるようになってきているが、リサイクルを促進するためにはユーザーが安心して再生品を使えるような品質の保証や品質規格の統一が必要である。具体的には、エコセメントや再生素材等のJIS規格化が望まれる。またリサイクルの国際化を前提にすれば、価格面や品質面で再生資源の国際競争力を強化する必要がある。そのためには、国際的な貿易ルールの確立と同時に、国際的な品質の規格統一なども必要となる。

## 第3節　循環型社会への展望

### 3-1　循環型社会とはどのような社会か

(1) 現代社会の問題点[12]

　平成13年度の一般廃棄物の排出量は約5,210万t、産業廃棄物が約4億tである（平成16年度　環境白書）。この数字はここ数年変わっておらず、いわゆるバブル景気の時に上昇した量がそのまま高止まりの状態で続いている。本来景気が低迷して経済成長率が下がれば、それに応じて廃棄物排出量も減少してよさそうなものであるが、実際は減っていない。

　その1つの大きな理由は、現代の市場経済メカニズムの中に廃棄物の発生や排出を抑制するメカニズムが組み込まれていないことによる。市場経済には、一定の満足度（効用）をもたらすための資源投入量を最小化するという特徴がある。しかし、廃棄物の場合、その発生・排出抑制を促すメカニズムがない。

　財やサービスの生産や消費に関わる経済は、独立した経済主体が市場を通して自由に交換することによって機能する。しかし廃棄物の制御についてはそのよ

うな経済原理が機能しない。なぜなら、廃棄物の取り引きには市場がないか、あるいは市場があっても不完全だからである。こうした状況で、経済主体がバラバラで勝手な行動を行った場合、廃棄物の処理・リサイクルは効率的に行われない。

　その典型的な例は容器包装である。容器包装は、元来それ自体が消費者に需要されるものではない。本来の需要の対象は、容器包装に充填・挿入されている中身である。したがって中身が消費されると、容器包装は残余物になる。かつて、天然資源の価格が高かった頃は、残余物も資源として再利用ないし再生利用されることが多かった。しかし、わが国の場合、所得が相対的に高くなり、また外国為替市場でも円が相対的に高くなると、外国から輸入される天然資源の価格は低くなる傾向をたどった。再利用あるいは再使用する場合にも費用が必要となるが、この費用が天然資源を1回限り（ワンウェイ）の容器包装として使う費用より高くなると、市場経済では費用が少ないワンウェイの天然資源の容器包装が用いられるとになる。

　ここで重要なことは、容器包装が使用済み生産物として廃棄される場合、一般廃棄物として捨てられるということである。一般廃棄物の処理は通常税金によってまかなわれるため、廃棄の費用が消費者にも生産者にも感じられない。すなわち、廃棄という経済活動と生産という経済活動が一連の経済活動の中で途切れてしまう。

　産業廃棄物の取り引き・処理の場合、市場が存在するため今述べた問題は起きないように思われる。しかし実際はそうではない。なぜなら、産業廃棄物の排出者が廃棄物の処理を専門業者に委託する場合、処理の内容は排出者に伝わりにくいからである。通常の財やサービスの市場では情報が行きわたるため価格が財やサービスの質を測る目安になるが、産業廃棄物の場合は情報の伝達が難しいため、価格が処理内容の質を伝えない。したがって悪い処理が低コストにつながり、市場で選択されてしまう（このような選択のあり方を「逆選択」という）。こうした情報の分断による産業廃棄物の不適正処理の例は数多く見いだせる。いわゆる産業廃棄物の不法投棄問題はその極端な例といえる。このような「逃げ道」が産業廃棄物にある限り、「正しい」処理・リサイクル費用は排出者

に伝わらない。競争は「安かろう、悪かろう」という処理・リサイクルを促すのみで、適正処理・リサイクルを行う業者は市場で淘汰されてしまう。発生・排出抑制の動機づけが市場経済の取り引きの中で生まれないのは当然のことである。

　一般廃棄物にせよ産業廃棄物にせよ、現在において発生・排出抑制が促進されない取り引きメカニズムが経済の中に組み込まれてしまっている。このため廃棄物の排出量は高止まりの状態が続く結果となっている。

## (2) 循環型社会のねらい[17]

　2000（平成12）年をもって、わが国は循環型社会へ向かって第一歩を歩み始めた。廃棄物・リサイクル関連のいくつかの法律が改正され、新たに成立した。具体的には、「廃棄物の処理及び清掃に関する法律（廃棄物処理法）」が改正され、同年に「特定家庭用機器再商品化法（家電リサイクル法）」「建設工事に係る資材の再資源化等に関する法律（建設資材リサイクル法）」「国等による環境物品等の調達の推進等に関する法律（グリーン購入法）」が成立した。さらに、これらの法律を束ねる上位の法律として、同年に「循環型社会形成推進基本法」が成立した（図6-3）。同法第2条では循環型社会を「製品等が廃棄物等になることが抑制され、並びに製品等が循環資源となった場合においてはこれについて適正に循環的な利用が行われることが促進され、および循環的な利用が行われない循環資源については適正な処分が確保され、もって天然資源の消費を抑制し、環境への負荷ができるかぎり低減される社会」と定義している。同法では、対象物を有価・無価を問わず「廃棄物等」として一体的にとらえ、製品等が廃棄物等となることの抑制（リデュース）を図るべきこと、発生した廃棄物等については、その有用性に着目して「循環資源」としてとらえ直し、その適正な循環的利用（リユース、リサイクル）を図るべきこと、循環的利用が行われないものは適正に処分することを規定し、「循環型社会」の実現を図るとしている（図6-4）。

　ここに記された循環型社会の条件を、以下で分析する。
　第1に、廃棄物の発生抑制が社会経済システムに組み込まれており、製品（生

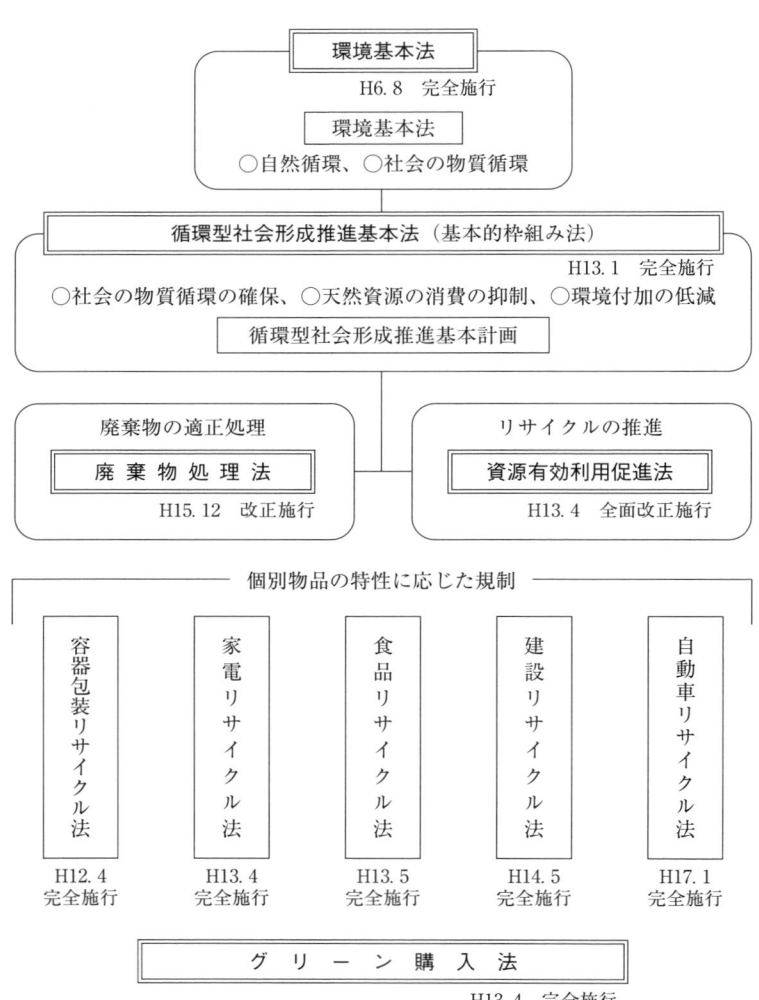

```
                    ┌─────────────────┐
                    │   環境基本法    │
                    └─────────────────┘
                      H6.8  完全施行
                    ┌─────────────────┐
                    │   環境基本法    │
                    └─────────────────┘
              ○自然循環、○社会の物質循環
```

┌──────────────────────────────────────────────────────┐
│        循環型社会形成推進基本法（基本的枠組み法）    │
└──────────────────────────────────────────────────────┘
                              H13.1  完全施行
 ○社会の物質循環の確保、○天然資源の消費の抑制、○環境付加の低減
        ┌──────────────────────────────────┐
        │    循環型社会形成推進基本計画    │
        └──────────────────────────────────┘

┌──────────────────────┐      ┌──────────────────────┐
│   廃棄物の適正処理   │      │    リサイクルの推進  │
│ ┌──────────────────┐ │      │ ┌──────────────────┐ │
│ │   廃 棄 物 処 理 法 │ │      │ │  資源有効利用促進法 │ │
│ └──────────────────┘ │      │ └──────────────────┘ │
│   H15.12  改正施行   │      │   H13.4  全面改正施行 │
└──────────────────────┘      └──────────────────────┘

────────────── 個別物品の特性に応じた規制 ──────────────

┌──────┐  ┌──────┐  ┌──────┐  ┌──────┐  ┌──────┐
│容器包 │  │家電リ │  │食品リ │  │建設リ │  │自動車 │
│装リサ │  │サイク │  │サイク │  │サイク │  │リサイ │
│イクル │  │ル法   │  │ル法   │  │ル法   │  │クル法 │
│法     │  │       │  │       │  │       │  │       │
└──────┘  └──────┘  └──────┘  └──────┘  └──────┘
 H12.4     H13.4     H13.5     H14.5     H17.1
完全施行  完全施行  完全施行  完全施行  完全施行

          ┌──────────────────────────────┐
          │      グ リ ー ン 購 入 法    │
          └──────────────────────────────┘
                      H13.4  完全施行

**図6-3　循環型社会の形成に向けた法制度**
(出典：環境省編『循環型社会白書　平成16年度版』ぎょうせい、2004、p.84.)

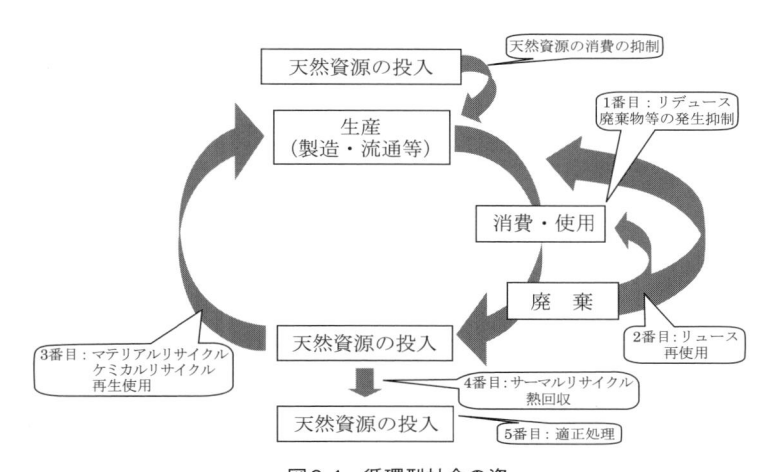

図の内容:
- 天然資源の投入 → 生産（製造・流通等） → 消費・使用 → 廃棄
- 天然資源の消費の抑制
- 1番目：リデュース　廃棄物等の発生抑制
- 2番目：リユース　再使用
- 3番目：マテリアルリサイクル　ケミカルリサイクル　再生使用
- 4番目：サーマルリサイクル　熱回収
- 5番目：適正処理

図6-4　循環型社会の姿
（出典：環境省編『循環型社会白書　平成16年度版』2004、p.83）

産物）の設計・生産段階で製品が廃棄物になりにくいような配慮される必要性を指摘している。具体的には、製品の長寿命化や長期使用、部品や素材の繰り返し利用が可能な様に、製品の開発段階から環境負荷を小さくするように配慮した設計（環境配慮設計：Design for Environment、DfE）を要求している。

　第2に、使用済みになった製品が廃棄物として中間処理・埋め立て処分されるのではなく、資源として再び経済の生産過程に投入され、環境負荷を増加させることなく有効に資源利用される必要性を指摘している。素材の再生利用（狭い意味でのリサイクル）がその典型的な例として挙げられる。古紙や鉄スクラップは、一定の処理を施された上で再び資源として生産過程に投入されている。

　第3に、生産過程や消費過程から排出される残余物が再生資源として利用されない場合でも、環境負荷が最小になるように適正に処理され、なるべく最終処分場を用いないような方法で処理される必要性を指摘している。残余物を廃棄物として中間処理（焼却や破砕など）する場合にも、環境負荷がより小さくするようにすることが求められる。

　第4に、以上のことが的確に遂行された結果、天然資源の投入量が削減され、他方で環境負荷が抑制される必要性を指摘している。ただし、このことは経済の発展を抑制するということではなく、同じ経済的な豊かさをもたらす場合、な

るべく天然資源の投入量を抑制しようということである。経済的な豊かさはモノそのものにあるのではなく、モノからもたらされる効用にある。技術・制度・市場の工夫によって。天然資源（素材やエネルギー）の投入をなるべく小さくしながら、なるべく大きな効用を引き出そうというのが循環型社会のねらいである。

### (3) 大量生産・大量消費・大量廃棄の流れ

　20世紀は、それ以前と比べて、人間の生活が物質面で格段に豊かになった世紀である。物質的な豊かさの恩恵は強調しても、し過ぎることはない。

　しかし、大量生産のメリットはデメリットと裏腹の関係にある。大量生産・大量消費は、結果として大量廃棄につながる。生産プロセスや消費プロセスから排出される残余物が環境負荷をもたらし、これが自然破壊や人間の生活の破壊を引き起こす。公害、地球環境破壊、廃棄物問題などは、歴史の中でしばしば見られたが、これほど差し迫った形で出現しているのは20世紀以外にはない。環境破壊は、大量生産・大量消費・大量廃棄の一側面ともいえるのである。

　こうした認識から大量生産を罪悪視する見方がある。とりわけ廃棄物問題を考える時、大量廃棄の原因は大量生産・大量消費であり、こうした現代の経済システムを変えない限り廃棄物問題を解決できないと考えるのも当然である。また大量生産・大量廃棄を前提とした大量リサイクルにも疑問の声が上がっている。確かに発生・排出抑制のメカニズムが組み込まれないままの大量生産方式に問題があることは明らかである。なぜなら、どんなに適正処理・リサイクルしても、処理残さは必ず排出されるからである。残さを埋め立てるための最終処分場の容量には限界があり、やがて残さの処理ができなくなるからである。

　しかし、だからといって大量生産のメリットまでは否定できない。大量生産のメリットを否定するということは、例えば、より高い価格で消費財を購入しなければならないことを意味する。たとえ長期使用によって単位期間当たりの費用を小さくするにしても、購入当初に支払う費用は高くなるわけであり、低所得者層には対応が困難となる。

　それでは今までの大量生産・大量消費・大量廃棄がこのままでよいかという

と、そうではないことは明らかである。このままでは廃棄物の処理で経済が破綻するといっても言い過ぎではない。問題となるのは大量生産・大量消費の度合いであり、大量生産のメリットを活かしつつそのデメリットである大量廃棄について改善をもたらすことが重要なのである。大量生産・大量消費の度合いを表す1つの指標として、国内総生産（GDP）があげられる。経済成長・発展という場合、通常GDPの上昇を意味する場合が多い。しかしながら、現在、先進国のGDPは、その約70％以上が、モノの生産に関わる第1次、第2次産業ではなく、付加価値からなる第三次産業が占めている。つまりGDPで測られる経済の豊かさは、物量的なモノの量だけによるものではなくなってきている。例えばIT技術が進展して、紙媒体で通信しなくてもE－mailという形で通信が可能となれば、使用資源量が節約されてもそれによって経済が停滞することはない。循環型社会が実現して天然資源投入量（紙の使用量）が削減されたとしても、適度な経済成長を確保し、経済発展を享受することは十分可能である。

以上をまとめると、人間に効用を与えるのは、物量的なモノではなく、効用を与えるモノということになり、この点に注目するならば、廃棄物の発生・排出抑制メカニズムを生産のより上流部分に組み込むことが可能となる。そうすることによって、大量生産のメリットを生かしながら大量廃棄の流れを制御することが可能となる。この点において、「拡大生産者責任」という政策概念が重要となる。

(4) 拡大生産者責任とは

拡大生産者責任とは、生産物連鎖の上流部分で、生産者が使用後の生産物に対して一定の責任を負うという政策概念である。循環型社会の構築は、生産物連鎖としての動脈経済と静脈経済がバランスをとり、2つの連鎖がうまく接合された時に初めて可能になる。この結び役を果たす政策概念が拡大生産者責任である。

拡大生産者責任の主要目的について、拡大生産者責任ガイダンス・マニュアル（OECD2001）では「製品のライフサイクルにおける消費者より後の段階にまで生産者の物理的又は経済的責任を拡大する環境政策上の手法」と定義して

表6-1　OECD「拡大生産者責任ガイダンス・マニュアル」における拡大生産者責任

| (1) 定義 | 「製品のライフサイクルにおける消費者より後の段階にまで生産者の物理的又は経済的責任を拡大する環境政策上の手法」<br>より具体的には<br>①生産者が製品のライフスタイルにおける影響を最小化するために設計を行う責任を負うこと<br>②生産者が設計によって排除できなかった（製品による）環境影響にたいして物理的又は経済的責任を負うこと |
|---|---|
| (2) 主な機能 | 廃棄物処理のための費用又は物理的な責任の全部又は一部を地方自治体及び一般の納税者から生産者に移転すること |
| (3) 4つの主な目標 | ①発生源での削減（天然資源保全・使用物質の保存）<br>②廃棄物の発生抑制・排出抑制、また廃棄物の適正管理<br>③持続可能な発展を促進するとぎれのない物質循環の輪<br>④より環境にやさしい製品設計（環境配慮設計：DfE）の実現 |
| (4) 効果 | 製品の素材選択や設計に関して、上流側にプレッシャーを与える。生産者に対し、製品に起因する外部環境コストを内部化するように適切なシグナルを送ることができる。 |
| (5) 責任の分担 | 製品の製造から廃棄に至る流れにおいて、関係者によって責任を分担することは、拡大生産者責任の本来の要素である。 |
| (6) 具体的な政策手法の例 | ①製品の引き取り<br>②デポジット／リファンド<br>③製品課徴金／税<br>④処理費先払い<br>⑤再生品の利用に関する基準<br>⑥製品のリース |

（出典：環境省編『循環型社会白書　平成16年度版』2004、p.83.）
資料：OECD「拡大生産者責任ガイダンス・マニュアル」平成13年より．

おり、以下の4項目を主要な目的としてあげている（表6-1）。
① 　発生源での削減（天然資源保全・使用物質の保存）
② 　廃棄物の発生抑制・排出抑制、また廃棄物の適正管理
③ 　持続可能な発展を促進するとぎれのない物質循環の輪
④ 　より環境にやさしい製品設計（環境配慮設計：DfE）の実現

　以上の4項目の目的は、すべて循環型社会の目的と重なっており、互いに密接な関係でつながっている。このため、拡大生産者責任は循環型社会構築の基本原理といえる。

　①の天然資源の投入量を節約して資源効率性を向上させるためには、製品や

素材の長期使用や長寿命化を実現しなければならない。製品や素材の耐用年数が長期化することで、②の廃棄物（残余物）の発生抑制につながり、再生資源の循環利用を行うことで廃棄物の排出抑制も可能となる。また、③の持続的な資源利用は、なるべく枯渇性資源を節約利用し、再生可能資源を長期的に維持することで可能となる。当然これは天然資源の節約的利用を意味する。逆に天然資源の節約的利用が持続的な資源利用を意味することも明白である。

このように①～③までの目的要因は、相互に関連している。言い換えれば、3つの要因は、循環型社会の特徴を異なった側面からとらえているといえる。しかし、個々の主体が天然資源の節約的利用に努力しても、それが廃棄物の発生・排出抑制につながらない場合もある。個々の主体が天然資源を節約的に利用しても、生産物連鎖が迂回的になることによって、逆に廃棄物の発生を促してしまうこともあり得る。例えば、天然資源の節約のために多量の再生資源を投入したため、逆に廃棄物の発生抑制が効かなくなるということも考えられる。例えば、古紙のリサイクルを推進することによって天然パルプの投入は節約されても、全体として紙の生産が拡大し、結局廃棄物が増加してしまうこともある。したがって①～③までの目的要因を並列することは、それなりに意味のあることと考えられる。④の環境配慮設計（DfE）の目的は、天然資源の節約的利用であり、また廃棄物の発生・排出抑制であり、そして持続的な資源利用を達成することにある。もちろんこれ以外の環境負荷の低減もDfEの目的になるから、DfEはより広範な環境負荷の低減に間接的に貢献するといえる。要約すると、DfEはそれ自体が拡大生産者責任の目的であるとともに、拡大生産者責任の他の目的およびそれ以外の環境負荷低減という目的を達成する手段でもある。

次に、拡大生産者責任の「責任」の内容は、物理的および財政的な責任である。物理的責任は、実質的に使用後の生産物の再利用、再生利用、適正処理についてその生産主体が責任を果たすことを要求している。財政的責任は、再利用、再生利用、適正処理のための一時的な支払いをすることで財政的な責任を果たすことを要求している。拡大生産者責任を真に実現するためには、動脈－静脈経済の連鎖（生産物連鎖）上にある各経済主体の連携・協力が必須となる。またそのような連携・協力を循環型社会レジームに組み込むことによって、より

小さな費用で発生・排出抑制を実現できるようになる。

3-2 循環型社会構築のために[7]
(1) 動脈経済と静脈経済のバランス
　動脈経済と静脈経済の経済的な考え方は、『グッズとバッズの経済学　循環型社会の基本原理』(細田衛士著、東洋経済新聞社、1999年) に詳しくまとめられている。ここでは、同書を参考として、特に動脈経済と静脈経済のバランスとその接続について解説する。この動脈-静脈のバランスという考え方は循環型社会の基本となる重要なものである。
　法律や行政措置などで生産物が廃棄物になりにくい仕組み、すなわち廃棄物の発生抑制が経済社会に組み込まれていれば、廃棄物問題は生じにくい。しかし、廃棄物の発生抑制が困難な場合、排出抑制の方が適していることもある。そのような場合、再利用や再資源化によって廃棄物の排出抑制を実施するのが効率的であり、経済と環境の調和を容易に図ることができる。排出抑制を行うには、そのための受け皿、すなわち経済的な仕組みが必要となる。それを担うのが静脈産業である。静脈産業とは動脈産業の対になる言葉である。
　動脈産業：資源投入-設計・生産-物流-販売-消費に関わる産業、
　静脈産業：残余物の回収・収集-再利用・再資源化-中間処理-適正処理-最終処分に関わる産業を指す。この2つの産業のバランスをいかに保つかが非常に重要である。
　現在の経済では、一般廃棄物、産業廃棄物とも、発生・排出抑制のメカニズムが組み込まれていない。一般廃棄物の場合、多くが税金による処理であり、産業廃棄物の場合取り引きの市場はあるものの、廃棄物に「逃げ道」があるため市場が健全に発展していない。仮に廃棄物自体の環境負荷および廃棄物処理の環境負荷をも取り入れた"真の環境費用"が実現される市場、すなわち健全な静脈市場があるならば、市場経済の中で廃棄物の発生・排出抑制が行われるだろう。すなわち、循環型社会の構築には、動脈市場だけではなく静脈市場が健全に発達する必要があるということである。ただ静脈経済の場合は、真の環境

費用の評価が困難であるため、人為的に静脈経済を発展させる必要がある。ただひたすら待っていても健全な静脈市場はできない。

このように動脈経済と静脈経済のバランスを保つのは容易なことではない。特に動脈市場の規模に比べて静脈市場の規模は小さいため、動脈経済の影響をまともに受け、相場の変動が著しくなる。この不安定な要因が大きいので、静脈ビジネスはなかなか難しいといわれている。静脈経済を充実させて動脈と静脈のバランスを保つための、的確な静脈産業政策が必要である。

(2) 動脈経済と静脈経済の接続

循環型社会の構築のためには、動脈経済と静脈経済のバランスが保たれるように両者がうまく接続される必要がある。それによって真の環境費用が信号として動脈経済に送られることになる。ここでは、動脈経済と静脈経済の接続方法について考える。

この点を検討するために、OECDガイダンス・マニュアルによる拡大生産者責任（EPR）の特徴づけを見てみる。OECDではEPRを、「製品に対する、製造業者の物理的（もしくは）財政的責任が、製品ライフサイクルの使用後の段階にまで拡大される環境政策アプローチ」と定義する。EPR政策には以下の2つの関連する特徴がある。①地方自治体から上流の生産者に（物理的または財政的に、全体的または部分的に）責任を転嫁する、②製品の設計において環境に対する配慮を組み込む誘因を生産者に与えること、の2点である。

①では、自治体から生産者へ廃棄物管理責任の一部または全部の移行という点である。家庭系の廃棄物を中心とするいわゆる「都市ゴミ」は、先進国で1980年代以降増加の一途をたどり、現在高止まりしている。その大きな原因は、都市ゴミの処理責任が排出者（すなわち市民）あるいは排出者に委託された市町村などの自治体にあるという点である。しかしとりわけ都市ゴミの場合、このような動脈連鎖の最終段階における処理責任は、廃棄物の排出量を減少させる力を持たず、一方で処理費用を増加させる方向に作用することが明らかになってきた。市町村などの自治体が税金を使って廃棄物を処理する限り、排出者（市民）にも生産者にも発生・排出抑制の動機は生じにくい。現に容器包装などは

多様化、多素材化が進んだため、リターナブル容器に見られるような再利用可能性はほとんどなくなり、使い捨て容器が多用されるようになった。税金負担であるため、こうした流れに歯止めをかけられず、逆に廃棄物になりやすい製品に補助金を与えるのと同じ効果を与えている。こうしたことが一因となって廃棄物の処理費用が上昇したと思われる。

　この対策として考えられるゴミ処理の有料化も動脈連鎖の最終段階で実施される手法であり、これが本格的に廃棄物の発生・排出抑制を促すかどうかは微妙な側面がある。仮に排出段階で廃棄物に対して賦課される金額が「真の環境費用」の信号として、そのまま動脈連鎖の上流まで伝われば、発生・排出抑制の役割を果たすことになる。だが、ゴミ処理の正確な費用を料金として課すことは、実際上は難しい。またゴミの組成によって処理費用・リサイクル費用は異なるはずだが、組成別に料金を課すことも不可能である。動脈連鎖の下流における経済的手法にはこのような限界がある。

　②では、製品の環境配慮設計（DfE）を経済システムに組み込めば、真の環境費用が少なくてすむ製品づくりができることになる。生産者が使用後の製品の適正処理・リサイクルに責任を持つことによって初めて、DfEの必要性が認識されるようになる。

　わが国では、EPRのアイディアを部分的に反映した個別リサイクル法が実施されている。生産者は、こうした法制化にすばやく反応してDfEを取り入れ始めている。まさにEPRの目的が達成されつつあるといえる。例えば、家電メーカーの設計者は家電リサイクルプラントを観察し、リサイクルを容易にするための設計を検討し、すでにDfEを始めている。同じことはパーソナルコンピュータにも当てはまる。自動車においても、DfEを考慮した解体容易設計は既に一部の自動車について行われている。また重要なことは、素材メーカーとも連携しながらプラスチック樹脂の種類の減少（種類が少なくなればそれだけリサイクルも容易になる）や再資源化が容易な樹脂の開発などを行っている。

　このように、DfEが浸透してくると、その進展度合いを客観的に評価するための新しい指標が必要となる。これまでの経済は、市場で測られる費用－便益が関心のほとんどすべてであったが、EPRが浸透した経済ではDfEが指標化され

て真の環境費用を反映した製品評価が可能となると考えられる。

(3) 循環型社会へのレジーム

　現在、循環型社会形成推進基本法などをはじめとする様々な法律づくりによって、循環型社会レジーム（法律、行政制度、行動規範、慣行などの人間行動を規制する枠組み）の構築が模索されている。環型型社会レジームの具体的な考え方については、『新版　ごみ読本』（廃棄物学会編、2003年）に詳しくまとめられている。ここでは、これを参考としながら、特に環型社会レジームの構築のための手法ついてまとめる[1]。

　これまでの経済社会では、豊かな資本や先進的な技術、そして優れた人材のほとんどは、一部の動脈経済に投入されてきた。このような状況では、従来型の廃棄物処理システムは有効に機能しない。単に、出てきたゴミを処理するという発想では、量的に追いつかないのが現状である。現在、一般廃棄物の排出量が年間約5,000万t、産業廃棄物の排出量が年間約4億t排出されている。これを従来型の廃棄物処理システムでの未成熟な静脈産業で処理することは難しい。その最も大きな理由は、従来型の廃棄物処理システムには、廃棄物の発生・排出を抑制するシステムが欠如していることである。実際、最終処分場は枯渇し始め、埋め立て処分料金は上昇の一途をたどっている。一方、中間処理のための費用も高騰を続けている。産業界も行政もそして市民も、現行の廃棄物処理の概念に困難を覚えている。すなわち、経済のあり方と廃棄物処理システムのあり方の矛盾が、様々な場所で感じられるようになったのである。

　残念ながら、これまでの廃棄物行政では、排出されたものいかに衛生的に処理・処分するかという点に力点が置かれてきた。資源を循環させるという観点から法整備がされていなかった。循環型社会形成推進基本法や、資源有効利用促進法、そしてその他の個別リサイクル法ができて、形の上では資源循環の制度ができたように見える。しかし、相変わらず不法投棄、不適正処理、不法輸出が絶えないのが現状である。法律が整備されてもそれが経済・社会システムの中で適正に実行されないと意味がない。循環型社会レジーム構築にとって法律は必要条件ではあるが十分条件ではない。つまり循環型社会形成推進基本法

をはじめとする各種リサイクル法は、循環型社会をつくるための最低限の措置なのであって、その他のレジーム構築要因を整えなければ真の意味での循環型社会の構築は不可能である。現状のように、市町村が出てきたゴミ（一般廃棄物）をいつでも速やかにしかも無料で処理する限り、市民の行動様式は変わらないだろう。ゴミを捨てるという負担感は生じないから、以前と同じようにゴミを出し続けることになる。同じことは産業廃棄物にも当てはまる。従来どおり産業廃棄物処理のルートに逃げ道があり、しかも処理業者がダンピングしてまでも廃棄物処理を請け負うような慣行がある限り、発生抑制・排出抑制は促進されない。いくら法体系を整えても、そのほかのレジーム構成要因に変化がなければ、法律の効果はそがれてしまうのである。

(4) 循環型社会構築の手法とグリーン・キャピタリズム

　循環型社会レジーム構築のための有力な手法と見られているのが、いわゆる経済的手法である。経済的な動機づけを利用しながら廃棄物の発生・排出抑制を促し、資源効率性を高めようとするのが経済的手法の基本概念である。すでに述べたとおり、廃棄物の発生・排出抑制がうまく機能しないのは動脈経済と静脈経済のバランスが悪いためである。現代経済では静脈市場が未発達であるからアンバランスが生じるのも当然なのである。

　それならば市場による価格機構の代わりに人為的な価格を用いて費用－便益を取り引きに反映させれば、静脈経済が活性化し発展すると考えられる。廃棄物問題に限らず環境問題の根本にある問題は、経済の取り引きに"真の環境費用"が反映されていないということである。現在、環境問題解決の有力な手段として経済的手法が議論の対象になるのは、こうした理由からである。例えば家庭系の廃棄物を有料化するという手法がよく話題になる。上水や下水にも料金制が適用されているのだから、廃棄物処理にも料金制を適用するのは理に反したことではない。何よりも、ゴミの減量に努力した人も、ゴミをいくらでも排出する人との間で費用負担に差がないというのはおかしい。確かに昔はほとんどの家庭で、ゴミの排出量に大きな差はなかったようで、そうした場合市町村が税金によってゴミ処理費用をまかなっても不公平感は少なかった。しかし現代では状

況が大きく異なる。単身世帯と4人家族世帯では1人当たりのゴミ排出量は大きく異なる。当然、後者の方が1人当たりのゴミ排出量は少ない。また、ペットボトルを使う人と使わない人との差も大きいし、環境問題に意識の高い市民は集団回収などにも積極的に参加し、ゴミ減量の努力をする。このような違いは、税金によるゴミ処理には一切反映しない。このように考えるとゴミ処理の有料化は自然な流れである。

また、一般廃棄物の場合と同じように産業廃棄物に課税するという考え方が最近自治体に広まっている。産業廃棄物の排出量がなかなか減少せず、最終処分場が枯渇する事態に業を煮やした自治体が課税政策をとり始めたのである。しかし、実際にこの制度が導入された自治体でも1t当たり1,000円程度と少ない金額しか課されておらず、産業廃棄物税によってどれほど産業廃棄物の減量効果があるか疑問視する声もある。

今後、拡大生産者責任の徹底を基盤にして、循環型社会の構築を図るには、企業をはじめとする経済主体の積極的な参画が必要である。今、そのような制度を作っておかないと、廃棄物問題のツケが将来に回ってくる可能性が高い。逆に今、循環型社会の制度作りをしておけば、21世紀の経済をわが国がリードできる可能性がある。

今、最も必要とされる経済システムは、物質循環、生態系、景観、アメニティなど、自然の環境要素をすべて稀少な資源としてとらえ、これらの資源価値を経済活動に反映させることを原則とした資本主義経済（グリーン・キャピタリズム）である。グリーン・キャピタリズムでは、市場経済を基盤とする、資本（人的資本も含む）、土地、労働の他に、自然環境資源も付加価値を生み出す重要な生産要素として把握され、その持続的利用が経済活動の中に制度化されている。グリーン・キャピタリズムを実現させるためには、今どういう制度作りをするかが非常に重要である。

## 第4節　廃棄物と環境の危機管理

### 4-1　ダイオキシン、PCB

**(1) ダイオキシン問題の歴史**

　ダイオキシン問題は、近年の最も大きな環境問題の1つである。また、国内の最大の発生源が廃棄物の焼却場であることから、廃棄物問題を考える場合の重要な視点となる。今日、これほどダイオキシン問題が注目されるに至った経緯を整理すると以下のようになる。

　第二次世界大戦の前後：ソーダ工業では食塩の電気分解により工業基礎原料として有用な水酸化ナトリウムを精製する際に副産物として多量の塩素が発生した。この塩素の用途として、各種の有機塩素系農薬が量産されるようになった。その1つである除草剤2,4,5-T（2,4,5-トリクロロフェノキシ酢酸）には、不純物として2,3,7,8-TCDD（テトラクロロジベンゾ-p-ジオキシン）が含まれていた。1949年に米国の有機塩素系農薬製造工場で事故が起こり、労働者に塩素化合物特有の健康障害が生じた。

　ベトナム戦争：1960年代に2,4,5-Tや同類の2,4-D（2,4-ジクロロフェノキシ酢酸）および不純物として含まれる2,3,7,8-TCDDが枯れ葉剤として用いられた。

　セベソ事件：1976年にイタリア北部のセベソの近郊にあった有機塩素系農薬の製造工場で爆発事故が起こり、不純物として含まれたダイオキシン（2,3,7,8-TCDD）によって周辺土壌が汚染された。この汚染物はドラム缶に保管されたが行方不明となり、後にフランスの農村で発見された。この事件は、有害廃棄物の越境移動の典型的な事例である。

　ラブカナル事件：1970年代の後半には、米国のナイアガラフォールズ市において、地元の化学会社の産業廃棄物処分場の跡地に造られた住宅や学校などで、ダイオキシンや有機塩素系溶剤など種々の有害物質による地下水や室内空気などの汚染とそれによる健康障害が発生した。これにより、州政府による非常事態宣言がなされ、多くの住民が立ち退くこととなった。この事件

は、その後の土壌汚染の修復に関するスーパーファンド法（包括的環境対策補償責任法）成立のきっかけとなった。

1980年代：米国ミズーリ州タイムズビーチにて2,3,7,8-TCDDを含む廃油が競馬場や道路の地固めに散布されたことによる汚染が生じ、住民の退去に至っている。

廃棄物との関連では、1970年代後半、ヨーロッパでゴミ焼却に伴う飛灰（フライアッシュ）にダイオキシン類が含まれることが明らかとされたことに始まる。その後、欧米では活発に調査・研究が行われるようになり、日本国内でも1983年にゴミ焼却施設から排出されたフライアッシュ、ボトムアッシュにダイオキシンが含まれることが報道された。これを受けて、1990年には「ダイオキシン類発生防止等ガイドライン」が関係機関に通達された。この時点では、一部の専門家や焼却施設の建設に携わる技術者の間でダイオキシン類に対する関心が高まった程度であった。しかし、日本では元来、ゴミ処理を焼却処理主体として行っている状況があり、1,800箇所程度の焼却施設を持つことから、広く一般市民が関心を示すようになり、1997年には「焼却処理における新たなダイオキシン類対策ガイドライン」が定められた。しかし、排ガス中のダイオキシン類の基準値設定が一般市民に理解し難かったこと、清掃工場でのダイオキシン汚染の発覚、さらには建設廃棄物解体事業場の小型の焼却施設での不適切な焼却などによるダイオキシン類汚染が次々と明らかとなり、1999年には「ダイオキシン類対策特別措置法」が定められた。以後、大気、水、土壌、底質に関する環境基準が定められ、発生源としての排ガス、排水の基準、ばい塵中の含有基準が順次定められた。

## （2）ダイオキシンの定義と分類[14]

ダイオキシン類という言葉の定義は、ポリ塩化ジベンゾパラジオキシン（PCDDまたはPCDDs）、ポリ塩化ジベンゾフラン（PCDFまたはPCDFs）、加えてPCBの一種であるコプラナーPCB（またわコプラナーPCBs）を含めたものとなった（図6-5）。ダイオキシン類は、ベンゼン環上の塩素の置換が起こりうる炭素原子の位置に1～4および6～9という番号が付けられている。この塩

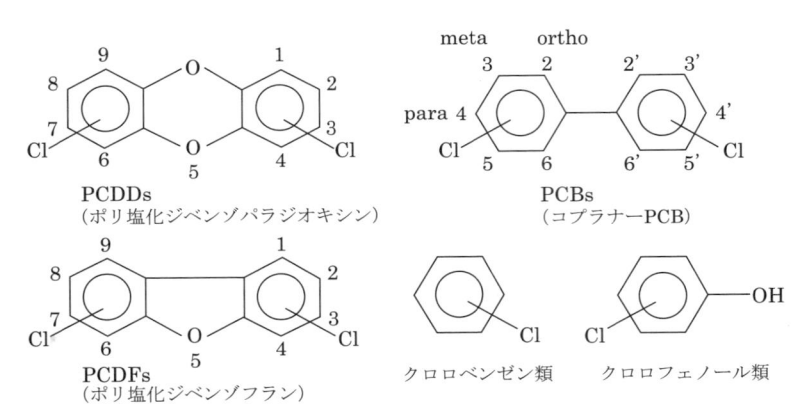

図6-5 ダイオキシン類および関連するクロロベンゼン類、クロロフェノール類の化学構造
(出典：廃棄物学会編『新版 ごみ読本』中央法規出版、2003、p.179.)

素の置換位置の違いにより、多くの異性体を持ち、PCDDs全体では75種類、うち四塩化物は22種類、PCDFsでは135種類にのぼる。このように物質の数が多いことが特徴の1つとなっている。

　一般に化学物質の物理化学的な性状を把握することは、物質が環境中あるいは排ガス中に存在するときの状態を説明したり、大気、水、土壌間の分配や移動に関わる特性を考察したりする場合に役立つ。ダイオキシン類に関しては、一般の化学物質と比較して、蒸気圧がかなり小さく、水への溶解度も小さい。一方、生態への蓄積性と関連する有機相と水相間の分配性を示すオクタノール－水分配係数は、非常に大きな値となる。このため、ダイオキシン類は揮発性が小さく、水に溶けにくく、脂肪に濃縮しやすいという性状が観察される。オクタノール－水分配係数が小さいということは、排水や環境水中で有機性の炭素分を含む粒子状物質に強く吸着されること、同様に土壌粒子に非常に強く吸着されることを示している。

　ダイオキシン類の毒性に関しては、とりわけ四塩化物の2,3,7,8-TCDDの急性毒性が高いことが知られている。ヒトに現れる症状としては、PCBも同様であるが、塩素挫創（クロロアクネ）とよばれる黒いにきび状の皮膚の異常が、有機塩素系化合物による暴露症状の典型である。また、発ガン性に関しては、1997年に、国際がん研究機関（IARC）により、「ヒトに対して、発がん性を示す物

質」に指定・分類された。さらに、近年問題化した内分泌攪乱化学物質（環境ホルモン）の一種でもあり、生殖機能への影響が指摘されている。

　このように、様々な観点から毒性が認められるダイオキシンであるが、その毒性は異性体によって様々に異なる。このため、毒性の発現機構などを考慮して個々の異性体の毒性を2, 3, 7, 8-TCDDの毒性を基準として換算する方法が通常用いられる。このための換算のファクターが毒性等量換算係数（TEF：2, 3, 7, 8-TCDD = 1 とする）であり、換算を行いそれぞれの値を合計して、1つの濃度表示としたものが毒性等量（TEQ）である。燃焼排ガスをはじめ、通常各種試料には、多種類のダイオキシン類が含まれるので、TEQという総体としての毒性表示が役立つ。

　ダイオキシン類の摂取量と毒性との関係を判断する指標になるのが耐容1日摂取量（TDI）である。1998年に当面のTDIとして4pg-TEQ/kg・日（体重1kg当たり、1日当たり）という値が示された。日本の一般的な生活環境では、ダイオキシン類の摂取量として見積もられているのは、食品、大気、土壌を通して、約1.5pg-TEQ/kg・日である。暴露経路の主体は食品であり、飲料水からの摂取量はほとんど問題にならない。

### (3) ダイオキシン類の生成プロセス

　日本におけるダイオキシン類の発生源は、①都市ゴミ焼却施設、②有害廃棄物、各種産業廃棄物および医療廃棄物の焼却施設、③製鉄プラントや金属精錬業などの施設、④有機塩素系化学品製造施設および塩素漂白を行う紙・パルプ工業施設、⑤小規模焼却炉あるいは火災事故などの分散した発生源である。

　ダイオキシン類の生成過程には、農薬合成などの有機合成プロセス、塩素漂白プロセスおよび廃棄物の焼却などの熱的プロセスがある。このダイオキシン生成過程の模式図を図6-6に示した。

　廃棄物の焼却に伴うダイオキシン類の発生プロセスは、以下の2つのプロセスに分けることができる。

　①　1つ目は、前駆物質を厳密に経由してダイオキシンが生成する場合である。前駆物質からの生成とは、クロロベンゼン類やクロロフェノール類などの分

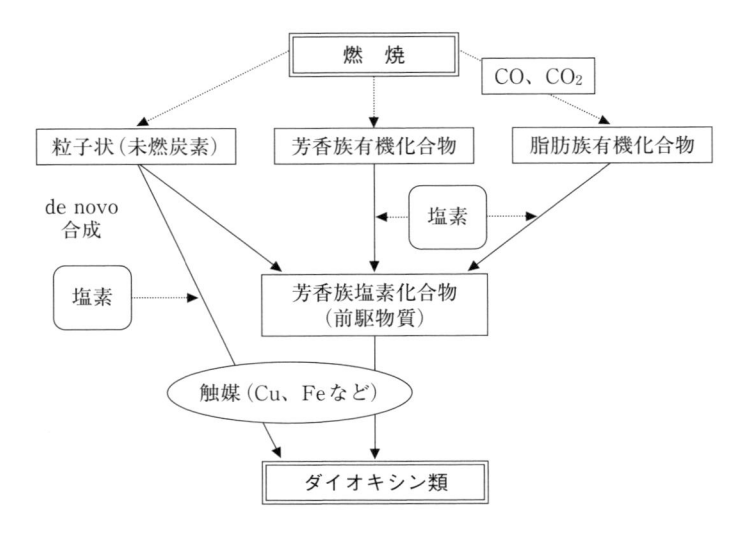

```
                    ┌─────────┐
                    │  燃 焼  │         ┌──────────┐
                    └─────────┘         │ CO、CO₂  │
              ↙         ↓        ↘      └──────────┘
   ┌──────────────┐ ┌──────────────┐ ┌──────────────┐
   │粒子状(未燃炭素)│ │芳香族有機化合物│ │脂肪族有機化合物│
   └──────────────┘ └──────────────┘ └──────────────┘
                            ↓  ┌──────┐
    de novo                    │ 塩素 │
     合成                       └──────┘
                            ↓       ↓
      ┌──────┐        ┌──────────────┐
      │ 塩素 │  →     │ 芳香族塩素化合物│
      └──────┘        │  (前駆物質)   │
                      └──────────────┘
                            ↓
                   ( 触媒(Cu、Feなど) )
                            ↓
                     ┌──────────────┐
                     │  ダイオキシン類  │
                     └──────────────┘
```

図6-6 ゴミ焼却におけるダイオキシン類の生成機構
(出典:廃棄物学会編『新版 ごみ読本』中央法規出版、2003、p.187.

子があらかじめ存在し、これらが縮合反応、塩素化反応、酸化反応などの反応を通じてダイオキシンが生成するものである。例えば、クロロフェノールが加熱されて縮合し、PCDDsが生じる反応があり、農薬2, 4, 5-Tの合成においてもこの反応が生じる。

② 2つ目は、de novo(デノボ)合成である。de novo合成とは、ダイオキシン類と構造上直接的な関係のない物質が塩素と反応して、"新規に"生成する経路を示す用語である。1つの例としては、フライアッシュ上の炭素(未燃炭素など)などの比較的大きな物質に対して、塩化水素などから生じた活性な塩素が配位し、その後炭素の周囲の構造が分解することによって生成するものである。この時、Cu、Fe、Zn、Niなどの金属単体、または塩化物などの各種化合物 $CuCl_2$、$CuO$、$CuSO_4$、$FeCl_3$ などが触媒として機能する。この生成反応は、300〜350℃付近の温度域で最も起こりやすい。実際の焼却施設でのダイオキシン類の生成については、de novo合成と重金属類による触媒作用の2つの反応が起こっていると考えられる。850〜950℃という高温の焼却炉内では、もともとゴミに含まれていたダイオキシン類とともに、いったん生成したダイオキシン類

もおおむね分解すると考えてよい。しかし、焼却炉から出た排ガスがボイラー部から熱交換器、ダクトを経て温度が次第に低下してゆく過程で、de novo合成によりダイオキシン類が生じる場合がある。

(4) ダイオキシンの対策[8]

　ダイオキシン類の生成抑制の代表的な対策を以下に示す。

　第1は、焼却炉内に投入されたゴミを完全燃焼させることである（完全燃焼）。ダイオキシン類を含む不完全燃焼物が生成することなく、可燃物はすべて二酸化炭素と水蒸気に分解させるようにすると、ダイオキシン類の発生を抑制できる。

　第2は、焼却炉出口で850℃程度の排ガスを170～200℃程度まで、できるだけ速やかに冷却することである（排ガスの急冷）。排ガス温度が200℃以下になると、大幅にダイオキシン類の生成が抑制される。

　第3は、焼却炉への塩素の供給源を絶つことである（脱塩素）。しかし、塩素の供給源は多様であり、ポリ塩化ビニルやポリ塩化ビニリデンなどの有機塩素系プラスチック類や、厨芥類などに含まれる食塩に代表される無機塩素なども焼却炉内の反応によって一部塩化水素に変換される。このため、有機塩素系プラスチックを分別して焼却炉に入らないよう徹底すれば、混合投入した場合よりも塩化水素濃度は確実に低下する。

　ダイオキシン類および関連する化合物の生成には温度、ガスの滞留時間、ガスの混合条件、排ガス冷却過程での温度および滞留時間などの焼却プロセスの操作条件などが総合的に、また複雑に影響すると考えられる。一度発生した排ガス中のダイオキシン類の除去には、バグフィルターによる除去、触媒によるダイオキシン類の分解・除去、活性炭などによるダイオキシン類の吸着・除去等が考えられる。

　排ガス処理によるダイオキシン類の除去が高度化すると、ダイオキシン類や重金属類などの飛灰中の含有量が多くなる。また、2000年には、ばい塵等に含まれるダイオキシン類の基準が3ng-TEQ/gと定められたこともあり、適性な処分のために残さ中のダイオキシン類を無害化する技術が求められる。それには、加

熱脱塩素化法と溶融固化法がある。

　加熱脱塩素化法は、飛灰を主に無酸素の雰囲気で加熱することでダイオキシン類分子からの脱塩素反応を生じさせ、ダイオキシン類を分解し無害化する方法である。温度は、400～500℃程度に保持される。この分解は、必ずしも無酸素（還元性）雰囲気で行う必要はなく、空気雰囲気で行わせることもできる。ただし、この場合、温度を高くする必要がある。加熱条件下ではダイオキシン類の生成と分解反応が同時に起こっていて、どちらの反応が卓越するかで見かけの生成と分解が決定される。なお、加熱処理後の冷却過程で300℃付近の温度域の時間が長くなるとde novo合成により再びダイオキシン類が生じるおそれがあるので、加熱処理後は急冷することが肝要である。

　溶融固化法とは、焼却灰や飛灰及び各種の不燃物を電力または灯油などの燃料を用いて加熱し、1200℃から1400℃あるいはこれを少し上回る高温条件により、ケイ酸アルミニウムの溶融体としてガラス質のスラグにする方法である。溶融物中に含まれるダイオキシン類などの残存有機物は、この高温溶融過程では高い効率で分解される。沸点の高い（Crなど）重金属類はスラグ中のケイ酸アルミニウムネットワークの中に取り込まれ、外部への溶出が非常に起こりにくくなる。低沸点の重金属類（Hg、Pbなど）や金属アルカリ塩などは排ガス中に揮散しやすくなる。揮散したものの一部は、途中のダクト内に凝縮したり、集塵機で捕集されて溶融飛灰として排出される。溶融飛灰中にダイオキシン類が含まれることはないが、焼却排ガス処理で補足された塩素が溶融過程で揮散し、再度排ガス処理で補足されて一層高濃度で含まれる場合がある。このため、溶融飛灰の有効な利用方法および安定化法を確立することが大きな課題である。

　ゴミ焼却施設におけるダイオキシン類の環境への排出源は、排ガスと固体残さである。このうち、高度な排ガス処理を用いると排ガスに含まれるダイオキシン類の排出はかなり低く抑えることが可能である。残さ中のダイオキシン類の含有量は、飛灰中に含まれるダイオキシン類の量に依存するためそのままでは排出量を低減させることは困難である。

　ダイオキシン類の削減において重要なのは、測定が難しく結果が出るまでに長い時間を必要とするダイオキシン類を、日常的な管理の中で迅速に把握できる

方法およびそのためのモニタリング・評価方法を作ることである。恒常的な規制の段階に入り、このような技術の重要度はますます高まっている。

　モニタリング・評価方法の簡略化には、次の2つの方法が考えられる。1つは、現在現在行われているダイオキシン類の測定操作に関し、精度に影響を与えない範囲でなるべく簡略化することである。これは試料からの抽出などの前処理操作をより高速に効率的に処理可能な機器を活用すること、従来用いられている高分解能ではなく低分解能の質量分析計を用いて毒性等量に大きく寄与する特定の異性体を定量することなどが考えられる。もう1つは、ダイオキシン類と相関性があり迅速かつ簡便な測定が可能なダイオキシン類の代替指標を用いることである。ダイオキシン類の生成前駆物質であるクロロベンゼン類およびクロロフェノール類の利用、有機性ハロゲン濃度の総括的な測定値を用いるなどの方法が試みられている。

### 4-2　特別管理廃棄物[16]

　有害廃棄物は増大しており、近年の廃棄物問題を複雑化している。「有害」という言葉は非常に一般的であるが、国際的には定義が一致していない場合があるので、注意する必要がある。わが国では、1993年の廃棄物処理法の改正で「特別管理廃棄物」が新たに規定された。これは、「有害廃棄物の国境を越える移動及びその処分の規制に関するバーゼル条約」や米国の資源再生保全法（RCRA）その他における定義を参考としている。バーゼル条約とは、有害廃棄物の越境移動を国際的に規制するための枠組みである。

　わが国の特別管理廃棄物の指定における有害特性は、図6-7のように定義される。有害の概念を広くとらえようとする視点に立って、毒性や感染症以外にも爆発性、反応性も有害と認識される。また、毒性については人に対する健康影響だけでなく生態系への影響も考慮しようするものである。特別管理廃棄物は、通常の廃棄物とは異なり、収集・運搬から中間処理において厳格な管理が求められる。しかし、基準値以下になれば通常の廃棄物としの扱いをすることになる。

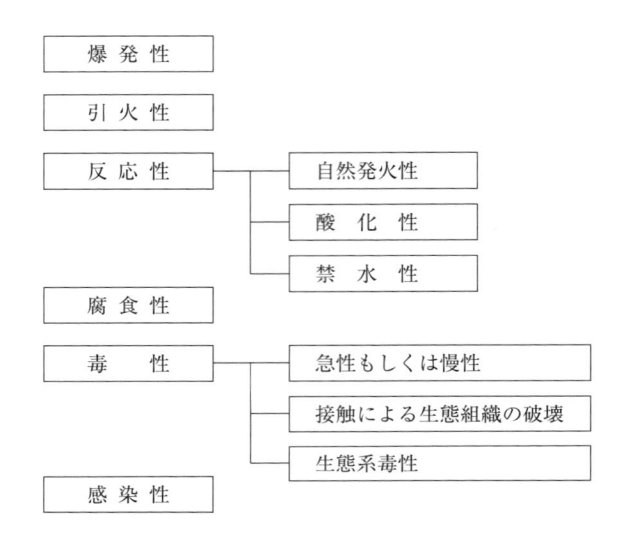

```
                 ┌─ 爆 発 性 ─┐
                 ├─ 引 火 性 ─┤
                 │           │ ┌─ 自然発火性 ─┐
                 ├─ 反 応 性 ─┼─┤ 酸 化 性 ─┤
                 │           │ └─ 禁 水 性 ─┘
                 ├─ 腐 食 性 ─┤
                 │           │ ┌─ 急性もしくは慢性 ─┐
                 ├─ 毒   性 ─┼─┤ 接触による生態組織の破壊 ─┤
                 │           │ └─ 生態系毒性 ─┘
                 └─ 感 染 性 ─┘
```

**図6-7 特別管理廃棄物における有害特性の分類**
(出典:廃棄物学会編『新版 ごみ読本』中央法規出版、2003、p.205.)

特別管理廃棄物の判定基準は、例えば産業廃棄物である汚泥の溶出液の場合、トリクロロエチレン（>0.3mg/L）やテトラクロロエチレン（>0.1mg/L）などの有機塩素系溶剤が基準値を超えて含まれる場合、この汚泥は特別管理産業廃棄物となる。ダイオキシン類については、含有量が3ng-TEQ/gを超えると該当する。

## 4-3 環境の危機管理[9]

ゴミ問題に起因する環境リスクは、特に廃棄物に起因する化学物質が地球表層の異なる媒体（土壌、水、空気）間を移動する場合に発現する。廃棄物は、排出されて以降、収集・運搬、焼却をはじめとする中間処理および最終処分の各段階において、廃棄物自体やそれに含まれる化学物質および発生する化学物質が揮発や飛散により、地球表層の媒体間を移動する。具体的には、①廃棄物の不法投棄等により汚染物質が土壌環境へ直接的に侵入する場合、②廃棄物の焼却等により、廃棄物から発生する排ガスや2次的に発生する排ガスが大気中

へ侵入する場合、③このようにして発生した汚染物質や排ガスが様々な過程を経て水環境に移行し、そこに棲息する魚類などに蓄積する場合が考えられる。このため、廃棄物の性状把握と適正処理、有効利用が非常に重要となる。

これらのことを考慮すると、環境リスクの予測を通じ、将来にわたる安全性を予測するために、潜在的な環境リスクの予測・評価（環境の危機管理）を事前に行うための方法論が必要となる。例えば、廃棄物の適切な性状把握によりその化学的特徴が明らかとなれば、燃焼排ガス中に含まれる可能性の高い物質の量と化学的特徴を予測できる。このような廃棄物の適正管理と適正処分により、各環境媒体に含まれる可能性の高い物質の種類と濃度が予測可能となり、生態系への影響と人体に対する影響を予測し評価する環境危機管理システムが可能となる。この環境危機管理システムが構築できれば、製品が廃棄物となった場合、その処理過程と最終処分段階においてどれだけ環境へのリスクが発生するのかを、あらかじめ予測した製品設計（環境配慮設計：DfE）が可能となるだろう。その結果、環境の視点に立った循環型社会の構築が可能となる。

一方、環境の危機管理にあたり、廃棄物の性状把握と適正処理・処分に関わる技術開発を進めるとともに、危機管理水準やコストを含めたバランスをどのようにとるかが循環型社会の構築にとって重要な課題となる。危機管理水準については、廃棄物の循環利用（リサイクル）を想定した十分な安全性を確保したDfE等の環境配慮が必要となり、環境配慮についての適切な評価を行う必要がある。コストについては危機管理水準を厳しくするほど高くなるので、社会的コストとしての合理性を逸脱しない範囲での総合的観点からの環境の危機管理システム作りが重要である。

【参考文献】
1）廃棄物学会編『新版　ゴミ読本』中央法規出版、2003.
2）寄本勝実『リサイクル社会への道』岩波書店、2003.
3）高月紘・長嶋俊介・杉原利治・阿部幸子・盛岡通『家庭廃棄物を考える』昭和堂、1991.
4）王子製紙編著『最新　紙のリサイクル100の知識』東京書籍、1998.
5）プラスチックリサイクル研究会編『最新　プラスチックのリサイクル100の知識』東京書籍、2000.

6) 小宮山宏・迫田章義・松村幸彦編著『バイオマスニッポン　日本再生に向けて』B＆Tブックス　日刊工業新聞社、2003.
7) 細田衛士著『グッズとバッズの経済学　循環型社会の基本原理』東洋経済新聞社、1999.
8) 高橋裕・加藤三郎編『岩波講座　地球環境学1　現代科学技術と地球環境学』岩波書店、1998.
9) 武内和彦・住明正・植田和弘『環境学入門1　環境学序説』岩波書店、2002.
10) 喜多由紀子著『環境学入門9　環境社会学』岩波書店、2002.
11) 松下和夫著『環境学入門12　環境ガバナンス』岩波書店、2002.
12) 環境省編『環境白書　平成16年度版』ぎょうせい、2004.
13) 環境省編『循環型社会白書　平成16年度版』ぎょうせい、2004.
14) 廃棄物学会編『廃棄物ハンドブック』オーム社、1997.
15) 佐野健二・間邦彦・渡辺正編『紙とインキとリサイクル』丸善株式会社、2000.
16) 鹿園直建『廃棄物とのつきあい方』コロナ社、2001.
17) 総合科学技術会議環境担当議員・内閣府政策統括官共編『ゴミゼロ社会への挑戦－環境の世紀の知と技術2004－』日経BP社、2004.

# 索　引

〈A～S〉
AF2 ································ 216
$CO_2$ 排出量 ············ 83, 97, 99, 100
criteria ····························· 32
DDE································ 209
DO ································ 202
goal ································ 32
guide または guideline ·············· 32
IPCC ······························ 193
$LD_{50}$ ································ 211
PAHs ······························ 215
PCB ································ 213
standard ···························· 32
2, 3, 7, 8-TCDF ···················· 215

〈あ〉
r 戦略 ····························· 186
アオコ ······························ 44
赤潮 ································ 45
赤潮の発生機構 ···················· 48
亜硝酸菌 ·························· 177
アセチルコリン ···················· 209
アフラトキシンB1 ·················· 216
$\delta$-アミノデブリン酸 ················ 212
アリルハイドロカーボン ············ 218
アルドリン ························ 206
アンドロゲン受容体 ················ 218
イタイイタイ病 ···················· 212
位置エネルギー ····················· 87
一次エネルギー ····················· 83
一次生産 ·························· 166
一酸化炭素 ···················· 60, 62
一般廃棄物 ·················· 241, 267
遺伝子資源 ························ 183
ウィーンの変位則 ··················· 89

ウラン ······················ 84, 116, 117
上乗せ排水基準 ····················· 41
運動エネルギー ····················· 87
栄養塩循環 ························ 174
栄養段階 ·························· 168
液体電解質 ························ 127
エコタウン事業 ···················· 252
エストロゲン ······················ 217
エチニルエストラジオール ·········· 217
江戸の水道 ·························· 9
エネルギー ·········· 81, 86, 96, 102, 106
エネルギー枯渇 ················ 81, 85
エネルギー消費量 ············ 81, 83, 85
エネルギー保存の法則 ············ 88, 93
エルニーニョ現象 ·················· 231
煙害事件 ··························· 53
エントロピー ······················ 171
塩類集積 ·························· 230
岡山市の上水道 ····················· 11
オゾン ···························· 190
オゾン層 ····················· 163, 196
オゾンホール ······················ 197
温室効果 ··························· 97
温室効果ガス ·················· 97, 98
温度差発電 ························ 137

〈か〉
加圧水型 ·························· 120
外因性内分泌攪乱化学物質 ·········· 217
海水 ······················ 84, 123, 136
開放定常系 ························ 172
海洋温度差発電 ···················· 136
化学合成無機栄養生物 ·············· 160
化学反応エネルギー ················· 89
拡大生産者責任 ················ 259, 261

核分裂 …………………………… 91, 116, 117
核融合 …………………………………… 91, 117
核融合発電 ………………………………… 126
可視光 ……………………………………… 111
家庭生活用水 ………………………………… 3
価電子帯 ……………………………… 112, 113
カドミウム ………………………………… 118
カネミ油症事件 …………………………… 213
かび臭 ……………………………………… 22
花粉症 ……………………………………… 77
紙ゴミ ……………………………………… 242
火力発電 ……………………………… 105, 119
解離圧 ……………………………………… 144
ガン ………………………………………… 215
簡易水道事業 ……………………………… 26
環境基準 …………………………………… 233
環境対策基本法 …………………………… 55
環境配慮設計 ……………………… 257, 260, 264
環境ホルモン ……………………………… 217
乾燥地帯 …………………………………… 229
気候変動に関する政府間パネル …………… 193
寄生連鎖 …………………………………… 169
気体型 ……………………………………… 175
揮発性有機化合物 ………………………… 237
客体的環境 ………………………………… 156
吸収材 ………………………………… 117, 118
急性毒性試験 ……………………………… 211
京都議定書 ………………………………… 195
極相 ………………………………………… 164
近代式改良水道 ……………………………… 11
グアノ ……………………………………… 178
空中窒素固定 ……………………………… 176
グリーン・キャピタリズム ……………… 266
クリプトスポリジウム ……………………… 23
グルクロン酸抱合 ………………………… 209
クロロフィル ……………………………… 114
クロロフルオロカーボン ………………… 197
群集 ………………………………………… 158

群体 ………………………………………… 158
ケミカルリサイクル ……………………… 245
K戦略 ……………………………………… 186
下水道 ……………………………………… 28
下水道法 …………………………………… 29
原子核 ………………………………… 91, 115
原子爆弾 …………………………………… 117
原子力発電 …………………………… 118, 123
原子炉 ……………………… 118-121, 123-125
建築物の衛生的環境の確保に関する法律
……………………………………………… 74
鉱害事件 …………………………………… 53
公害対策基本法 …………………………… 5, 55
光化学オキシダント …………………… 61, 65
交換性陽イオン …………………………… 224
交換プール ………………………………… 174
公共用水域 ……………………………… 31, 33
光合成 ……………………………………… 114
光合成細菌 ………………………………… 160
高速増殖炉 ………………………………… 120
工場排水規制法 ……………………………… 5
合流式下水道 ……………………………… 30
湖沼水質保全特別措置法 ……………… 43, 44
個体 ………………………………………… 158
個体群 ……………………………………… 158
固体電解質 ………………………………… 127
固体燃料化 ………………………………… 246
固体燃料電池 ……………………………… 127
コバルト …………………………………… 180
コミュニティー …………………………… 158
コリンエステラーゼ ……………………… 209
コレラ …………………………………… 10, 11

〈さ〉

最終処分場 ………………………………… 237
再生可能エネルギー ………………… 131, 132
再処理 ……………………………………… 124
作業環境評価基準 ………………………… 70

| | | | |
|---|---|---|---|
| サーマルリサイクル | 246, 250 | 使用エネルギーの歴史 | 82 |
| 砂漠 | 228 | 蒸気タービン | 93, 95, 105, 120 |
| 砂漠化 | 228 | 硝酸菌 | 177 |
| 作用－逆作用 | 156 | 上水道事業 | 26 |
| 酸化 | 89 | 上水道の歴史 | 9 |
| 酸化チタン | 128 | 職業がん | 70 |
| 産業廃棄物 | 241 | 食物網 | 168 |
| 産業用水 | 4 | 食物連鎖 | 168 |
| 酸性雨 | 182, 199 | 人口 | 85, 97 |
| 酸性降下物 | 182 | 森林面積 | 133 |
| 酸性霧 | 182 | じん肺 | 69 |
| 産油量 | 84 | 水銀 | 86 |
| 紫外線 | 111 | 水源林事業 | 18 |
| 磁気エネルギー | 89 | 水質汚濁に係る環境基準 | 31 |
| p, p-ジクロロジフェニルトリクロロエタン | 179, 206 | 水質汚濁防止法 | 8 |
| ジクロロメタン | 61, 66 | 水質基準に関する省令 | 20 |
| 仕事 | 87, 92 | 水質総量規制 | 41 |
| 自然環境保全用水 | 3 | 水質保全法 | 5 |
| シックハウス症候群 | 75, 135, 238 | 水車 | 81, 104, 151 |
| 室内空気汚染 | 67 | 水素吸蔵合金 | 145 |
| 質量数 | 115 | 水素爆弾 | 118 |
| 2, 3, 7, 8-四塩化ジベンゾパラダイオキシン | 214 | 水土 | 173 |
| ジベンゾフラン | 214, 215 | 水道料金 | 26 |
| 4-ジメチルアミノアゾベンゼン | 216 | 水力発電 | 103 |
| ジメチルニトロソアミン | 216 | ストレス | 185 |
| 従属栄養生物 | 161 | 生活排水対策 | 41 |
| 17β-エストラジオール | 217 | 生食連鎖 | 169 |
| 重油類 | 140 | 成層圏 | 162 |
| 種子銀行 | 183 | 生態学的効率 | 169 |
| 主体的環境 | 155 | 生態(学)的ピラミッド | 170 |
| シェールガス | 85, 139 | 生態系 | 160 |
| シュテファン・ボルツマン | 89 | 生態遷移 | 164 |
| 循環型エネルギー | 142 | 生態毒性 | 211 |
| 循環型社会 | 253, 255, 265 | 生物気温 | 181 |
| 循環型社会形成推進基本法 | 240, 255 | 生物群集 | 158 |
| 純生産 | 167 | 生物圏 | 157 |
| | | 生物生産 | 166 |
| | | 生物地球化学的循環 | 174 |

索引　*281*

生物的環境 …………………………… 156
生物的部分 …………………………… 160
生物農薬 ……………………………… 210
静脈経済 ………………………… 262, 263
西洋科学技術 ………………………… 150
赤外線 …………………………… 96, 98
赤外線吸収スペクトル ………………… 98
石綿セメント管 ……………………… 16
瀬戸内海環境保全特別措置法 …… 8, 42
ゼーベック効果 ……………………… 129
セベソ事件 …………………………… 268
専用水道 ……………………………… 26
相互作用 ……………………………… 156
増殖炉 ………………………………… 120
総生産 ………………………………… 166
相変化 …………………………… 89, 106, 114

〈た〉

タールボール ………………………… 205
タイトガス …………………………… 138
ダイアジノン ………………………… 209
ダイオキシン ……… 213, 214, 268, 271, 273
ダイオキシン類 ………………… 62, 66, 214
ダイオキシン類対策特別措置法 ……… 34
大気汚染に係る環境基準 …………… 58
第二水俣病 …………………………… 212
太陽光 …………………… 97, 98, 106, 111
太陽光線のスペクトル ……………… 111
太陽定数 ……………………………… 165
太陽電池 ………………………… 110, 113
太陽熱 ………………………………… 94
対流圏 ………………………………… 162
多環芳香族炭化水素類 ……………… 215
脱窒菌 ………………………………… 177
ダニエル電池 ………………………… 90
炭酸ガス ………………… 83, 96, 130, 132
炭酸ガス貯蔵 ………………………… 132
団粒構造 ……………………………… 225

地下水汚染 …………………………… 43
地球温暖化 ………… 86, 94, 95, 100, 149
地球のエネルギー収支 ……………… 96
チトクロームP-450 …………………… 218
地熱 ……………………………… 106, 133
地表 …………………………………… 97
中性子 ………………… 91, 115, 117, 120
中毒 …………………………………… 211
潮汐 …………………………………… 136
潮流 …………………………………… 136
超臨界 ………………………………… 147
直結増圧給水 ………………………… 18
チョコレートムース ………………… 205
貯水槽水道 …………………………… 17
貯蔵プール …………………………… 174
沈積型 ………………………………… 175
DDT抵抗性 …………………………… 210
ディルドリン ………………………… 206
ディルドリン抵抗性 ………………… 210
テトラクロロエチレン …………… 61, 66
電気エネルギー ………… 88, 102, 106
電気化学反応 ………………………… 90
典型7公害 …………………………… 55
電磁誘導 ……………………………… 102
伝導帯 …………………………… 112-114
天然ガス ………………………… 138, 140
同位元素 ………………………… 115, 116
動脈経済 ………………………… 262, 263
等身大の技術 ………………………… 152
毒性（toxcity） ……………………… 211
毒性試験 ……………………………… 211
毒性等量（TEQ） …………………… 271
特別管理廃棄物 ………………… 241, 243
特定フロン …………………………… 197
独立栄養生物 ………………………… 160
都市活動用水 ………………………… 3
土壌 …………………………………… 221
土壌汚染 ……………………………… 232

| | | | |
|---|---|---|---|
| 土壌汚染対策法 | 235 | 半減期 | 122 |
| 途上国 | 125, 151 | バンドギャップ | 112, 113 |
| 土壌浸食 | 226 | ヒート・アイランド現象 | 100 |
| 土壌養分 | 225 | 光エネルギー | 89, 97 |
| 土壌流失 | 226 | 非生物的環境 | 156 |
| トリクロロエチレン | 61, 66 | 非生物的部分 | 160 |
| | | ビテロジェニン | 217 |
| 〈な〉 | | ヒドロキシラジカル | 199 |
| 生ゴミ（食品廃棄物） | 243 | ピレトリン抵抗性 | 210 |
| 鉛 | 179, 211 | 風化作用 | 222 |
| 鉛製給水管 | 16 | 風況マップ | 109 |
| 二酸化硫黄 | 58, 62 | 風車 | 107, 108 |
| 二酸化窒素 | 60, 64 | 風力発電 | 107 |
| 二次生産 | 166 | 風力発電量 | 110 |
| 二次電池 | 107 | 富栄養化 | 44, 201 |
| ニトロフリルフリルアクリルアマイド | 216 | フェニトロチオン | 209 |
| 熱エネルギー | 89, 116, 121 | 不可逆変化 | 91 |
| 熱機関 | 93, 105, 136 | 腐植質 | 225 |
| 熱効率 | 93 | 腐食連鎖 | 169 |
| 熱帯雨林 | 183 | 沸騰水型 | 119 |
| 熱電素子 | 129 | 浮遊粒子状物質 | 60, 63 |
| 熱力学の第一法則 | 171 | PN接合 | 113 |
| 熱力学の第二法則 | 171 | プラスチック | 242, 248, 249 |
| 燃焼 | 89, 94, 104, 119, 140 | プルトニウム | 117, 120, 121, 124 |
| 燃料電池 | 126, 128, 141 | 分解者 | 161 |
| 濃縮係数 | 179 | 平均気温 | 82 |
| | | 1, 2, 3, 4, 5, 6'ヘキサクロロシクロヘキサン | 206 |
| 〈は〉 | | | |
| バイオマス | 130, 132 | ヘプタクロル | 206 |
| 廃棄物 | 119, 123-125, 130 | ペルチェ効果 | 130 |
| 発電機 | 100, 102-107, 119 | 変換効率 | 114 |
| 日負荷曲線 | 101 | ベンゼン | 61, 66 |
| 発熱反応 | 89 | ベンゼンヘキサクロライド | 179 |
| パラソル効果 | 192 | ベンツピレン | 215 |
| パラチオン | 209 | 放射性廃棄物 | 122-125 |
| 波力 | 106, 111 | 放射線強度 | 122 |
| 波力発電 | 110, 111 | 捕食連鎖 | 169 |
| パワー係数 | 109 | ポリ塩化ビフェニール | 179, 213 |

本多・藤島効果 …………………………… 128

〈ま〉

摩擦 …………………………………………… 92
マテリアルリサイクル …………… 245, 250
マラチオン ………………………………… 209
慢性毒性試験 …………………………… 211
水循環 ……………………………………… 173
ミッシング・シンク …………………… 194
水俣病 ……………………………………… 212
メタンガス ………………………… 83, 138-140
メタン・ハイドレート ……… 85, 140, 141
メチル水銀 ……………………………… 179, 212

〈や〉

焼畑農業 …………………………………… 182
薬剤耐性 …………………………………… 210
薬剤抵抗性害虫 ………………………… 210
有機塩素系殺虫剤 ……………………… 206
有機水銀 …………………………………… 212
有機溶剤中毒 ……………………………… 69
有機リン剤抵抗性 ……………………… 210
遊離酸素 …………………………………… 160

揚水発電 …………………………………… 103
葉緑体 ……………………………………… 114
溶解 …………………………………………… 89

〈ら〉

ラブカナル事件 ………………………… 268
ラムサール条約 ………………………… 184
リサイクル ……………… 243, 245, 248, 250, 256
リデュース ………………………………… 244
リユース …………………………………… 244
利水目的 ……………………………………… 4
Litchfield Wilcoxon法 ………………… 211
励起 …………………………………… 112-114, 145
冷却水 ……………………………… 94, 120, 125
レッド・データ・ブック ……………… 183
レッドフィールド比 …………………… 202
労働安全規則 ……………………………… 67
労働基準法 ………………………………… 67
6価クロム ………………………………… 180

〈わ〉

ワシントン条約 ………………………… 184

## ■執筆者経歴

山下　栄次（やました　えいじ）
1943年　兵庫県生まれ
1967年　広島大学水畜産学部水産学科卒業
1967年　尼崎市衛生研究所理化学部、公害部
1989年　岡山理科大学環境資源研究センター講師
1997年　同技術科学研究所助教授を経て
現　　職：岡山理科大学技術科学研究所教授、博士（学術）
専門分野：環境動態解析、環境計測、環境保全
分　担　章：第1章第1節1-1、1-2、1-7～1-12、第2章第2節


阪本　博（さかもと　ひろし）
1947年　香川県生まれ
1972年　岡山大学理学部生物学科卒業
1972年　岡山市水道局工務部水質試験所
1995年　岡山市水道局工務部水質試験所長などを経て
現　　職：岡山市水道局配水部次長（水質試験所長事務取扱）、博士（薬学）
専門分野：水道水質
分　担　章：第1章第1節1-3～1-6


若村　国夫（わかむら　くにお）
1945年　神奈川県生まれ
1975年　東京教育大学大学院理学研究科博士課程修了、理学博士
1975年　岡山理科大学理学部講師
1976年　同理学部助教授を経て
現　　職：岡山理科大学理学部教授、産業考古学会評議員
著　　書：Physics of Solid State Ionics（2005, India, 共著）、水車と風土（共著、古今書院、2001）
専門分野：エネルギー物質物理学、技術史
分　担　章：第2章


野上　祐作（のがみ　ゆうさく）
1943年　岡山県生まれ
1971年　立命館大学大学院理工学研究科修了
1971年　（現）岡山県環境保健センター研究員などを経て
現　　職：岡山理科大学理学部教授、医学博士
専門分野：環境動態解析
分　担　章：第3章、第4章


坂本　尚史（さかもと　たかふみ）
1946年　神奈川県生まれ
1975年　早稲田大学大学院理工学研究科博士課程修了、工学博士
1975年　岡山理科大学理学部講師
1976年　同助教授
1985年　同教授などを経て
現　　職：千葉科学大学危機管理学部教授、日本粘土学会および国際粘土鉱物研究連合副会長
専門分野：環境粘土鉱物学
分　担　章：第5章


安藤　生大（あんどう　たかお）
1968年　栃木県生まれ
1996年　早稲田大学教育学部助手
1998年　早稲田大学大学院理工学研究科博士課程修了、博士（工学）
2001年　静岡県富士工業技術センター技師などを経て
現　　職：千葉科学大学危機管理学部助教授
専門分野：循環型社会学、資源リサイクル学
分　担　章：第6章

## 環境科学概論　第2版

2006年 1月23日　初版第1刷発行
2007年10月19日　初版第2刷発行
2010年 4月30日　初版第3刷発行
2013年10月20日　第2版第1刷発行

■著　者─── 山下　栄次
　　　　　　　阪本　　博
　　　　　　　若村　国夫
　　　　　　　野上　祐作
　　　　　　　坂本　尚史
　　　　　　　安藤　生大
■発 行 者─── 佐藤　　守
■発 行 所─── 株式会社 大学教育出版
　　　　　　　〒700-0953　岡山市南区西市855-4
　　　　　　　電話 (086)244-1268　FAX (086)246-0294
■印刷製本─── モリモト印刷(株)
■装　　丁─── 原　美穂

Ⓒ 2006, Printed in Japan
検印省略　落丁・乱丁本はお取り替えいたします。
無断で本書の一部または全部を複写・複製することは禁じられています。

ISBN978-4-86429-235-1